Découvrez l'histoire par les archives de presse

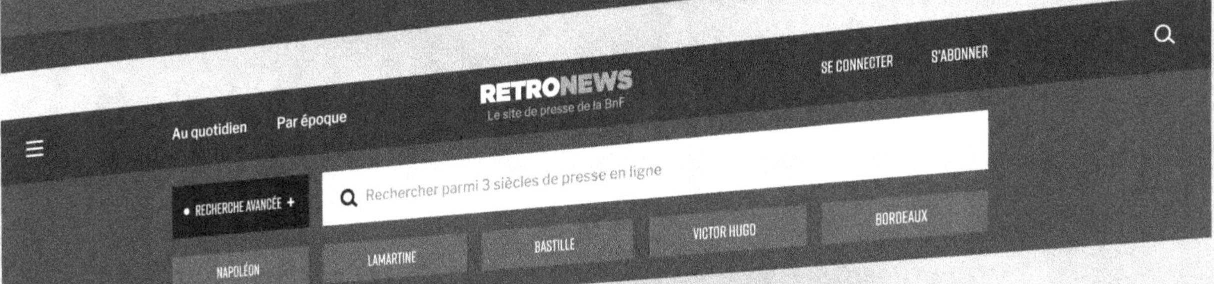

RETRONEWS

Le site de presse de la BnF

www.retronews.fr

REVUE ZOOLOGIQUE,

PAR

LA SOCIÉTÉ CUVIERIENNE;

ASSOCIATION UNIVERSELLE

POUR

L'AVANCEMENT DE LA ZOOLOGIE, DE L'ANATOMIE COMPARÉE

ET DE LA PALÆONTOLOGIE ;

Ouvrage

PUBLIÉ SOUS LA DIRECTION

DE M. F.-E. GUÉRIN-MÉNEVILLE.

N° 1. — Janvier 1838.

PARIS,

AU BUREAU DE LA REVUE ZOOLOGIQUE,
Rue de Seine-Saint-Germain, 13.

1838.

REVUE

ZOOLOGIQUE,

PAR

LA SOCIÉTÉ CUVIERIENNE.

Année 1838.

IMPRIMERIE DE COSSON, RUE SAINT-GERMAIN-DES-PRÉS, 9.

Paris, ce 1er mars 1838.

Monsieur,

En vous adressant le Prospectus ci-joint, j'ai l'honneur de vous prévenir que je vais faire imprimer, à sa suite, la liste des *Membres fondateurs* de la Société Cuvierienne ; les noms des naturalistes qui se seront fait inscrire avant le 15 mai figureront seuls sur cette liste, qui sera publiée immédiatement ; ceux des autres (*les membres ordinaires*) ne seront imprimés que sur les listes que nous donnerons à la fin de chaque année.

Je joins à cet envoi, et comme specimen, un des premiers numéros de la Revue zoologique.

En attendant de vous une prompte réponse,'

j'ai l'honneur d'être, avec une haute considération,

Monsieur,

Votre très-humble et très-obéissant serviteur.

GUÉRIN MÉNEVILLE.
13, rue de Seine-Saint-Germain.

P. S. On ne recevra que les lettres affranchies.

Les auteurs et éditeurs qui désireront que leurs ouvrages soient annoncés et analysés dans la Revue, devront en adresser un exemplaire au Bureau (*franco*).

SOCIÉTÉ CUVIERIENNE,

ASSOCIATION UNIVERSELLE

POUR

L'AVANCEMENT DE LA ZOOLOGIE,

DE L'ANATOMIE COMPARÉE ET DE LA PALÆONTOLOGIE,

ET POUR LA PUBLICATION

DE LA

REVUE ZOOLOGIQUE,

sous la direction

DE M. F. E. GUÉRIN MÉNEVILLE.

La persévérance avec laquelle nous avons poursuivi la publication de notre Magasin de Zoologie, a pu donner une preuve du désir que nous avons de concourir aux progrès de l'histoire naturelle des animaux, et les personne qui ont l'habitude des publications et savent combien les lecteurs des journaux purement scientifiques sont peu nombreux, apprécieront les sacrifices que nous avons faits pour soutenir une entreprise aussi utile, mais qui ne peut couvrir ses frais qu'avec le concours de presque tous les hommes occupés sérieusement des études scientifiques, ce qui n'offrira jamais la perspective d'un bénéfice et découragera toujours des éditeurs qui n'auront qu'un but de spéculation.

Actuellement que le Magasin de zoologie est bien établi

dans la science, qu'il a acquis une importance réelle par une existence de sept années, et que la plupart des Zoologistes le possèdent ou le consultent journellement, nous pensons que le moment est venu de lui donner un nouvel élan et une plus grande utilité, et, cédant aux sollicitations d'un grand nombre de naturalistes, nous publions, pour le compléter, une *Revue Zoologique* réunissant les avantages des *Proceedings* anglais à ceux du *Bulletin Zoologique*, dont la mort de M. de Férussac a suspendu la publication. Notre Revue offre surtout aux Zoologistes un moyen facile de publier promptement l'analyse de leurs découvertes, en attendant qu'ils les aient consignées en entier dans le Magasin de zoologie ou dans d'autres recueils ; en effet, il importe souvent à un naturaliste de faire connaître de suite la substance d'un travail, ou la description sommaire de genres ou même d'espèces, qui peuvent être observés après lui par d'autres, et publiés pendant que son mémoire s'imprime. On sait que le mode de publication offert par les journaux à figures est nécessairement plus lent, à cause du temps qu'exige l'exécution des planches ; pendant ce temps, d'autres travaux sur le même sujet peuvent être faits, et amener des discussions de priorité très-fâcheuses ; au moyen de la revue, l'on n'aura plus cet inconvénient à craindre, car les savans seront avertis à l'avance des travaux en cours de publication ; aussi avons-nous la certitude que les Zoologistes adopteront avec empressement ce moyen facile de prendre date de leurs découvertes.

Pour arriver à ce but, nous proposons de fonder, sous le patronage du grand nom de Cuvier, comme on l'a fait depuis long-temps sous ceux de Linnée et de Werner (1), une association de toutes les personnes qui veulent contribuer aux progrès de l'histoire du Règne animal : ce ne sera pas une de ces sociétés sans avenir, qui ne produisent aucune

(1) *Société Wernerienne* d'Édimbourg.

publication ; on sait qu'elles n'existent pas long-temps ou qu'elles sont ordinairement exploitées dans l'intérêt de quelques personnes résidant à Paris , tandis que les membres des provinces n'en retirent absolument rien. Nous voulons tout simplement, et par la puissance de l'association, seul moyen efficace pour produire un ouvrage comme nous le concevons , réunir toutes les personnes vraiment zélées pour les sciences et qui ont la volonté de concourir à leur progrès ; cette association , purement scientifique , aura pour mission de propager l'étude de la Zoologie , de l'Anatomie comparée et de la Palæontologie, si puissant auxiliaire de la Géologie ; elle devra donc centraliser , pour les faire rayonner ensuite , et mettre ainsi au grand jour des observations qui n'ont pu jusqu'ici franchir les limites d'un pays, d'une province même , signaler dès leur naissance chaque découverte, chaque publication faite en France ou à l'étranger , le tout au profit de la science elle-même et de tous les membres de l'Association.

Les membres de la société ne seront pas obligés de venir à des séances ; ainsi ceux qui habitent les provinces et l'étranger auront les mêmes avantages que ceux de Paris , c'est-à-dire qu'ils porteront à la connaissance de leurs confrères les découvertes qu'ils feront, ce qui , en définitive , est le vrai but de toute association scientifique. Il existe , du reste , un exemple d'une société constituée à peu près ainsi, c'est l'académie des curieux de la nature de Bonn : cette société ne s'assemble jamais en séance , elle n'a pas même de local , ses membres sont dispersés dans toute l'Allemagne, et cependant elle est très-florissante , elle publie des mémoires de la plus haute importance, elle existe depuis fort long-temps , et elle a acquis une plus grande célébrité que beaucoup d'autres sociétés, qui ont de belles réunions et dépensent la plus grande partie des cotisations de leurs membres en locations, en frais d'éclairage, de chauffage, etc., ce qui ne laisse plus rien pour les publications.

La Société Cuvierienne se composera d'un nombre illimité de membres.

Les membres seuls de la Société auront le droit de faire insérer leurs observations dans la Revue zoologique ; mais ce droit ne pourra être exercé qu'après l'examen que le Directeur fera de ces documens, soit pour voir s'ils ne renferment rien d'étranger à la science, soit pour examiner si leur étendue n'est pas hors de proportion avec les limites actuelles de la Revue ; lorsqu'il s'élevera quelque difficulté à ce sujet, le Directeur s'adjoindra deux ou quatre membres fondateurs, résidans à Paris, pour pronocer en dernier ressort. Tous ces articles seront de droit insérés, soit en entier, soit par analyse s'ils sont trop étendus ; ils seront signés et resteront sous la responsabilité scientifique de leurs auteurs.

Les membres de la société qui voudront bien se charger de rédiger des analyses d'ouvrages nouveaux (sur la demande du directeur qui fixera les limites qu'elles doivent avoir) seront rétribués de leur travail à raison de 56 f. par feuille d'impression, pour les analyses d'ouvrages en langues étrangères, et de 40 f. pour ceux qui seront en français ou en latin.

Le Directeur devra consacrer au moins le tiers du numéro à l'annonce des travaux zoologiques qui auront été lus à l'Institut et aux autres sociétés savantes, et des ouvrages qui seront adressés au Bureau de la Revue.

Chaque membre recevra, comme diplôme, un portrait de CUVIER, au bas duquel sera inscrite l'époque de son admission. Il recevra en outre un exemplaire de la Revue zoologique.

Le taux de la cotisation annuelle est fixé à 18 fr.

La Revue zoologique se composera d'abord, quelque borné que soit le nombre des membres de la Société, d'*une feuille in-8ᵒ* d'impression par mois.

Quand le nombre des membres aura dépassé 150, il y aura *une feuille et demie* par mois, sans augmentation de la cotisation. Quand ce nombre dépassera 200 , il y aura *deux feuilles* par mois , et ainsi de suite , le Bulletin sera successivement augmenté d'*une demi–feuille* par mois , chaque fois qu'il y aura 50 membres nouveaux inscrits , *toujours sans augmentation de la cotisation ;* en sorte que les membres auront le plus grand intérêt à contribuer à l'accroissement de la Société , car la Revue prendra toujours plus d'étendue , et il arrivera une époque où chaque membre recevra un ouvrage d'une valeur beaucoup plus grande que les 15 francs de sa cotisation annuelle.

La liste des membres sera publiée à la fin de chaque année, pour que chacun puisse savoir si le Directeur de la Revue devra augmenter le nombre des feuilles l'année suivante.

Pour établir le nombre de sociétaires qu'il y aura l'année suivante , on ne comptera que les membres qui auront fait parvenir leur cotisation avant la fin de décembre et la liste en sera publiée dans la livraison de janvier suivant.

Déjà la réussite de notre entreprise est assurée, car M. De Salvandy, ministre de l'Instruction publique, a bien voulu , en approuvant notre projet, nous donner l'espoir qu'il en aidera l'exécution par une intervention décisive, faveur insigne que la Revue s'efforcera de justifier, et qu'elle regardera toujours comme un hommage particulier du ministre de l'Instruction publique à la mémoire du grand naturaliste qui fut son ami. Enfin , plusieurs savans se sont empressés de se faire inscrire , et nous sommes certains que tous les naturalistes chercheront à nous aider pour accomplir cette œuvre utile ; car ils comprendront qu'en augmentant le nombre des feuilles chaque fois que celui des membres augmentera , nous abandonnons les chances de bénéfice ; c'est une combinaison , toute dans l'intérêt de la science et des membres de la Société, qu'aucun libraire n'adopterait ; aussi ne cherchons–nous pas d'éditeur pour l'exécuter : nous fondons sa réussite sur le concours de tous les amis de la science que le grand Cuvier a poussée si loin de nos jours.

Voici du reste le tableau des recettes et dépenses, calculé sur les bases que nous venons d'exposer.

Frais d'une feuille d'impression in 8°.

Composition, corrections et tirage, 60 fr.; papier, 25 fr; couvertures, papier, pliage, etc., etc., 15 fr.; frais de rédaction, de traduction et autres frais imprévus, 50 fr. Total : 150 fr.

QUAND IL Y AURA

150	membres, on publiera 18 feuilles, qui coûter. 2700 fr., et rapp. 2700 fr.
200	. . . . 24 . . . . 3600 3600
250	. . . . 30 . . . . 4500 4500
300	. . . . 36 . . . . 5400 5400
350	. . . . 42 . . . . 6300 6300
400	. . . . 48 . . . . 7200 7200
450	. . . . 54 . . . . 8100 8100
500	. . . . 60 . . . . 9000 9000

Ainsi, quand il y aura 500 membres, chaque Sociétaire recevra, pour une faible cotisation de 18 fr., 2 forts volumes compactes de 60 feuilles d'impression, ou 960 pages, contenant la matière de près de quatre volumes ordinaires, ce qui donne 480 pages pour chaque volume.

Le Directeur de la Revue recevra, le 15 de chaque mois à huit heures du soir, MM. les Membres de la société qui voudront entrer en relations avec leurs confrères, communiquer leurs travaux, et causer des nouvelles scientifiques.

Pour se faire admettre membre de la SOCIÉTÉ CUVIERIENNE, écrire *franco* à M. GUÉRIN MÉNEVILLE, rue de Seine-St-Germain, 13, en envoyant le montant de la cotisation annuelle, augmenté du prix de l'affranchissement ci-dessous, si l'on veut recevoir le journal par la poste, ou en désignant le correspondant chez qui l'on devra remettre les numéros. Pour recevoir la Revue zoologique par la poste et *franco*, l'on ajoutera 90 centimes par année; quand il y aura 150 membres, ce sera un 1 fr. 20 c. à 200, 1 fr. 50 c., et ainsi de suite 30 cent. de plus, chaque fois qu'il y aura 50 nouveaux membres inscrits.

IMPRIMERIE DE COSSON, rue St-Germain des Prés, n° 9.

LISTE DES PREMIERS FONDATEURS
DE
LA SOCIÉTÉ CUVIERIENNE,
Association universelle
Pour l'avancement de la Zoologie , de l'Anatomie comparée et de la Palæontologie.

N^{os}

1. S. A. R. Mgr le duc D'ORLÉANS , à Paris.
2. S. A. R. Mgr le prince CHRISTIAN-FRÉDÉRIC de Dane-marck , à Copenhague.
3. Le prince Charles-Lucien BONAPARTE , à Rome.
4. Le prince d'ESSLING , duc de Rivoli , à Paris.

MM.

5. AGUILLON , propriétaire , à Toulon.
6. ALFONSO , propriétaire , à Paris.
7. ARTHUS BERTRAND, libraire , à Paris.
8. ARNAUD DE VILLENEUVE , membre de diverses sociétés savantes , à Paris.
9. BADHAM , doct. méd. , memb. de div. soc. sav. , à Paris.
10. BASSI (le chevalier de) , à Milan.
11. DE BAZOCHES , propriétaire , à Falaise.
12. BIBRON , aide-naturaliste au Muséum royal , à Paris.
13. BLUTEL , directeur des douanes , à La Rochelle.
14. BERTHELOT , memb. de div. soc. sav. , à Paris.
15. BOHEMAN , memb. de l'Acad. royale , à Stockholm.
16. BORY DE SAINT-VINCENT (le baron), memb. de l'Institut royal de France , etc. , à Paris.
17. BOURJOT , doct.-méd. , etc., à Paris.
18. BRANDT , professeur de zoologie , à Saint-Pétersbourg.
19. DE BRÉME (marquis de), memb. de div. soc. sav. , à Paris.
20. BRETON , homme de lettres , à Paris.
21. CARON DU VILLARDS , docteur-médecin , à Paris.
22. CERISY (de), ingénieur de la marine royale, etc., à Toulon,
23. CHAUDOIR (le baron de) , memb. de div. soc. sav. , à St-Pétersbourg.
24. CHEVROLAT , membre de div. soc. sav. , à Paris.
25. COMTE (Achille), chef de bur. au min. de l'inst. publique , à Paris.
26. COSENTINO, membre de l'acad. Gioenienne , à Catane.
27. CRÉMIÉRE, propriétaire , à Loudun.
28. DAHLBOM , adm. du Mus. roy. d'hist. nat. , à Lund.
29. DAUBE , memb. de div. soc. sav. , etc. , à Montpellier.
30. DE LA LUZ , memb. de div. soc. sav. , etc. , à La Havanne.

MM.

N°ˢ 75. L'HERMINIER, docteur-médecin, etc., à La Guadeloupe.
76. MACHADO (da Gama), membre de div. soc. sav., à Paris.
77. MALEPEYRE, memb. de div. soc. sav., à Paris.
78. MANNERRHEIM (le comte de), à Wibourg.
79. MANNI (le chev. de), prof. de méd. à l'Univ., à Rome.
80. MARC, nég., membre de div. soc. sav., etc., au Havre.
81. MARAVIGNA, prof. de chim. et de minéral., à Catane.
82. MARTIN-SAINT-ANGE, docteur-médecin, à Paris.
83. MEISSER, docteur-médecin, etc., etc., à Bruxelles.
84. MELLY, négociant, à Manchester.
85. MÉNÉTRIÉS, membre de div. soc. sav., à St-Pétersbourg.
86. METAXA, professeur d'histoire naturelle, à Rome.
87. MEUNIER, membre de div. soc. sav., à Paris.
88. MICHELIN, membre de div. soc. sav., à Paris.
89. MITTRE, chirurg. de la marine royale, etc., à Toulon.
90. MOION, docteur-médecin, etc., à Paris.
91. MORICEAU, avocat, à Paris.
92. NIBLŒUS, membre de div. soc. sav., etc., à Lund.
93. OCSKO D'OCSKAY (le baron de), chambellan, à Œdemburg.
94. OKEN, directeur de l'*Isis*, à Zurich.
95. PAULINIER, avocat, etc., au Sénégal
96. PERBOSC, chirurgien de la marine royale, à Toulon.
97. PERCHERON, membre de div. soc. sav., à Paris.
98. PETIT DE LA SAUSSAYE, comm. de marine, à Paris.
99. POEY, avocat, membre de div. soc. sav., à La Havanne.
100. PORTAL, membre de l'acad. Gioenienne, etc., à Biancaville.
101. PRESTANDREA, prof. de chimie, etc., à Messine.
102. REICH. doct.-méd., prof. de zoologie, à Berlin.
103. REICHE, doct.-méd., membre de div. soc. sav., à Paris.
104. REQUIEN, admin. du musée Calvet, etc., à Avignon.
105. RICORD, doct.-médecin, naturaliste, membre de div. soc.
      sav., à Paris.
106. RIVIÈRE, membre de div. soc. sav., etc., à Paris.
107. ROBERT, chirugien de la marine royale, à Paris.
108. ROBERTON, doct.-méd., memb. de div. soc. sav., à Paris.
109. ROISSY (de), membre de div. soc. sav., etc., à Paris.
110. ROMAND (de), membre de div. soc. sav., à Tours.
111. ROUSSEAU, chef des trav. anat. au Mus. de Paris.
112. RUPPEL, naturaliste voyageur, etc., à Francfort.
113. SAGRA (Ramon de la), membre de l'Institut, etc., à Paris.
114. SAHLBERG, membre de div. soc. sav., à Abo.
115. SAULCY (de), capit. d'artill., prof. de mécanique, à Metz.
116. SAULCY (de), officier de la marine royale, à Brest.
117. SELYS-LONGCHAMPS (de), membre de div. soc. sav., à Liége.
118. SCHLEGEL, membre de div. soc. sav., à Leyde.

Paris.—Imprimerie de Cosson, rue St-Germain-des-Prés, 9.

AVANT-PROPOS.

Le nom du célèbre Cuvier fait assez époque dans la science, pour qu'il soit superflu de présenter ici l'histoire des beaux et utiles travaux qui lui ont mérité une ré-putation universelle, et pour que nous cherchions à jus-tifier autrement l'idée que nous avons eue de mettre sous son patronage la Société que nous fondons, et qui est destinée à propager l'étude des sciences dont ce grand naturaliste a tant reculé les limites. En effet, qui ne con-naît ses immortels travaux sur les Ossemens fossiles, son Anatomie comparée et son Règne animal? quel est le na-turaliste qui n'a pas été saisi d'admiration en étudiant les beaux mémoires qu'il a publiés sur l'anatomie des Mol-lusques, son Histoire naturelle des Poissons et une foule d'autres ouvrages, où son esprit d'observation et de cri-tique vient s'allier à des vues de haute philosophie, qui ont pour base l'étude des faits?

«Au moment où ses premiers écrits parurent, dit

Tom. I. Année 1838.   1

M. Laurillard, aucun naturaliste peut-être ne pensait que la zoologie pût encore illustrer un nom. Il semblait, en effet, que Linnæus, par ses méthodes précises et faciles; Buffon, par ses tableaux animés, ses vues hardies, et cette alliance inconnue jusqu'à lui de la science avec l'éloquence, eussent épuisé la matière; mais, pour l'homme de génie, la nature est une source intarissable d'études et de méditations. En appliquant les principes de la méthode naturelle à la classification des animaux, M. Cuvier parcourut une carrière zoologique non moins brillante et non moins étendue que celle de ces deux grands hommes.

» Jusqu'à lui, quoiqu'elle eût occupé Camper, Blumenbach, Hunter, Daubenton, et Vicq-d'Azyr, l'anatomie comparée n'avait guère été qu'un objet de curiosité ou de dissertations plus ou moins ingénieuses; M. Cuvier sut en faire une science, devenue entre ses mains la base fondamentale de l'histoire naturelle, et la source la plus abondante de vérités physiologiques.

» Les travaux des de Saussure, des Deluc, des Pallas et des Werner, paraissaient avoir amené la géologie à la perfection qu'elle pouvaient atteindre; M. Cuvier, par la découverte d'un genre de monumens que la nature vivante a laissé dans les entrailles du globe, créa dans cette science un nouvel ordre d'idées, dont les développemens féconds ont changé le caractère de sa philosophie.

» Tel est en abrégé ce que cet Arioste des temps modernes a fait pour la zoologie, pour l'anatomie comparée, et pour l'histoire de la terre. »

En prenant le nom de Cuvier pour bannière, en plaçant notre publication sous ce patronage illustre, et à l'abri de tous les souvenirs de gloire et d'utilité qui se groupent autour de lui, peut-être éveillerons-nous les susceptibilités de quelques naturalistes novateurs, qui essaient de fonder une école différente de la sienne, et qui craindront peut-être que le journal de la Société Cuvierienne n'imprime aux travaux zoologiques une direction qui ne serait pas en harmonie avec leurs vues particulières; mais nous n'avons pas à nous inquiéter de ces craintes, car nous montrerons que personne ne respecte plus que nous les idées des savans qui cherchent à faire avancer la science, sous quelque point de vue qu'ils l'envisagent, et de quelque pays qu'ils soient, pourvu toutefois qu'ils y mettent de la conscience, et qu'ils ne cherchent pas à déprécier les travaux de celui qui fût une des plus belles gloires de notre époque et de notre pays. Notre Société n'a d'autre but, en définitive, que la recherche de la vérité, de cette vérité que cherchait Cuvier et qu'il a su trouver en étudiant d'abord les faits, sans être dominé par des idées préconçues ou par un système adopté à l'avance, afin d'arriver, par leur groupement, à ces vérités générales que l'on peut nommer, alors seulement à juste titre, des lois naturelles. Du reste, nous ne prétendons imposer aucune règle aux membres de l'association, et, en laissant à chacun la liberté d'envisager la science suivant sa manière de voir, nous croyons faire ce que Cuvier lui-même aurait fait s'il eût vécu, et s'il s'était établi, sous sa présidence, une Société semblable à celle-ci.

Nous espérons donc que tous les amis des sciences, de quelque école qu'ils soient, s'empresseront de s'associer pour concourir à la publication que nous commençons, et qu'ainsi ils contribueront puissamment aux progrès de la Zoologie, de l'Anatomie comparée et de la Palæontologie. Nous nous estimerons heureux d'avoir provoqué une association aussi utile, de l'avoir appuyée sur des bases désintéressées qui assurent au journal de la Société Cuvierienne une longue existence et un développement toujours croissant.

GUÉRIN-MÉNEVILLE.

Paris, 31 janvier 1838.

REVUE ZOOLOGIQUE,

PAR

LA SOCIÉTÉ CUVIERIENNE;

PUBLIÉE SOUS LA DIRECTION

DE M. F.-E. GUÉRIN-MÉNEVILLE.

JANVIER 1838.

I. SOCIÉTÉS SAVANTES.

ACADÉMIE ROYALE DES SCIENCES DE PARIS.

Séance du 2 janvier 1838.—M. *Chevreuil* est nommé vice-président. — M. *Becquerel*, vice-président pendant l'année 1837, passe aux fonctions de président.

M. *Isid. Geoffroy Saint-Hilaire* lit un rapport sur un Mémoire de M. *Jourdan*, de Lyon, concernant quelques Mammifères nouveaux, « Ce travail, dit le rapporteur, a pour objet l'établissement de trois genres, sur trois espèces nouvelles qui en deviennent les types, et la description de trois espèces nouvelles aussi, mais qui appartiennent à des genres connus. »

Le premier des genres nouveaux est nommé HÉTÉROPE, par M. Jourdan ; il appartient à la famille des Kanguroos, et se distingue, comme son nom l'indique, de toutes les autres espèces de ce groupe, par des jambes et des tarses postérieurs beaucoup plus courts et plus trapus que les leurs, etc. L'espèce vient de la Nouvelle-Galles du sud, et est nommée *Hete-ropus albogularis*, Jourdan.

Le second genre est nommé ACÉRODON ; il appartient à la famille des Rousseltes et ne se distingue des Roussettes proprement dites que par des molaires inférieures à trois collines, et par des molaires supérieures à collines tuberculeuses, dans lesquelles cependant se montre avec évidence le type caractéristique de cette famille. L'espèce type est originaire des Philippines et porte le nom d'*Acerodon Meyenii*, Jourdan.

Le troisième genre, nommé NÉLOMYS, a pour type une espèce de Rongeur, originaire du Brésil, à laquelle M. Jourdan réunit l'Echimis huppé. Cette espèce porte le nom de *Nelomys Blainvillii*, Jourdan.

Enfin, les trois espèces nouvelles que M. Jourdan fait connaître, consistent en un KANGUROO, qu'il nomme *Irma*, un HYDROMYS, nommé *Fulvo-venter*, et une PARADOXURE, nommé *Philippensis*.

Séance du 8.—Rien sur la zoologie.

Séance du 13. M. *Loiseleur-Deslonchamps* envoie un mémoire intitulé : *Considérations sur les variations de température auxquelles les œufs du ver à soie peuvent être soumis.* Le principal objet de ce mémoire est de prouver, au moyen d'expériences, que les œufs du ver à soie peuvent supporter, sans inconvénient, le froid de nos hivers, lorsque l'on ne prend aucune précaution pour les en garantir. Ce mémoire est renvoyé à la section d'Economie rurale.

Séance du 22.—M. *Breschet* présente un mémoire intitulé : *Recherches sur la structure des membranes de l'œuf des mammifères*, par MM. *Breschet* et *Gluge.* Les obervations de ces anatomistes ont été faites sur les membranes de l'œuf de l'Homme, du Singe, de la Vache et du Chien. Ils ont examiné, à l'aide du microscope, le Chorion et sa membrane, les granulations du cordon ombilical du Veau, l'amnios, etc. Dans un autre mémoire les auteurs parleront de la structure de l'allantoïde, de la vésicule ombilicale et du placenta. Ce mémoire est accompagné d'une planche qui a paru dans le n⁰ 5 des Comptes rendus des séances de l'Académie.

M. d'*Hombres-Firmas* adresse un manuscrit intitulé : *Notice sur la Nérinée gigantesque*, dont voici le diagnose : *Nerinea gigantea, testa turrita elongato-cylindracea subplicata, anfractibus ad suturam convexis, in medio profunde caniculatis.* C'est une coquille fossile voisine des Cérithes et que M. *Defrance* a signalée depuis quelques années ; M. *d'Hombres-Firmas* l'a nommée *gigantesque* à cause de sa taille, la plupart des Nérinées connues étant généralement assez petites. Elle fut trouvée, dit l'auteur, il y a plusieurs années, sur le penchant de la montagne de Bouquet, près d'Alais. L'auteur en donne une description assez détaillée et offre d'envoyer son modèle en plâtre à ceux qui en seraient curieux.

M. *Dutrochet* lit un rapport sur divers travaux entrepris au sujet de la maladie des vers à soie connue, vulgairement sous le nom de Muscardine. On sait que c'est à M. *Bassi*, de Milan, qu'est due la découverte des causes de cette maladie. Depuis la publication de son travail, les Entomo-agriculteurs et les botanistes ont fait plusieurs mémoires sur cette découverte, qui ont plus ou moins éclairé la question. C'est sur ces mémoires que M. *Dutrochet* donne son avis à l'Académie dans un long rapport très-détaillé.

M. *W. Cooper* adresse une brochure imprimée in-8°, ayant pour titre : *Description d'une espèce de Chauve-souris* qu'on trouve dans les environs de New-Yorck.

Séance du 29 janvier. — M. *Audouin* présente un exposé sommaire des diverses observations qu'il a recueillies pendant plusieurs années sur les insectes nuisibles à l'agriculture.

M. *Owen* envoie des remarques sur une communication de M. Coste, relative à l'œuf du Kanguroo.

SOCIÉTÉ ENTOMOLOGIQUE DE FRANCE.

Dans les deux séances des 3 et 17 janvier, il n'y a eu que des nominations et des propositions réglementaires.

II. TRAVAUX INÉDITS.

NOUVELLE espèce d'oiseau du genre RHAMPHOCÈLE, par le prince Charles-Lucien BONAPARTE.

On sait que M. *de la Fresnaye*, considéré par les zoologistes anglais comme le plus savant ornithologiste de France, a publié, dans le *Magasin de Zoologie*, année 1837, cl. II, pl. 18, la description d'une fort belle espèce nouvelle du sous-genre des *Tangaras rhamphocèles*, et qu'il a fait suivre cette description du synopsis des espèces propres à ce groupe, lesquelles sont au nombre de six. Ce nombre s'est augmenté par l'observasion que vient de faire le prince Charles-Lucien Bonaparte, d'une nouvelle espèce qui fait partie de la riche collection du duc de Rivoli ; le prince Bonaparte nous en a remis la diagnose suivante :

Rhamphocelus icteronotus, Bonap. Nigerrimus, dorso postico uropygioque flavissimis. — Hab. l'Amérique méridionale.

Nous donnerons la figure et une description plus étendue de cette espèce, dans un des prochains numéros du *Magasin de Zoologie.*

DESCRIPTION faite sur nature du GRAND HARLE ou du MERGANSER, par R.-P. LESSON.

Rochefort, ce 24 janvier 1838.

Monsieur,

J'ai l'honneur de vous adresser une description, assez différente de celle donnée par les auteurs, d'une espèce de Palmipède de notre pays, pour être insérée dans votre *Recueil*. Si cette description ne vous paraît pas trop longue, je pourrai vous en adresser d'autres sur des animaux étrangers, et je les tiendrai à votre disposition.

Mergus merganser, Linn.

CARACTÈRES COMMUNS AUX DEUX SEXES. *Bec* allongé, rétréci, échancré en cœur sur le front ; échancrure bordée de rouge, se continuant sur l'arète en une bandelette noire, plaque terminale recourbée en cuiller crochue, également noire ; les côtés d'un rouge carmin foncé et tirant au noir, branches de la mandibule inférieure noires, côtés rouge-carmin ; dents des mandibules dirigées d'avant en arrière, très-fortes, rangées en scie et d'un noir intense ; voûte palatine garnie, sur les côtés, de deux rangées de dents osseuses ; œsophage et gosier garnis de dents spinescentes nombreuses. *Langue* simple à la pointe aiguë, garnie sur sa ligne moyenne ou le raphé, de deux rangées d'épines, et sur chaque bord d'une rangée spinescente. *Yeux* bruns, cerclés d'orangé vif. *Pattes* du rouge corail le plus vif, à membranes d'un rouge tirant au brun. *Ongles* cornés. *Queue* légèrement tronquée ou à peine arrondie, faisant la pointe dans le repos. *Ailes* atteignant le milieu de la queue, à première et deuxième rémiges les plus longues et plus fortes. *Plumage* d'une excessive douceur, garni d'un duvet très-abondant gris-clair, et très-fourni de plumes molettes.

Mâle adulte, enl. 951. Plumes de la tête très-fournies, formant une couche très-épaisse sur l'occiput, et d'un vert bronzé à reflets métalliques, tirant au bronze noir sur la gorge. Cette teinte colore la moitié supérieure du cou ; le reste du cou, de même [que toutes les parties inférieures du corps, les couvertures de la queue comprises, les flancs et le dedans des ailes, sont d'un jaune beurre frais de la teinte la plus douce et la plus suave ; le manteau, la portion moyenne du dessus du cou et la moitié des grandes couvertures, sont d'un noir foncé et lustré, les plus grandes terminées d'un point blanc ; les côtés du thorax et la moitié des grandes couvertures sont de la même nuance que le dessous du corps ; le milieu du dos est gris-cendré ; le bas du dos, le croupion, sont d'un blanc gris de perle ondulé de gris plus foncé ; les couvertures supérieures de la queue, de même que les rectrices, sont d'un gris cendré, relevé par le gris brun luisant de la tige de la plume ; les ailes ont leurs petites couvertures de l'épaule grises ou brunes, cerclées de blanc ; toute la face externe de l'aile est blanc glacé de jaune rosé ; les pennes moyennes sont d'un blanc lavé de jaune beurre frais, et finement liserées à leur bord externe d'un filet noir profond ; les rémiges sont raides, noir-brun luisant, celles du fouet de l'aile exceptées, qui sont ou frangées ou terminées de gris blanc. Longueur totale, du bout du bec à l'extrémité de la queue, 2 pieds et quelques lignes.

Femelle adulte (*Mergus castor*, Gm., enl. 953). Plumes de la tête très-fournies, et s'allongeant successivement sur l'occiput pour former une huppe comprimée, longue de 2 pouces ; la tête et le haut du cou sont d'un brun de rouille luisant, plus foncé sur le devant de la tête, plus roux sur le haut du cou et surtout sur les côtés ; la gorge est blanc-jaune, se continuant légèrement en ligne moyenne sur le roux du cou, toutes les parties supérieures du corps sont d'un gris luisant, mais sur le cou et sur le croupion, les plumes grises sont cerclées de gris blanc de perle, ce qui rend ces parties émaillées ; les épaules et les rémiges secondaires, de même que les rectrices et leurs couvertures, sont uniformément grises avec leurs tiges lustrées et luisantes ; les rémiges sont brun noir ; un large miroir blanc pur occupe la partie moyenne des ailes, et se trouve coupé au tiers supérieur par un trait brun ; les pennes bâtardes sont brunes à leur base et en dedans, et seulement blanches à leur sommet et en dehors ; le cou en devant est varié de gris et de blanc, puis apparaît une teinte pure de jaune beurre frais, qui s'étend du cou aux couvertures inférieures de la queue, en se mêlant, sur les flancs, au gris qui forme des cercles sur chaque plume, ainsi que les tibiales. Sa longueur totale, du bec à l'extrémité de la queue, est de 22 pouces.

Les Harles mâles et femelles ont été très-communs aux environs de Rochefort, dans le courant de janvier 1838, pendant les froids qui régnèrent du 10 au 20 de ce mois (9 degrés du therm. centigr. sous zéro), et même les jours suivans par une température de 9 degrés au dessus de zéro. Ils s'étaient abattus dans les prairies que la Charente arrose, depuis Fichemore, à la porte de Rochefort, jusqu'à Bords et à Saint-Savinies. Tous les individus observés ont présenté un plumage identique et sans variations.

Note sur l'Acanthodon et sur le Cryptostemme, nouveaux genres d'Arachnides, par M. Guérin-Méneville.

Le premier de ces genres appartient à l'ordre des Pulmonaires, et vient avoisiner les Mygales fouisseuses et les Ériodons de Latreille ; comme dans ces deux genres, les palpes sont insérés à l'extrémité supérieure des mâchoires, les Chélicères sont saillantes, et leurs crochets sont repliés en dessous, le long de leur tranche inférieure, et non en dedans et sur leur face interne ; les Chélicères ont en avant, et comme chez la Mygale maçonne, une sorte de râteau ; mais ce genre diffère de ceux auxquels nous le comparons, par ses palpes aussi forts, et presque aussi longs que les pattes, dont les deux derniers articles sont un peu aplatis, et armés en dessous d'épines fortes et courtes, formant un râteau (organe qui se trouve également sous les deux derniers articles des premières et secondes pattes), et par ses yeux, qui, au lieu d'être réunis en un groupe unique, en forment deux bien distincts, ce qui n'a pas encore été observé dans les Arachnides pulmonaires ; ils sont disposés ainsi : deux yeux très-rapprochés sur le bord antérieur du céphalothorax, et six beaucoup plus en arrière, formant un ovale transverse très-étroit.

Acanthodon Petitii, Guér. Long. : 36 millim. — Corps d'un brun marron luisant avec l'abdomen velu et d'un brun pâle terne ; pattes et palpes semblables ; ce qui lui donne l'apparence d'une Araignée à dix pattes ; les quatrièmes pattes les plus longues, les premières ensuite, les troisièmes après, et enfin les deuxièmes les plus courtes : troisièmes pattes plus épaisses que les autres, des lignes longitudinales plus foncées sur les pattes, ces lignes formées par un duvet brun très-serré. Habite le Brésil. Cette Araignée nous a été donnée par M. Petit de La Saussaye a qui nous la dédions.

Le genre CRYPTOSTEMME se range dans l'ordre des Trachéennes, et fait partie de la tribu des Phalangiens ; il est voisin des Trogules ; comme eux il a l'extrémité antérieure du céphalothorax avancée en forme de chaperon ; mais nous n'avons pu lui voir aucune trace d'yeux, et les antennes-pinces sont saillantes, en forme de pattes et plus courtes que celles-ci. Le céphalothorax est distinct de l'abdomen, de forme carrée; les pattes sont très-inégales en longueur, aplaties, terminées par des tarses de 4 et 5 articles grenus, dont le dernier est le plus grand ; la seconde paire est la plus longue, ensuite la troisième, puis la quatrième, et enfin la première, qui est la plus courte. L'abdomen est de la largeur du corselet, deux fois plus long, aplati et un peu enfoncé en dessus, convexe en dessous et paraissant divisé en quatre segmens. L'espèce unique de ce genre curieux nous a été envoyée par M. Westermann, comme provenant de la Guinée, nous la nommons :

Cryptostemma Westermannii, Guér. Long. : 9 millimètres.—Corps et pattes d'un gris terreux, couverts de nombreuses aspérités; chaperon plus large en avant, rebordé, avec un faible sillon longitudinal au milieu; céphalothorax un peu bombé, rebordé sur les côtés et en arrière, avec un sillon longitudinal au milieu, beaucoup plus profond en arrière, et une forte impression oblique de chaque côté ; abdomen à bords très-relevés, avec deux impressions obliques à la base de chaque segment.

Nous donnerons des descriptions et des figures détaillées de ces deux singulières Arachnides, dans un des prochains numéros du Magasin de Zoologie.

Genre PHYLLOCÈRE, Phyllocerus, Latreille.

L'insecte qui forme le type de ce genre a été découvert en Dalmatie, par M. le comte Dejean, qui l'a nommé *Phyllocerus flavipennis*, dans son premier catalogue. C'est Latreille qui en a le premier, et le seul encore, publié les caractères, dans le Règne animal de Cuvier, 2ᵉ édit., t. IV, p. 456, et dans sa distribution méthodique et naturelle des Serricornes (Ann. de la Soc. entom. de France, t. III, p. 165). Il a d'abord placé ce genre dans sa tribu des Elatérides; mais, dans le mémoire que nous venons de citer, il le range dans celle des Cébrionites, près des *Physodactylus* et des *Anclastes.*

Depuis quelque temps les marchands allemands sont parvenus à se procurer un petit nombre d'échantillons de cet insecte rare, qu'ils vendent encore fort cher ; M. le marquis de Spinola s'en étant procuré quelques individus, a envoyé à M. Reiche deux espèces différentes, en lui annonçant, avec doute pourtant, que ce sont les deux sexes de la même espèce. Ces deux insectes, que M. Reiche a bien voulu nous communiquer, diffèrent l'un de l'autre par la taille et parce que l'un a les élytres, jaunes tandis que l'autre les a noires ; mais ils ont les antennes semblables, et tous les deux ont cinq segmens à l'abdomen, avec l'organe sexuel mâle bien visible ; quand même nous ne serions pas certains que ce sont deux mâles, l'analogie nous porterait encore à le croire ; car dans la famille des Serricornes, les femelles ont toujours les antennes bien différentes de celles des mâles, et il est probable que les Phyllocères ne font pas exception à cette règle. On pourrait peut-être penser que celui qui a les élytres noires est une variété, mais la différence de taille de ces deux insectes est trop grande pour qu'on puisse s'arrêter à cette idée. Quoi qu'il en soit, ces deux insectes diffèrent assez pour que nous en donnions une description, qu'on les considère comme deux espèces ou comme n'en formant qu'une.

1. *Phyllocerus flavipennis.*—Long. : 18 mill. Larg. : 5 mill —Corps entièrement noir, couvert d'un fin duvet serré à reflets soyeux et jaunes, et de petits points enfoncés et très-rapprochés ; élytres d'un jaune testacé, avec des côtes peu élevées et assez larges. — Hab. la Dalmatie.

2. *Phyllocerus Spinolæ.*—Long. : 13 mill. Larg. : 4 mill.—Corps et élytres entièrement noirs, couverts d'un très-fin duvet à reflets soyeux et jaunes et de très-petits points enfoncés ; élytres ayant des côtes peu élevées et assez larges.—Hab. la Dalmatie.

Nous donnons des figures de ces deux espèces, à l'article Phyllocère du Dictionnaire pittoresque d'Histoire naturelle.

Genre LISSOME, *Lissomus*, Dalman.

On sait que ce genre, qui appartient à la tribu des Elatérides de Latreille, a été établi, en 1824, par Dalman, dans le premier numéro de ses Ephémérides entomologiques, et qu'il en a décrit deux espèces du Brésil, sous les noms de *L. punctatus* et *L. foveolatus.* Latreille a adopté ce genre, dans la nouvelle édit. du Règne animal ; mais il y réunit les *Drapetes* de Mcgerle. Dans un mémoire sur une distribution naturelle des Serricornes, publié dans le t. III des Annales de la Société entomologique de France, p. 113, il conserve le genre Lisome tel qu'il l'a adopté dans le Règne animal. M. le comte Dejean a cru devoir conserver le genre Drapètes, en publiant son dernier catalogue ; si, comme il y a lieu de le croire, cet entomologiste a trouvé de bons caractères pour séparer ces deux groupes, celui des *Lissomus* se composerait encore de 9 espèces, toutes propres à l'Amérique méridionale. Ce que nous ne pouvons nous expliquer, c'est que M. Dejean ait mis le nom de *L. punctulatus*, publié par Dalman en 1824, en synonymie de son *L. rubidus*, qui n'a jamais été publié. Voici, du reste, la liste des espèces, tant publiées qu'inédites, de ce genre : 1° *Lissomus punctulatus*, Dalm. (*rubidus*, et *mario*,

Dej., suivant une observation de M. Lacordaire); 2° *foveolatus*, Dalm. ; 3° *lævigatus*, Fab. (Elater) ; 4° *castaneus ;* 5° *puberulus ;* 6° *sulcifrons ;* 7° *villosus ;* et 8° *mexicanus*, Dej., Cat. Toutes ces espèces sont à peu près longues de 3 lig. à 3 lig. et 1/2.

M. Reiche , qui possède une belle collection de Coléoptères, vient de recevoir de Cayenne une espèce beaucoup plus grande, qu'il n'a pas trouvée dans la collection de M. Dejean, et dont il nous adresse la description suivante :

Lissomus bisignatus, Reiche. Long. : 6 lig. Larg. : 2 3/4 lig.—Noir, luisant, finement ponctué ; élytres, ayant chacune près du bout une tache triangulaire d'un blanc argenté , formée par des poils couchés, et se prolongeant jusqu'à l'extrémité; front un peu échancré en avant, une large fossette en arrière et de chaque côté du corselet ; deux fossettes à la base de chaque élytre ; antennes et pattes fauves. Cet insecte diffère tellement des autres espèces qu'il est inutile de le comparer avec elles.   (G. M.)

III. ANALYSES D'OUVRAGES NOUVEAUX.

HISTOIRE NATURELLE, mise à la portée des femmes et des gens du monde, et rédigée suivant les classifications modernes , par madame ACHILLE COMTE ; ouvrage adopté par le Conseil Royal de l'instruction publique, pour les colléges, les écoles normales primaires , les écoles primaires élémentaires et supérieures , et les institutions de jeunes personnes ; *Règne animal*, 2 vol. grand in-12 , ornés de 150 vignettes dessinées et gravées par nos meilleurs artistes. A la librairie de PAUL DUPONT et Cie , rue de Grenelle-Saint-Honoré, 55.

Depuis que l'enseignement de l'Histoire naturelle est introduit dans l'éducation et forme une partie essentielle des études dans les colléges, beaucoup de naturalistes ont composé des traités destinés à la jeunesse, des manuels, des élémens , etc. , et plusieurs de ces publications sont destinées, par la manière claire et simple dont la science y a été exposée, à donner une idée exacte de l'Histoire naturelle et à former des naturalistes, en apprenant à la jeune génération qui s'élève sous nos yeux, les élémens d'une science si féconde et si belle.

Parmi les naturalistes qui se sont voués ainsi à l'enseignement, on doit distinguer M. Achille Comte, qui a déjà donné des ouvrages si utiles, parmi lesquels il nous suffira de citer les Tableaux du Règne animal du Cuvier, les Cahiers d'Histoire naturelle et la Physiologie à l'usage de colléges et des gens du monde, ouvrages qui ont tous été adoptés par le Conseil Royal de l'instruction publique pour l'enseignement de cette science dans les colléges.

Il était réservé à Madame Achille Comte de faire, pour l'éducation des demoiselles et pour les gens du monde, ce que son mari a fait en faveur des jeunes gens; elle avait sous les yeux un exemple bien encourageant, et d'ailleurs une plume aussi élégante et aussi connue dans le monde littéraire, était bien capable de rendre la science attrayante ; aussi, les deux volumes que cette dame a publiés, et qui comprennent l'Histoire du Règne animal, sont-ils en tous points dignes de la réputation de leur auteur. Tout en ne négligeant rien de ce qu'il est essentiel d'apprendre à ses lectrices, Madame Achille Comte a eu soin, pour que la mère puisse permettre la lecture de son livre à sa fille, d'éviter tout ce qui aurait pu blesser la délicatesse d'un sentiment qui est l'appanage exclusif de son sexe.

L'ouvrage de Madame Achille Comte a reçu, du reste, l'approbation du Conseil Royal de l'instruction publique, et il nous suffira de citer ici quelques fragmens du rapport fait à ce sujet par M. Rendu.

« L'ouvrage de Madame Achille Comte est destiné à combler cette lacune ; l'auteur, sans négliger entièrement les détails scientifiques, a cru devoir attacher plus d'importance à la partie purement descriptive des mœurs des animaux, et c'est ce qui distingue essentiellement son ouvrage. C'est plus qu'un livre de lecture sur l'Histoire naturelle du Règne animal, sans être un traité scientifique et complet.

» Quant à la partie descriptive, nous aimons à le répéter, elle ne mérite généralement que des éloges. Le style est facile, élégant, et toujours simple. Il n'existe aucun traité d'histoire naturelle de ce genre qui puisse être mis en parallèle avec le livre de Madame Achille Comte. On ne peut que le recommander vivement comme un excellent livre de lecture instructive et intéressante tout à la fois.

» L'exécution typographique répond parfaitement au mérite de l'ouvrage. Les gravures sur bois, qu'on a judicieusement placées dans le
texte, sont d'un fini aemarquable.

» L'ouvrage mérite d'être signalé à l'attention du ministre, et il n'y
a pas lieu de douter qu'il ne rende d'utiles services comme livre de
lecture intéressante et instructive, dans les établissemens d'instruction
et dans l'éducation domestique. »

Pour que l'on puisse avoir une idée des vignettes qui sont
répandues avec profusion dans les volumes de Madame Achille
Comte, nous insérons celle qui suit, laquelle est extraite de
son ouvrage. Cet exemple montrera ausi comment nous pour-
rons, dans le cours de ce journal, figurer des objets dont les
formes seraient trop difficiles à décrire et qui ne devront pas
être figurés dans le Magasin de Zoologie.   (G. M.)

IV. NOUVELLES.

Nous recevons de la Havanne, dans l'île de Cuba, une lettre
de M. Poey, naturaliste déjà bien connu par des travaux estimés sur la zoologie de cette île, par laquelle il nous annonce
avoir découvert dans ce pays un petit mammifère voisin des
Desmans, ayant le museau allongé comme eux, mais en différant cependant d'une manière notable. M. Poey pense que,
si cet animal n'appartient pas au genre *Solenodon* de Brandt,
il doit constituer un genre nouveau qu'il publiera incessamment.

REVUE

ZOOLOGIQUE.

FÉVRIER 1838.

I. SOCIÉTÉS SAVANTES.

ACADÉMIE ROYALE DES SCIENCES DE PARIS.

Séance du 5 février 1838. M. *Milnes Edwards* lit un *Mémoire sur les Polypes du genre des Tubulipores ;* ce travail a pour objet des êtres dont l'organisation intérieure était presque inconnue, et il fait suite à une série de mémoires sur l'anatomie, la physiologie et la classification des Polypes, précédemment présentés à l'Académie. Suivant l'auteur, les Polypes du genre Tubulipore ne sont pas des animaux hydriformes, et ļeur mode d'organisation, loin de ressembler à celui des Hydres et 'des autres Polypes parenchymateux inférieurs, est beaucoup plus compliqué et a beaucoup d'analogie avec celui ds Eschares et des Flustres. En effet, ils présentent, comme ceux-ci, un tube digestif ayant des parois distinctes de l'enveloppe tugumentaire, une bouche et un anus séparés, un appareil tentaculaire garni de cils vibratils qui paraissent servir à la respiration aussi bien qu'à la préhension des alimens, des muscles bien formés, etc. ; mais ils n'ont pas, comme ces Eschares et ces Flustres, un appareil operculaire garni de muscles bilatéraux, et ils en diffèrent aussi par la conformation de la gaîne tégumentaire qui, en se durcissant, constitue la cellule tubuleuse dans laquelle toutes les parties molles se retirent lors de la contraction.

Après avoir dit que les circonstances dans lesquelles vivent ces zoophytes influent sur la croissance de leur Polypier, l'auteur montre qu'avec une seule espèce de nos côtes, les naturalistes ont formé deux genres et trois espèces nominales. Il donne ensuite une description du Polypier et présente sa synonymie. Enfin il termine en faisant connaître toutes les espèces, vivantes et fossiles, de ce genre intéressant. Ce mémoire est accompagné de quatre planches.

M. *Coste* envoie un mémoire sur l'*Ovologie du Kangourou*, accompagné de la lettre suivante, en réponse à celle de M. Owen. — « J'ai lu avec regret la lettre que M. Owen a écrite au sujet d'un produit utérin de Kangourou, qu'il désigne sous le nom de *fœtus et ses appendices vésiculeux*, et que j'ai considéré comme un œuf.

» Comme sur ce point la discussion paraît plutôt porter sur des mots que sur des choses, et comme, d'ailleurs, je suis parfaitement en mesure de répondre à toutes les assertions de M. Owen, je demande à l'Académie la permission de soumettre à son jugement le mémoire ci-joint, dans lequel elle trouvera, j'espère, les moyens de décider la question dans le fond et dans la forme. »

Séance du 12. M. *Isidore Geoffroy St-Hilaire* fait un rapport favorable sur un Mémoire de M. *Alcide D'Orbigny*, intitulé : *Sur la distribution géographique des Oiseaux Passereaux dans l'Amérique méridionale.* Dans ce Mémoire, que son auteur a lu dans la séance du 2 octobre 1837, M. Alc. D'Orbigny divise les régions de l'Amérique méridionale qu'il a explorées, ou trois zones de latitude, suivant leur distance de l'équateur, et chacune de celles-ci en trois zones d'élévation au dessus du niveau de la mer. Il passe en revue les différentes espèces propres à ces zones, et arrive à conclure que, dans les trois zones de latitude et dans les trois zones d'élévation le nombre des espèces de Passereaux va en décroissant très-rapidement. Selon lui, la première zone, qui s'étend du 11° au 28° degré, possède 240 espèces ; la seconde, comprenant du 28° on 34° degré, en a 72, et la dernière, du 34° ou 43° degré, en à 37. La décroissance numérique a lieu de même dans les trois zones d'élévation; ainsi la première, dont l'élévation varie entre 0 et 1700 mètres, contient 83 espèces ; la seconde, de 1700 à 3700 mètres, 60 espèces, et la dernière qui excède 3700 mètres, n'en a plus que 22. Il serait difficile de suivre l'auteur dans les observations pleines d'intérêt qui suivent, et leur analyse ne pourait dispenser de recourir au Mémoire même, qui est publié dans la relation du voyage de M. D'Orbigny dans l'Amérique méridionale.

Séance du 19.—M. *Paravey* écrit qu'il a vu à Leyde, une Salamandre gigantesque du Japon, que M. Siéboldt a rapportée vivante et qui a environ 3 pieds de longueur. M. *Duméril* fait observer que cette espèce est connue et qu'on en possède un individu conservé dans l'alcool au Musée de Paris.

SOCIÉTÉ ENTOMOLOGIQUE DE FRANCE.

Séance du 7 *février* 1838.—M. *Duponchel* lit un Mémoire sur les *Tinéites* qu'il divise en 32 genres.

M. *Boyer de Fonscolombe* envoie la suite de sa Monographie des *Libellulines* des environs d'Aix, comprenant les genres *Æshna* et *Agro n.*

M. *Guénée* adresse également la suite de son Essai sur la classification des *Noctuélites.*

Séance du 21. — Pas de Mémoires.

II. TRAVAUX INÉDITS.

Notice sur plusieurs espèces d'Hélices, confondues à tort par les auteurs, par M. Deshayes.

Cette notice a pour objet de distinguer trois espèces du sous-genre Carocolle, confondues sous le nom d'*Helix labyrinthus*, ces trois espèces sont :

1° *H. labyrinthus*, Chemnitz; Seba; Encycl., pl. 64, fig. 18; Férussac. *Carocolla labyrinthus*, Lam. Anim. sans vert. *Helix plicata pars*, Dilw.

2° *H. plicata*, Born., Knorr; *Helix labyrinthus*, Lam., Journ. d'Hist. nat.; *Helix plicata pars*, Dilw.; *Carocolla labyrinthus pars*, Lam.; *Helix labyrinthus*, Var., Féruss., Moll. *Helix plicata*, Fér., Prodr.

3° *H. bifurcata*, Desh.; *Helix plicata*, Féruss.; *Helix plicata*, Desh., Encycl.

Les figures de ces trois espèces paraîtront avec la notice de M. Deshayes, dans un prochain numéro du Magasin de zoologie.

DESCRIPTION de trois espèces nouvelles des genres CAROCOLLE,
PLEUROTOME et MARGINELLE, par M. PETIT DE LA SAUSSAYE.

Carocolla uncigera, Petit. Haut. : 9 mill. Larg. : 27 mill.—Testa
orbiculari, acutissime carinata, supra convexa, infra convexo pla-
nulata, umbilicata, alba, fasciis fuscis cincta, anfractibus sex, apertura subquadrangulari, obliquissime depressa, fauce prope columellam
plica transversa ornata; labro externe unidentato, intus unciforme
dente armato; margine albo reflexo.—Hab. l'isthme de Panama, elle
a été envoyée par M. Pavageau, négociant à la Nouvelle-Grenade.

Pleurotoma sinistralis, Petit. Haut. : 19 mill. Larg. : 7 mill. —
Testa sinistrorsa, fusiformi-turrita, crassiuscula, albido-grisea, anfractibus octonis; anfractu cingulo strigis longitudinaliter undatis
ornato, transversimque striato; labro acuto, superne late emarginato,
in medio arcuato; cauda lata brevi.—Hab. le Sénégal. Découverte par
M. Augeard, commis de marine.

Marginella Kieneriana, Petit. Long. : 12 mill. Larg. : 9 mill.—
Testa parva, piriforme, fulva, maculis albis transversis per quatro
series dispositis ornata; spira brevissima, exsertiuscula, labro crasso,
vix intus crenulato, plicis columella octonis.—Hab. les plages de la
Guayra (Venezuela). Découverte par M. Lemarié, capitaine de vaisseau.

Sur le genre PAUSSE, *Paussus*, Linné, par M. GUÉRIN-
MÉNEVILLE.

Tous les entomologistes connaissent la belle Monographie
que M. Westwood a publiée sur la famille de Paussides, dans les
Transactions de la Société Linnéenne de Londres, vol. XVI,
p. 607, et l'on sait qu'il a fait connaître 14 espèces de *Paussus*
proprement dits, insectes encore si rares dans les collections;
nous saisissons avec empressement l'occasion d'en publier une
quinzième espèce très-remarquable, qui appartient à la première section des *Paussus* de M. Westwood, celle qu'il caractérise ainsi : *thorax quasi bipartitus*. Notre insecte ne peut
être placé qu'auprès du *P. microcephalus*, Lin., auquel il
ressemble par ses antennes, dont la massue est armée de petites
dents vers l'extrémité; mais il en diffère par la forme de cette
même massue, qui est à peine de l'épaisseur de l'article basilaire, presque cylindrique, à peu près comme celle du *P.
Hardwickii*, West., lequel en diffère notablement parce qu'il
appartient à la deuxième section, caractérisée par son *thorax*

subcontinuus. Voici la description abrégée de cette nouvelle espèce.

Paussus Jousselinii, Guér.—Long. : 7 mil. Larg. aux épaules : 2 mil. et à l'extrémité : 3 mil.—Corps d'un brun foncé presque noir, avec l'abdomen et l'extrémité des élytres ferrugineux ; tête petite , ayant un sillon longitudinal en avant et trois tubercules en forme de cornes sur le vertex; antennes rugueuses avec le premier article grand , presque carré , le second , ou la massue , subcylindrique, trois fois plus long que le premier, un peu rétréci au milieu ; ayant en dedans et à la base un appendice tronqué et, près de l'extrémité, trois fortes dents aiguës ; corselet divisé en deux par un profond étranglement , ayant une profonde excavation longitudinale au milieu, et deux taches orangées, produites par un fin duvet, et placées de chaque côté et presque au fond de l'étranglement transversal ; élytres lisses , avec une petite dent dilatée près de l'extrémité ; pattes rugueuses comme les antennes.

Ce curieux insecte a été trouvé au Pégou, au bord de la rivière Yrrawady, à une journée de Rangoun ; il était posé sur un tronc de Palmier. Nous nous sommes fait un devoir de le dédier à M. le comte de Jousselin , qui a eu l'obligeance de nous communiquer l'individu unique de sa belle collection. Nous en donnerons une figure, accompagnée de détails, et une description complète , dans l'un des prochains cahiers de notre Magasin de Zoologie.

Nota. M. Chevrolat nous prie d'ajouter la note suivante au sujet du genre *Paussus.*

On trouve dans le Magasin de Zoologie , 1832., cl. IX , pl. 49, la description et la figure d'une espèce de *Paussus* du Sénégal, que j'ai appelé *P. cornutus.* J'avais fait figurer la tête et l'abdomen d'un autre individu que je présumais être le mâle, mais au moment de donner le bon à tirer , j'ai reconnu que cet individu forme une espèce bien distincte, ce que j'ai an— noncé , mais je ne lui ai pas donné de nom. Voici donc une courte description de cette espèce :

Paussus curvicornis, Chevrolat (figuré Mag. Zool., pl. 49, fig. 1 *a*, 2 et 2 *a*).—Long. : 10 mill.—D'un ferrugineux un peu obscur avec l'extrémité des élytres plus pâle ; tête ayant sur le vertex une pointe conique un peu courbée en avant; corselet divisé transversalement par un fort étranglement , ayant une profonde impression à son lobe postérieur; élytres presque lisses avec quelques tubercules très-petits et une légère dilatation à l'extrémité et en dehors; pattes d'une couleur plus foncée.—Hab. le Sénégal.

Sur le genre TROCHOÏDE, *Trochoideus*, Westwood, par M. GUÉRIN-MÉNEVILLE.

Ce genre a été établi dans la Monographie des Paussides, que nous avons citée plus haut, avec le *Paussus cruciatus* de Daiman, insecte observé dans le copal, par ce célèbre entomologiste; tous ses caractères génériques conviennent à peu près à une jolie espèce de l'île Maurice, qui nous a été envoyée par M. Julien Desjardin, notre collaborateur pour la Faune de Maurice, ensorte que nous croyons devoir la laisser dans ce genre, jusqu'à ce qu'un nouvel examen ait fait découvrir entre ces insectes des différences assez grandes pour les séparer génériquement.

Trochoideus Dejardinsii, Guér. — Long. : 4. Larg. : 2 mill.—Cet insecte est d'un brun marron, couvert d'un fin duvet jaunâtre; la bouche, les antennes et les pattes sont fauves; sa tête est large, sans rétrécissement postérieur, avec les yeux saillans et le chaperon et le labre plus étroits et assez avancés pour couvrir les mandibules. Dans les deux individus que nous possédons, les antennes sont composées évidemment de quatre articles, dont le dernier forme une massue beaucoup plus longue que les trois premiers; mais l'un des deux à cette massue beaucoup plus épaisse et nous semble être le mâle. Le premier article est plus long que les deux suivans réunis, arrondi, épaissi en avant; dans le mâle et la femelle le second article est triangulaire, aussi long que large; le troisième est semblable au second; chez la femelle; mais dans le mâle il est très-dilaté en arrière et forme la base de la massue, qui est aplatie, à peine deux fois aussi longue que large, tandis que chez la femelle cette même massue est plus étroite moins aplatie et qu'elle a au moins trois fois sa largeur dans sa longueur. Les palpes maxillaires sont assez longs et paraissent formés de trois articles dont le premier est court, le second un peu plus long et épais, et le troisième encore un peu plus long que le second, conique, terminé en pointe. Les palpes labiaux sont très-courts et terminés par un article largement obconique et creusé au milieu. Le corselet est en forme de cœur, tronqué des deux côtés. L'écusson est triangulaire, plus large que long. Les élytres sont ovalaires, arrondies au bout, un peu bordées. Les pattes sont courtes, avec les tarses de cinq articles.

M. le docteur DEMAY nous annonce que, dans la séance du 12 septembre 1837, il a présenté à la section d'Histoire naturelle du congrès de Metz, une notice, accompagnée de figures, contenant la description de treize espèces nouvelles de Coléoptères, provenant de la Guyane. Il nous adresse l'extrait suivant de son travail, en nous engageant à l'insérer dans la *Revue Zoologique*.

Brachinus melanopterus. Rufus ; elytra nigra , valde striata cum macula obliqua et lineata , pomi aurati coloris. — Long. . 6 à 6 1/2 lig. Larg. : 3 lig.

Brachinus Rivierii, Guér. Fere omnino ut præcedens, sed multo major, et ubique flavus , exceptis zonis duabus nigris in elytris et thoracis.—Long. : 8 lig. Larg. : 3 1/2 lig.

Lampyris guyanensis. Corpus longum et molle ; thorax planus , marginatus, semi-circularis ; os parvum ; oculi magni , antennæ filiformes , thorax et elytra translucida. Omnino flavescens , exceptis extremis inferarum alarum posticis , quæ nigra sunt.—Long. : 7 lig. Larg. : 3 lig.

Cyclocephala rufo-nigra. Rufa , punctata ; caput nigrum ; os et appendices rubescentia ; prothorax leviter marginatus cum magna macula nigra , rufa linea distincta ; elytra macula pyramidali ornata. — Long. : 7 à 7 1/2 lig. Larg. : 2 1/2 à 3 lig.

Doryphora testudo. Rubra ; labrum flavescens; elytra cœrulea, picta octo maculis flavis , quarum quatuor in medio dorsi æquales et circulares , et aliæ quatuor majores et inæquales et æqui subtriangulares. — Long. : 7 à 7 1/2 lig. Long. : 4 lig.

Galeruca subvittata. Lutea , rugosa ; corpus oblongum ; subcylindricum; caput globulosum; thorax nigrotrimaculatus , antennæ nigræ , thorace longiores ante et inter oculos insertæ , et basi approximatæ; elytris et pedibus nigro variegatis. Long. : 3 lig. Larg. : 1 lig.

Cassida metallica. Corpus viridi-æneum , subcirculare , clypeiforme , et ad peripheriam thorace et elytris marginatum , elytra metallice subviridia , cum quatuor maculis pallide flavis in elytrorum marginibus externis ; abdomine ac pedibus nigris, tarsis vero rufis. — Long. : 4 1/2 lig. Larg. : 3 lig.

Cassida chelidonaria. Quoad formam, cassidæ metallicæ subsimilis, paulo minor ; elytris postice bifurcis , pallide flavis , quorum tamen ultima extrema necnon margines interni fusca sunt, et etiam puncta in medio marginum externorum ; capite , thorace , abdomine et pedibus nigris. — Long. : 4 lig. Larg. : 2 1/2 lig.

Erotylus Guerinii. Niger ; caput et prothorax pallescentia ; elytra corusca , in medio convexa , punctis impressis diverse striata , ornataque tribus zonis transversalibus, dentatis, quarum prior flavi coloris, et duæ alteræ rubri.—Long. : 11 lig. Larg. : 5 1/2 lig.

Erotylus Debauvei. Niger; valde gibbosus in medio dorsi; elytra polita, nitida, flava, alte impressa nigris punctis, et quinque aliis maculis quoque nigris , sed multo majoribus, variata. Tres maculæ anticæ sunt transversales , quarum duæ laterales , tertia vero in gibbi apice, duæ aliæ in elytrorum posticis extremis. Inferi appendices nigri sunt ; attamen media crura duorum pedum posteriorum rufescentia. — Long. : 8 lig.

Erotylus nigrotibialis. Ruber ; caput et prothorax nigris punctis maculata ; elytra nigra , extremis posticis rufis et duabus zonis flavis et sinuosis ; anterior zona largior , et magno puncto nigra. Pedes rubri ; ultima crurum, tibiæ et tarsi nigra. Long. : 4 1/2 lig. Larg. : 3 lig.

Erotylus nigripennis. Ovatus , rubescens; prothorax nigris maculis punctatus ; elytra nigra , corusca ,̧parvis punctis impressis striata.— Long. : 3 1/2 lig. Larg. : 1 1/2 lig.

Nous possédons presque toutes ces espèces, et elles entreront dans un travail que nous préparons sur les insectes recueillis par M. Debauve , pendant un voyage à Demerary et dans l'intérieur de la Guyane anglai   (G.-M.)

III. ANALYSES D'OUVRAGES NOUVEAUX.]

Les jeunes naturalistes , ou Entretiens sur l'histoire naturelle ; par Mademoiselle S. Ulliac Trémadeure. — Deux vol. grand in-12, ornés de jolies planches gravées.—Paris , chez Didier , libraire.

L'ouvrage que nous annonçons est destiné à faire faire de grands progrès à l'histoire naturelle en y initiant la génération qui a commencé de nos jours , et formant, dès à présent, des étudians pour une science aussi utile qu'agréable. En effet, tous les jeunes gens qui liront le livre de mademoiselle Ulliac Trémadeure, sentiront naître le goût de cette étude ; car elle a su leur présenter l'histoire naturelle dépouillée de tout l'appareil scientifique, qui, dit-elle, ne manque à aucun des ouvrages publiés jusqu'à présent ; elle a pensé que le meilleur moyen d'exciter l'amour de l'instruction chez ceux qui n'en comprennent pas encore la valeur, c'était de les préparer, par le récit amusant des faits, à la lecture des découvertes non moins intéressantes de la science. C'est cette marche que mademoiselle Ulliac Trémadeure a suivie avec le talent dont elle a déjà donné tant de preuves dans plusieurs ouvrages d'éducation couronnés par l'Académie française et par la Société pour l'instruction élémentaire.

Mademoiselle Ulliac Trémadeure montre qu'elle a fait une étude bien approfondie de l'ensemble de l'histoire naturelle; aucune de ses parties ne lui est étrangère, et elle prouve qu'elle est parfaitement au courant des découvertes qui ont été faites par nos savans maîtres, à un tel point que son ouvrage, tout en restant à la portée des jeunes gens par son plan et par la manière simple dont elle a présenté les faits, sera lu avec fruit par les personnes qui ont déjà des connaissances en histoire naturelle, mais qui n'ont pu se tenir au courant des travaux récens.

Nous recommandons vivement la lecture de l'ouvrage de mademoiselle Ulliac Trémadeure aux personnes qui veulent avoir une idée exacte de l'histoire naturelle ; il peut être mis entre les mains des demoiselles, car son auteur a su éviter, avec le tact qui caractérise les dames, tout ce qui ne doit pas trouver place dans un ouvrage comme le sien : si le goût de l'histoire naturelle n'est pas venu aux personnes qui ont lu ce livre, il faudra désespérer qu'il leur vienne jamais ; car il est impossible de rendre la science plus attrayante et de présenter ses grandes et belles vérités d'une manière plus claire, plus exacte et plus élégante. (G.-M.)

Essai monographique sur les Campagnols des environs de Liége, présenté au premier congrès scientifique belge réuni à Liége le 1er août 1836, par M. Edm. de Selys-Longchamps. — Liége, chez Y. Desoer, place Saint-Lambert. 1836.

Le travail de M. de Selys-Longchamps forme une brochure in-8° de 16 pages, accompagnée de quatre planches lithographiées et coloriées. Après quelques considérations sur le genre Campagnol, il en présente les caractères essentiels et le divise en deux sections, suivant que les oreilles sont presque nulles ou cachées sous le poil, ou qu'elles sont externes, moyennes et bien développées. Les espèces propres aux environs de Liége sont au nombre de cinq; deux ont paru nouvelles à M. de Selys-Longchamps, qui ignorait alors que M. Baillon, d'Abbeville, les avait publiées. Voici les noms de ces cinq espèces. 1° Camp. fauve, *Arvicola fulvus*, Desm.; 2° C. amphibie, *A. am-*

phibius, Desm. , Linn. Le Rat d'eau , Buff. ; 3° C. DES CHAMPS, *A. arvalis* , Linn. ; *Mus terrestris* , Erxl. ; *Arvicola vulgaris,* Desm. ; le Campagnol , Buff. ; 4° C. SOUTERRAIN , *A. subter-raneus ,* de Selys , qui est le *pratensis* de Baillon , et 5° le C. ROUSSATRE , *A. rufescens* de Selys , qui est l'*A . rubidus* de Baillon. Toutes ces descriptions sont très-bien faites , comparatives, et d'une étendue suffisante. L'auteur, dès qu'il a connu lê travail de M. Baillon , s'est empressé d'adopter les noms que ce savant avait donnés à ses deux espèces ; car il reconnaît que les noms imposés avant lui doivent avoir la priorité. Les quatre planches représentent les *A. fulvus , arvalis , subterraneus* et *rufescens,* avec leurs crânes. （G.-M.）

DESCRIPTION d'une nouvelle espèce du genre DREISSENA , par M. P. Y. VAN BENEDEN. — Brochure in-8° de 8 pages et 1 pl. lithog. et col. — Extrait du tom. 3 , n° 2 , des Bulletins de l'Académie royale de Bruxelles.

Le genre *Dreissena ,* fondé en 1834 , par M. Van Beneden, sur le *Mytilus polymorphus* , ne comprenait que deux espèces. Ce nouveau mémoire a pour but d'en faire connaître une troisième que l'auteur nomme *Dreissena cyanea* , et qu'il caractérise ainsi : Coquille oblongue , plus haute qu'épaisse , finement striée à l'extérieur ; son intérieur d'un bleu foncé. C'est surtout au moyen ce dernier caractère que l'on distingue cette espèce des deux autres, qui sont blanchâtres à l'intérieur. Elle manque en outre de la carène longitudinale du *Dreissena polymorpha* et de la double série de lamelles du *Dreissena africana.* Cette coquille a été communiquée à M. Van Beneden par M. A. D'Orbigny , qui ne connaît pas sa localité d'une manière certaine , mais qui la croit du Sénégal.

A la suite de cette description , M. Van Beneden revient sur quelques points de l'anatomie du *Dreissena polymorpha,* consignés dans un mémoire inséré dans les *Annales des sciences naturelles* (avril 1835). Ayant reçu des individus plus grands que ceux qu'il avait étudiés d'abord , il a pu mieux voir plusieurs parties délicates.

Ce mémoire est accompagné d'une planche lithographiée

et coloriée représentant sa *Dreissena cyanea* et la nouvelle anatomie de la *Dreissena polymorpha.*

Nota. Nous venons de recevoir une Éthérie pêchée à Galam, dans le Sénégal, et par conséquent très-loin de la mer, sur laquelle se sont grouppées une grande quantité de *Dreissena africana.* Nous devons cette communication à M. Paulinier, avocat et directeur de l'instruction à Saint-Louis, qui a bien voulu faire pour nous des recherches sur les animaux du Sénégal, et à qui nous devons plusieurs espèces rares et nouvelles que nous publierons sous peu.   (G.-M.)

Réponse aux observations critiques de M. Cantraine, sur le genre *Dreissena*; par M. Van Beneden. — Brochure in-8° de 5 pages.

Cette notice a pour but de réfuter un mémoire communiqué par M. Cantraine à l'Académie royale de Bruxelles, dans sa séance du 4 mars 1837; M. Van Beneden combat les assertions de son adversaire avec assez de vivacité, mais sans sortir des bornes d'une discussion convenable.   (G.-M.)

De quelques insectes de Sardaigne, nouveaux ou peu connus, par Joseph Géné, professeur de zoologie à l'Académie de Turin, et directeur du Muséum d'histoire naturelle de cette ville. — Premier fascicule, extrait des mémoires de l'Académie royale des sciences de Turin, t. 39, p. 161.

Dans un voyage à travers la Sardaigne, entrepris par ordre du roi Charles-Albert, l'auteur a rassemblé un grand nombre d'animaux, selon lui tout-à-fait nouveaux ou peu connus, et en tout cas dignes d'être signalés. Dans le nombre, les insectes tiennent le premier rang, et la quantité de ceux qu'il a récoltés, tant espèces que variétés, est si grande, que l'auteur pense qu'elle suffirait pour établir le spécies de l'entomologie du pays. Depuis son retour, il déclare donner tout son temps à un ouvrage de ce genre, grandement désiré de tous les amis des sciences naturelles. Mais l'auteur fait la réflexion que, de notre temps, l'entomologie a fait de si grands progrès et que tant d'ouvrages iconographiques et descriptifs sont publiés chaque jour, qu'à peine une grande fortune et un parfait loisir suffiraient pour les consulter et les comparer. Ici, M. Géné cri-

tique les divers modes de publication employés par les auteurs ,
et son principal argument est l'idiome maternel dont on se
sert le plus communément. Sa critique ne nous semble pas
tout-à-fait juste ; en effet, la beauté du papier , la grosseur
du volume , ne dépendent pas toujours de la volonté d'un
auteur, et pour ce qui est de l'idiome , nous convenons avec
lui qu'il serait à désirer que tous les auteurs se servissent du
latin ; mais cela non plus n'est guère possible , car souvent ils
ne le connaissent pas , ou ils s'adressent à des lecteurs qui l'i-
gnorent aussi.

Le savant professeur s'élève ensuite avec force contre cette
fureur insensée , qui pousse certains écrivains à renverser de
fond en comble la nomenclature et la méthode , en créant
immodérément des genres , des sections , des espèces, le plus
souvent. inutiles et indignes de la science. « Par-là , ajoute-t-
» il , ils embarrassent la marche de l'entomologie , déjà gênée
» par le nombre trop grand des genres , et une synonymie ex-
» trêmement vicieuse ; par-là , il arrivera qu'à la plupart des
» entomologistes vraiment zélés , il sera impossible de suivre
» à pas égaux, mais sûrs, les progrès de la science. » Nous
partageons ici le sentiment de l'auteur , car alors la science
reculerait réellement au lieu d'avancer.

« En présence de cette grande perturbation des choses ,
» ajoute l'auteur, je sens que j'entreprends un ouvrage sujet à de
» dangereuses chances; mais je suis soutenu par l'idée qu'il sera
» utile. Comme sa principale difficulté consiste dans la déter—
» mination et la synonymie des espèces, j'ai voulu soumettre
» à l'appréciation des entomologistes toutes celles que j'ai
» crues soit nouvelles ou peu connues , soit contentieuses ,
» avant de livrer à la presse un ouvrage ébauché et affranchi
» de tout contrôle. »

Dans ce louable dessein, l'auteur a réuni dans quelques fas-
cicules, les insectes qu'il a examinés et déterminés avec soin ;
mais, se défiant de lui-même, il acceptera avec reconnaissance
les observations critiques et les avis désintéressés de tous les
savans qui cultivent la science dont il fait le charme de sa

vie, et il se propose de proclamer leurs noms et leurs observations dans l'ouvrage qu'il médite.

Après ce préambule, l'auteur passe rapidement en revue
les entomologistes qui ont traité des insectes de la Sardaigne,
afin de justifier de la nomenclature qu'il a cru devoir adopter.

Georges Dahl, collecteur d'insectes de Vienne, en Autriche,
mort dernièrement, vint parcourir la Sardaigne en 1826, pour
étudier les insectes. Quoique cet auteur n'ait visité que les
environs de Cagliari, il ramassa un grand nombre d'insectes
qu'il vendit par toute l'Europe, puisque son métier était de
vendre des objets d'histoire naturelle. MM. Dejean et Schœn-
herr décrivirent récemment quelques uns de ces insectes ; la
plupart, cependant, sont encore inédits dans les collections
des entomophiles, soit reçus de Dahl lui-même et étiquetés
de sa main, soit acquis par quelques autres, avec les prétendus noms que leur aurait imposés ce collecteur. Mais le commerce de ces insectes, leur échange continuel, suffisent pour
démontrer qu'une grande confusion a dû se glisser dans la
nomenclature des espèces, et que bon nombre d'entre elles
ont dû être placées dans les collections, sous un seul et même
nom, bien que fort différentes les unes des autres. L'auteur
ignore entièrement, ou connaît d'une manière indirecte les
noms que l'entomologue viennois avait donnés à ses insectes,
à l'exception d'un très-petit nombre, dont les types, pour
ainsi dire, avaient été donnés par Dahl lui-même au Muséum
de Turin. Il avertit donc qu'en traitant des insectes de la Sardaigne, il ne se sert des noms de Dahl, qu'en tant qu'il les tient
pour certains, d'après les individus envoyés par l'auteur et
qu'il a sous les yeux, et qu'il repousse tous les autres, qu'il a
pu recueillir soit oralement soit par lettres de la part des entomologistes, comme trop vagues ou tout-à-fait incertains. Il
ajoute qu'il en est de même pour tous les noms attribués a ce
marchand, dans divers catalogues sans phrases caractéristiques,
et qu'enfin il citera religieusement les noms spécifiques donnés
par les auteurs et qu'ils ont accompagnés de descriptions ;
mais, pour ne pas surcharger inutilement la synonymie, il passera outre, chaque fois qu'un nom est cité sans description, à

moins que l'autorité et le témoignage d'un auteur au dessus de toute critique ne l'ait consacré.

M. Géné passe ensuite à la description des espèces qu'il a déterminées et des genres nouveaux qu'il a créés. Nous donnerons l'extrait de son travail en laissant aux entomologistes le soin de le critiquer et de le vérifier dans son propre ouvrage.

Il décrit (nous citons littéralement, sans relater la synonymie des auteurs modernes) :

Quatre *Cicindèles*, dont une nouvelle, sous le nom de *Cicindela saphyrina*, Géné ; un seul *Dromius* est nouveau, *D. Sturmii*, G. ; un *Omophron*, une *Feronia* inédite, *F. splendens*, G. , un *Stenolophus*, un *Trochalus* nouveau, *Troch. meridionalis*, G. ; un *Emus* nouveau, *E. marginalis*, G. ; trois *Buprestes*, trois *Elater* nouveaux, *E. argiolus, ulcerosus, Elconaræ*, G. ; un *Cebrio* nouveau, *C. strictus*, G. ; une Cantharide (Telephore) nouvelle, *C. præcox*, G. ; deux Dasytes nouveaux, *D. protensus* et *imperialis*, G. ; un Scydmène inédit, *Scydmænus Kunzii*, G. ; un Dermeste, deux Hétérocères, *H. hamifer* et *nanus*, G. ; un *Elophorus alternans*, un *Oniticellus concinnus*, G., tous deux inédits, ainsi qu'un *Trox cribrum*, un *Geotrupes Hiostius*, G., un Pachype femelle, sous le nom de *Cœlodera* que lui a imposé M. Dejean , un *Trichius* nouveau, *T. fasiolatus*, G ; un *Dorcus*, idem., *D. musimon*, G., parmi quatre *Tentyria*, deux sont nouvelles pour notre auteur, les *T. rugosa* et *Floresii*, G. ; enfin , un *Asida* et un Méloé inédits, *A. Solieri*, *M. sardous*, G.

Outre les espèces dont nous donnons l'énumération , l'auteur a établi un nouveau genre dont nous citerons les caractères avec la phrase spécifique de l'unique espèce qu'il y rapporte.

Genre ELAPHOCERA (Corne de Cerf).

Antennes de dix articles ; le premier grand , en massue ; le deuxième plus petit, globuleux ; le troisième très-long , prolongé antérieurement en une forte épine ; l'extrémité heptaphylle dans les deux sexes.

Chaperon arrondi antérieurement, à bords réfléchis, profondément incisé au milieu.

Labre semi-ciculaire , cilié , obtusément échancré en avant.

Mandibules trigones, à sommet allongé, obtus, creusées aux côtés internes, et munies de quatre dents ; deux d'entre elles assez fortes à la base, les autres très-petites.

Mâchoires assez épaisses, cornées, à lobe terminal obtus, tridenté.

Lèvre étroite, oblongue, bordée de longs poils.

Palpes maxillaires de quatre articles ; le dernier en ovale allongé et plus grand ; les labiaux, de trois articles.

Crochets de chaque tarse doubles, profondément bifides, les dents internes plus courtes.

L'auteur pense que ce genre doit être placé entre les *Melolontha* et les *Rhisotrogus;* il se rapproche des premier par ses antennes de dix articles, à massue heptaphylle, et des seconds par le facies, la taille et le genre de vie ; il diffère de tous deux et de tous les autres que l'on a réunis récemment dans la famille des Scarabées phyllophages, par le troisième article antennaire, qui se s'avance en épine, et par tous ses crochets profondément bifides. L'unique espèce de ce genre est :

L'Elaphocera obscura, G.—Tête et thorax d'un noir brillant; élytres d'un brun marron obscur, relevées de petites côtes peu apparentes, ponctuées; corps couvert de poils en dessous. Long. : 4 lig. Larg. : 2 à 3 lig.

Cet insecte a été trouvé au commencement de mai sur les collines qui séparent Maison-Neuve de Villacidro et près de Cagliari.

Ce premier mémoire est accompagné d'une planche gravée, représentant les espèces nouvelles décrites. Nous espérons que l'auteur poursuivra son beau et utile travail. (C. Lemaire.)

Dissertatio inauguralis zoologica de *Pselaphis* faunæ pragensis, cum anatomia *Clavigeri*, quam consensu auctoritate perillustris, etc., etc.; par Hermannus-Max. Schmidt. — Pragæ, 1836.

Cette thèse forme une brochure de cinquante pages petit in–8°, écrite en allemand et accompagnée de deux grandes planches oblongues, gravées sur pierre et représentant l'anatomie et plusieurs espèces des genres *Claviger* et *Pselaphus.* Après avoir donné les caractères des Phsélaphiens, l'auteur passe en revue tous les genres, en citant les espèces propres aux environs de Prague. Parmi ces espèces, il y en a cinq qui sont nouvelles et que M. Schmidt décrit et figure. La première est un *Tychus*, qu'il nomme *T. dichrous*, et qu'il représente pl. 1, fig. 16 ; la seconde est le *Bythinus Stern-bergi* de M. Smidt, représenté pl. 1, fig. 15 ; la troisième, le *Bythinus regularis*, Schmidt, pl. 2, fig. 1 ; la quatrième, le *Bryaxis Opuntiœ*, Schmidt, pl. 2, fig. 17 ; la cinquième, le *Bryaxis Helferi*, Schmidt, pl. 2, fig. 14. A la suite de ce travail, il donne une anatomie, aussi complète que possible, des deux genres *Claviger* et *Pselaphus*. Les diverses parties de ces insectes sont énormément grossies et offrent des détails très-curieux.   (M.-G.)

BRACHELYTRORUM SPECIES agri halensis. Dissertatio inauguralis medica, etc., etc. Auctor Gulielmus–Hermannus RUNDE. Halæ, 1835.

Cette thèse comprend la diagnose de toutes les espèces de Staphiliniens propres aux environs de Halle ; parmi celles-ci, il y en a piusieurs qui ont paru nouvelles à l'auteur, et dont il donne des descriptions etendues. Ce travail nous a semblé fait avec soin, et doit être consulté par les entomologistes qui veulent connaître les Brachélytres d'Europe.   (G.-M.)

IV. NOUVELLES.

M. Eydoux, chirurgien de la marine, connu par son Voyage autour du monde, sur la corvette *la Favorite*, vient d'arriver avec les récoltes précieuses qu'il a faites pendant son nouveau voyage sur *la Bonite*. Il n'a pas négligé de recueillir les petites espèces d'animaux invertébrés, et ses collections promettent des publications d'un grand intérêt pour la science. Espérons que le ministère de la marine, qui a déjà rendu de si grands et si nombreux services aux sciences naturelles par les belles publications qu'il a ordonnées, mettra bientôt ce savant voyageur à même de faire connaître les riches matériaux qu'il rapporte.

REVUE ZOOLOGIQUE.

MARS 1838.

I. SOCIÉTÉS SAVANTES.

ACADÉMIE ROYALE DES SCIENCES DE PARIS.

Séance du 19 *février* 1838. — M. *Bory de Saint-Vincent* fait un rapport favorable sur le *Dictionnaire pittoresque d'histoire naturelle.* Après quelques réflexions très-piquantes sur le titre des publications au moyen desquelles nos devanciers cherchaient à populariser les sciences et la littérature, le savant rapporteur fait connaître le but que se sont proposés les auteurs et les éditeurs du Dictionnaire d'histoire naturelle, en citant le passage suivant de l'introduction de ce livre : « Nous avons pensé avec les éditeurs de cet ouvrage, dit M. Guérin-Méneville, que le moment était venu pour l'Histoire naturelle de coopérer au grand mouvement de la civilisation, et nous venons apporter notre tribut en cherchant à faire participer les masses aux belles découvertes que les savans firent dans les sciences naturelles. Nous voulons faire connaître aux gens du monde les phénomènes généraux de la nature, les lois qui les régissent, les propriétés et les usages des corps qui composent les trois règnes, l'influence qu'ils exercent les uns sur les autres, et surtout les applications que l'homme est parvenu à en faire pour ses besoins et ses plaisirs. Nous ne présenterons pas la science, comme on l'a fait trop souvent, d'une manière abstraite, hérissée de mots techniques, souvent barbares, incompréhensibles pour ceux qui ne sont pas déjà savans, et capables de les rebuter, en les dégoûtant d'une étude pourtant si pleine de charmes. »

Tom. I. Année 1838.   3

Il fait ensuite connaître les autres Dictionnaires publiés jusqu'ici, et il montre que celui dont il rend compte s'en distingue en ce qu'il présente les détails et l'ensemble de la science clairement, simplement et dans un style souvent élégant, toujours dégagé de cette foule de termes techniques si repoussans pour les personnes qui n'ont point appris la langue de l'histoire naturelle; les auteurs du Dictionnaire, dit M. Bory de Saint-Vincent, se sont affranchis de cet appareil de formules que le vulgaire est enclin à considérer comme un voile hiéroglyphique sous lequel nous voudrions, comme au temps des prêtres de l'antique Memphis, envelopper les connaissances humaines pour nous en réserver le monopole. Ainsi transportées dans le langage vulgaire, les sciences naturelles sont mises, dans le Dictionnaire pittoresque, au niveau de toutes les intelligences. Je ne puis, poursuit le savant rapporteur, résister au besoin de signaler comme méritant d'être remarqués, les articles que l'on doit aux plumes consciencieuses de MM. Puillon-Boblaye, Cocteau, Gerbe, Martin Saint-Ange, Berneaud, Grimaud de Caux, Virlet, Garnot, etc. Avec de tels collaborateurs le Dictionnaire n'a pu que s'améliorer, et tel qu'il est maintenant, il est indispensable à toutes les classes de la société.

Séance du 26 février. — M. *Turpin* lit un mémoire intitulé : *Analyse microscopique faite sur des globules de lait à l'état pathologique.*

M. *Flourens* lit un mémoire intitulé : *Recherches anatomiques sur les structures comparées de la membrane cutanée et de la membrane muqueuse.*

M. *Flourens* annonce ensuite qu'il vient de recevoir de M. le docteur Guyon, chirurgien en chef de l'armée d'Afrique, des pièces anatomiques et des documens écrits pour servir à l'histoire physique et ethnographique des différentes races humaines qui se trouvent en Algérie, et spécialement à celle des Kabyles et des Arabes de l'extrémité nord-ouest de l'Afrique.

Séance du 5 mars. — M. *Puel* envoie un *Mémoire sur le Renne fossile.* L'objet de ce travail est de faire connaître les ossemens de Renne qui ont été récemment découverts dans

la commune de Brengues , dans le département du Lot. L'auteur discute l'opinion soutenue par MM. Christol et Schmerling , qui font deux espèces distinctes du Renne vivant et du Renne fossile , et il s'attache a montrer que les caractères distinctifs établis par ces deux auteurs sont loin d'avoir l'importance qu'ils leur attribuaient.

Séance du 12 *mars.* — M. *Turpin* lit une *Rectification a un passage de son analyse microscopique faite sur des globules de lait à l'état pathologique.* M. Turpin avait vu dans le lait de petites aglomérations informes et composées de globulins excessivement ténus , d'un rouge sanguin ; il a reconnu que ce sont des soufflures de l'intérieur du porte-objet en verre.

M. *Duméril* fait un rapport sur une *Collection d'échantillons de Vers à soie malades* , *présentée à l'Académie* , *avec un mémoire explicatif, par M. H. Bourdon.*

M. *Isidore Geoffroy Saint-Hilaire* lit un rapport verbal très-intéressant sur les *OEuvres d'histoire naturelle de Goethe,* traduites par M. le docteur *Martins.* L'étendue de ce rapport ne nous permet pas de l'insérer ici en entier , et une analyse n'en donnerait pas une idée suffisante. Nous nous contenterons donc de citer un seul passage dans lequel le savant académicien s'exprime ainsi en terminant : « Les Allemands nous ont reproché quelquefois d'ignorer et de méconnaître les travaux zootomiques de Goethe ; c'est un reproche dont la traduction de M. Martins nous justifie pleinement, au moins pour l'avenir. Elle est, en effet, claire, élégante, fidèle, enrichie de notes instructives , et telle , j'ose le dire, que Goethe n'eût pas manqué d'en approuver et d'en voir avec plaisir la publication. »

Séance du 19 *mars.* — M. *Duméril* lit un rapport favorable sur un ouvrage de M. *Lacordaire* intitulé : *Introduction à l'Entomologie,* formant la 22e liv. des nouvelles suites à Buffon qui se publient chez le libraire Roret. Il termine ainsi ce rapport verbal : en résumé , M. Lacordaire a fait un livre fondamental pour la science , et qui lui fera beaucoup d'honneur, par le talent réel qu'il a développé dans le rapprochement des faits et par la méthode et l'art avec lesquels il a rédigé ce travail qui remplit parfaitement le but qu'il s'était proposé , de faire une introduction à l'étude de l'histoire des insectes.

M. *Lartet* annonce qu'il a découvert une nouvelle demi-mâchoire de singe fossile , garnie de quatre molaires , semblables de forme à celles de la mâchoire présentée l'année dernière; il joint à cet envoi des *Observations sur les Ruminans fossiles des terrains tertiaires sous-pyrénéens.*

MM. *Beauperthuy et Adet de Roseville* adressent des observations tendant à prouver que la décomposition putride est précédée par le développement d'animalcules microscopiques ; ce sont d'abord des *monades* et elles deviennent ensuite des *vibrions* qui se multiplient avec une grande rapidité.

M. *Retzius* adresse des échantillons d'une substance blanche et pulvérulente , qui se trouve en Westrobothnie , sous la bourbe d'un lac près de la ville d'Uméa, ou elle est en couche d'un pied et demi d'épaisseur. Cette poudre qui est formée d'une infinité de carapaces ou cuirasses d'animaux infutoires microscopiques de la famille des Bacillariées , est employée , mêlée avec la farine et le gruau, pour faire du pain.

M. *Flourens* annonce qu'il a retrouvé , dans les manuscrits de la bibliothèque du Muséum, le mémoire de Peyssonel, dans lequel ce savant a fait connaître le premier que le corail est le produit de véritables animaux. M. Flourens a donné une analyse de ce mémoire dans le journal des savans.

M. le docteur *Emanuel Rousseau* envoie un ouvrage manuscrit intitulé : *Mémoire zoologique et anatomique sur la Chauve — souris dite Murin* , ayant principalement rapport à la première et seconde dentition de ce Chéiroptère. Dans ce travail, M. E. Rousseau fait connaître , avec beaucoup de détail, la première et la seconde dentition de la Chauve-souris commune (*Verpestilio murinus*). Ce mémoire contient en outre l'histoire naturelle et plusieurs particularités nouvelles de l'anatomie de cet animal ; il sera publié sous peu dans notre Magasin de Zoologie , et il aurait déjà paru si plusieurs de nos livraisons n'avaient pas été retardée par une circonstance indépendante de notre volonté; car M. E. Rousseau nous a remis son mémoire dès les premiers jours d'octobre 1837.

M. *Coste* adresse un mémoire ayant pour titre : *Recherches sur le développement et la signification de l'appareil génital externe.* M. Coste expose les changemens que subit , pendant la vie fœtale, l'appareil extérieur de la génération chez le Mouton. Le travail de M. Coste offre des résultats curieux et d'une portée scientifique très-élevée.

Séance du 26 mars.—M. *Baland* envoie un mémoire sur la voix humaine. Ce travail est renvoyé à la commission de physiologie.

M. *Lartet* adresse un Mémoire *sur l'origine du diluvium dans les environs de Sansan.*

M. *Dujardin* annonce qu'il a observé les zoospermes de la Salamandre aquatique ; ces petits infusoires sont composés en avant d'une partie nue, courbée, et d'une queue quatre fois plus longue, à la base de laquelle est attaché un filament accessoire plus long , se mouvant avec une grande vitesse par des ondulations qui se propagent de la base vers la pointe , ce qui fait paraître la queue comme ciliée des deux côtés.

Les ouvrages suivans sont envoyés à l'Académie par leurs auteurs.

Specimen Zoophytologiæ diluvianæ , auctore JOANNE MICHELOTTI.—Aug. Taurinorum, edid. heredes Seb. Botta , habita facultate. — Cet ouvrage forme un volume in–8° de 230 pages environ , accompagné de sept planches très-bien lithographiées. Il ne porte point de date de publication , mais il est très-récent , car l'auteur cite des ouvrages qui ont été publiés pendant l'année 1837. Nous en donnerons une analyse quand il nous sera parvenu.

Die Vergleichende Osteologie des Schlafenbeins, etc.—Von *Eduard* HALLMANN. — Hanover, 1837. (Ostéologie comparée de la tête.)—Ce travail forme un volume in–4° de 130 pages ; il est accompagné de quatre belles planches gravées. Nous en rendrons compte quand il nous sera parvenu.

Recherches microscopiques sur la structure des dents , par A. RETZIUS.—Stockholm, 1837.—Brochure in·8° de 82 pages avec deux belles planches. Ce travail est écrit en suédois, l'auteur va en envoyer une traduction à l'Académie des Sciences , pour que les commissaires chargés du rapport puissent le faire plus facilement ; nous attendrons ce rapport pour faire mieux connaître l'ouvrage de M. Retzius.

A systematic... Catalogue systématique et stratigraphique des Poissons fossiles qui se trouvent dans les collections de lord Cole et de sir Philip Grey Egerton, etc. ; par sir Ph. Grey Egerton.—London, 1837 , in 4° de 24 pages.

ACADÉMIE ROYALE DE BRUXELLES.

Séance du 2 décembre 1837. — *Notice sur le Théridion malmignatte,* par Henri *Lambotte.*—Quoique M. Lambotte ait observé cette Arachnide en Toscane , aux environsde Volterra, il commence par établir qu'elle n'est pas originaire de ce pays et qu'elle doit y avoir été apportée de Sicile et d'Afrique, il cite les auteurs italiens qui en ont parlé et qui ont fait connaître plus ou moins bien ses mœurs et surtout les effets de la morsure, qui , dit-il, ont été exagérés par les uns et niés ou révoqués en doute par les autres ; il donne ensuite une description détaillée de cette Araignée, de ses glandes à venin , qui sont fort grandes, des mandibules et des mâchoires ; mais là se borne son travail, fort intéressant du reste, mais qui fait regretter que M. Lambotte ne se soit pas livré à quelques expériences pour savoir au juste jusqu'à quel point le venin de cette Araignée est actif, et pour fixer l'opinion des naturalistes sur ce sujet important. Le mémoire de M. Lambotte est accompagné d'une planche coloriée représentant la Malmignatte jeune et adulte, sa bouche et une des glandes à venin.

Séance du 13 *janvier* 1838.—*Note sur la disposition systématique des Annélides chétopodes,* par M. Paul *Gervais.*—« On connaît, dit M. Gervais, dans le groupe d'Entomozoaires chétopodes (Annélides à soies) dont Linnæus faisait son genre *Naïs*, un assez bon nombre d'espèces , toutes décrites ou figurées dans les auteurs. Ayant été conduit par l'examen de quelques uns de ces animaux que j'ai recueillis aux environs de Paris, et d'une espèce du même groupe que mon ami M. Van Beneden , professeur à Louvain , m'avait rapportée des environs de cette ville , à revoir les descriptions de la plupart des espèces , j'ai cru qu'il ne serait pas inutile de compléter la liste que j'en avais dressée par l'énumération des autres Naïs connues , et j'ai pensé que , ce travail n'existant nulle part, l'Académie voudrait bien l'accueillir avec indulgence. J'y joindrai , d'ailleurs , quelques observations qui me sont propres et j'essaierai de classer méthodiquement les espèces dont j'aurai à parler.

» J'ai cru pouvoir rapporter à huit sections ou sous-genres les espèces de Naïs qui me sont connues. » Voici d'abord l'énumération de ces sous-genres.

Des soies latérales et point de crochets ventraux. . . . OElosoma. (*OElonaïs.*)

Des crochets ventraux et point de soies latérales . . . Chetogaster.

Des crochets ventraux et des soies latérales.
- Corps plus ou moins filiforme, appendices terminaux
  - Nuls . . .
    - Point d'ocelles. Blanonaïs.
    - Des ocelles. . . Opsonaïs.
  - Antér.rs en trompe
    - Point d'ocelles. Pristina, (*Pristinaïs.*)
    - Des ocelles. . . Stylaria. (*Stylinaïs.*)
  - Postérieurs ou caudiformes Uronaïs.
- Corps déprimé , serpentiforme . . . . . . Ophidonaïs.

Après avoir ainsi présenté sa classification , M. Gervais passe chacun de ces sous-genres en revue, cite les espèces qui les composent et présente ses observations sur quelques unes de ces espèces. Il termine son mémoire en signalant quelques Annélides chétopodes , qu'on a décrites comme des Naïs et qui ne sont peut-être pas de même espèce que celles dont on leur a donné les noms, ou qui même ne sont peut-être pas des Naïs.

(G.-M.)

II. TRAVAUX INÉDITS.

Genre OEDEMÈRE , *OEdemera.*

M. le comte de Jousselin nous communique une OEdemère d'Europe, encore inconnue des entomologistes, et que l'on pourrait prendre pour une espèce exotique, si un naturaliste aussi digne de foi que l'est M. de Jousselin , ne nous assurait pas qu'elle a été découverte par M. de Blosseville , frère de l'officier de marine dont la science déplore la perte, lequel l'a trouvée près d'Aix , en Savoie, sur les bords du lac du Bourget. Cette OEdemère devra être placée avec les espèces , pour la plupart exotiques , que M. Dejean range ensemble , dans son dernier Catalogue, sous le nom de *Asclera*, elle est facile à reconnaître aux caractères suivans :

OEdemera Blossevillei, Guér.—Long. : 13 mill. Larg. : 3 mill. — Corps jaune, avec les yeux, les côtés du corselet, les élytres, l'abdomen, moins le bout du dernier segment, bruns; la tête est luisante, très-finement ponctuée, avec une petite tache brune arquée et peu visible placée sur le vertex et entre les yeux qui sont très-grands; les antennes sont grandes, avec le côté supérieur de leurs articles brunâtre; le corselet est lisse, terne, plus étroit en arrière, le brun des côtés occupe toute sa longueur et va jusqu'aux bords latéraux; les élytres sont finement rugueuses et offrent chacune, outre la suture et le bord externe, quatre fines stries élevées et presque lisses; il y a sur les flancs, au dessus des secondes pattes, une assez grande tache triangulaire et brune; les pattes sont grandes, avec le côté externe des tibias et des tarses brunâtres, comme le dessus des antennes; le dernier segment abdominal est profondément bifurqué en dessus et en dessous, avec la base brune comme les précédens et le reste de son étendue jaune. Cet insecte est unique dans la Collection de M. de Jousselin. (G.-M.)

III. ANALYSES D'OUVRAGES NOUVEAUX.

MÉMOIRE SUR LA LÉPIDOSIRÈNE, nouveau genre de la classe des Reptiles, par M. NATTERER. — Annales d'histoire naturelle de Vienne, t. II (1837).

Par la forme du corps, cet animal se rapproche d'une part des Reptiles ichthyoïdes, et des Poissons anguilliformes de l'autre. Voici l'analyse de sa description :

Lepidosiren paradoxa. Natterer. — Le corps est long de près d'un pied, très-allongé, plus fort que chez aucun des reptiles Ichthyoides connus. La tête est pyramidale, courte et obtuse; la bouche est petite, garnie en haut et en bas, de lèvres molles en forme de bourrelet; la langue est molle, épaisse, charnue; elle est adhérente au plancher de la bouche et libre seulement sur les côtés et un peu en avant; les mâchoires sont garnies de chaque côté de deux dents soudées au bord dentaire, grandes, plates, comprimées de dehors en dedans; leur sommet offre un bord droit et tranchant; leurs faces externes et internes sont marquées d'un léger sillon qui, se prolongeant jusqu'au bord libre des dents, donne à ce bord un aspect bidenté, disposition qui rappelle celle des dents des Mammifères ou des Congres; au devant des dents de la mâchoire supérieure sont deux petites dents coniques, dirigées obliquement en dehors; les narines s'ouvrent immédiatement derrière le bord de la mâchoire; il n'existe pas de dents palatines, on n'aperçoit aucune trace de tympan à l'extérieur, et l'œil est caché par

la peau. En arrière de la tête on aperçoit une ouverture ovale, assez grande, dans laquelle on voit quatre arcs branchiaux denticulés ; le cou n'est pas distinct de la tête et du tronc. Immédiatement à la suite de l'ouverture branchiale on trouve de chaque côté un appendice conique soutenu par une tige cartilagineuse ; ce sont des sortes de membres impropres à la locomotion et à la natation ; une paire d'appendices analogues saille en arrière, sur les côtés de l'anus ; ils sont un peu plus fort seulement que les appendices antérieurs ; il arrive quelquefois que l'un des appendices de la paire antérieure ou postérieure est un peu plus fort d'un côté que de l'autre.

Le dos est marqué, en avant, d'un léger sillon qui, vers la partie moyenne, donne naissance à une crête membraneuse droite, analogue à la nageoire dorsale des Murénoïdes ; elle s'étend, en conservant une hauteur de six à huit lignes, jusqu'à l'extrémité de la queue, se poursuit sur la face inférieure de cet organe et vient aboutir, en décroissant, au devant de l'anus. La queue est conique, légèrement comprimée. Sur les côtés du corps on observe une ligne longitudinale qui rappelle la ligne latérale des poissons ; elle commence sur les côtés du museau, en ligne onduleuse et donne, en haut et en bas, de légères ramifications pour la mâchoire supérieure et inférieure. Au-delà de l'ouverture branchiale, elle se poursuit en ligne droite jusqu'à l'extrémité de la queue. Parmi les ramifications qu'elle donne à la partie postérieure et du côté inférieur, il en est une qui, de chaque côté, se porte sur les côtés de l'abdomen et se prolonge sur la partie inférieure du corps, en donnant plusieurs rameaux qui se distribuent à la surface des parois abdominales. Tout le corps est couvert d'écailles fines, minces et arrondies à leur bord postérieur, qui est confondu avec les écailles voisines par un épiderme commun, mais qui, cependant paraît libre lorsque l'épiderme est enlevé ; chacune des écailles est composée de petits compartimens polygones plats ; l'anus n'est pas médian, mais placé légèrement sur le côté gauche du corps ; il est rond et légèrement froncé.

A la suite d'un larynx et d'une trachée-artère fort courts, naissent, de chaque côté, des poumons vésiculeux très-étendus, qui se prolongent jusqu'aux environs de l'anus ; le canal intestinal est presque de même grosseur dans tous ses points ; il n'existe pas de renflement stomacal, seulement on voit à l'intérieur un léger canal spiroïde analogue à celui des Perches. On rencontre une sorte de vessie natatoire. Les vertèbres dorsales paraissent supporter toutes des côtes rudimentaires.

L'examen des parties intérieures de cet animal n'ayant pas été fait assez complétement, il n'est pas possible encore d'établir ses caractères d'une manière incontestable. M. Natterer le rapporte aux Reptiles ichthyoïdes et il le range près des Sirènes. Cet animal se trouve dans l'Amérique du Sud, dans les flaques d'eau et les fossés des environ de Bahia, les habitans lui donnent le nom de *Caraucuru ;* on a trouvé dans son tube digestif des débris de racines féculentes.

Le mémoire de M. Natterer est accompagné d'une bonne figure.   (TH. COCTEAU.)

FAUNA BOREALI-AMERICANA, fourth, part the Insects, by the rev. W. KIRBY; with engravings, price : 1 l. 15 s. coloured. Norwich, 1837, in-4, 325 p. (8 pl. coloriées).

Cet important ouvrage frappe au premier coup d'œil, comme tant d'autres de ce genre, par l'immense quantité des insectes *Coléoptères*, qui à eux seuls absorbent la moitié des espèces mentionnées dans ce volume. Mais si, à juste titre, on reproche à certaines relations de voyages remarquables autour du monde et autres, de consacrer à ces insectes, puis après eux aux Lé-pidoptères, plus des 9/10es de l'ouvrage, lorsque quelques pages sont à peine accordées aux insectes des autres ordres, il s'en faut que le travail dont il s'agit, malgré la disproportion étonnante que nous avons signalée plus haut, doive encourir un blâme semblable.

En effet, il s'agit de la publication des matériaux recueillis dans *une seule* excursion, sous une latitude hyperboréenne, et non de l'*Entomologie de ces contrées*, comme le titre semble le vouloir promettre. Or, on sait combien peu de semaines dure l'été dans ces froides régions, où le règne végétal est si restreint et avec lui le nombre des insectes ; et pour peu qu'un temps peu favorable contrarie le chasseur, le fruit de ses recherches est nul ou bien minime. Si on y ajoute les difficultés et les en-traves ordinaires à ces sortes de voyages, et qui ne se retrou-vent pas sous des latitudes plus tempérées, on saura rendre aux documens de ce genre, tout incomplets qu'ils puissent être, la justice qu'ils méritent.

Les *Coléoptères* étant toujours plus nombreux sous les zônes boréales que les insectes des autres ordres, il ne faut donc pas s'étonner si, dans l'ouvrage en question, ils égalent la moitié des autres insectes. D'ailleurs, les moyens de conservation

que M. Richardson avait à sa disposition n'étaient pas toujours
en rapport avec les objets qu'il recueillait, et les insectes
soumis à l'examen de M. Kirby étaient, en général, tellement mutilés, surtout en *Névroptères* et en *Diptères*, comme
il le dit, qu'ils étaient en majeure partie indéterminables.
Aussi ce savant fut-il obligé d'avoir recours, tant à sa propre
collection qu'à celle d'autres savans anglais, pour donner quelque développement à la portion dont il était chargé. Il regarde
même ces matériaux comme le principal noyau de ce travail;
et, bien que le but de M. Richardson n'ait été de donner, dans
sa *Faune de l'Amérique septentrionale*, que les insectes recueillis dans le voyage de New-Yorck à Cumberland-House et
que le 49° lat. nord ait été la limite assignée par lui à ses
investigations, il n'a pas été possible à M. Kirby de distinguer dans les espèces boréales de ce continent qu'il examina,
celles du territoire anglais de celles appartenant au sol américain. Il fut donc obligé de les mentionner toutes.

Le nom respectable et chéri de la science sous lequel a paru
l'entomologie des parties boréales de l'Amérique, celui du révérend W. KIRBY, est un titre de plus à la faveur avec laquelle
ce travail sera accueilli généralement. L'auteur, n'ayant introduit aucuns changemens dans sa classification de presque
tous les ordres, a mentionné dans le tableau suivant ceux
qu'il a cru devoir apporter dans les Hyménoptères et les Coléoptères.

Hymenoptera.

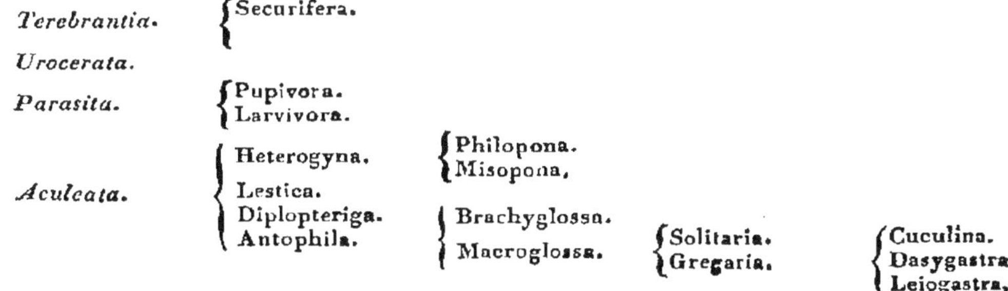

Terebrantia.	Securifera.			
Urocerata.				
Parasita.	Pupivora. Larvivora.			
Aculeata.	Heterogyna.	Philopona. Misopona,		
	Lestica. Diplopteriga. Antophila.	Brachyglossa. Macroglossa.	Solitaria. Gregaria.	Cuculina. Dasygastra. Leiogastra,

Coleoptera.

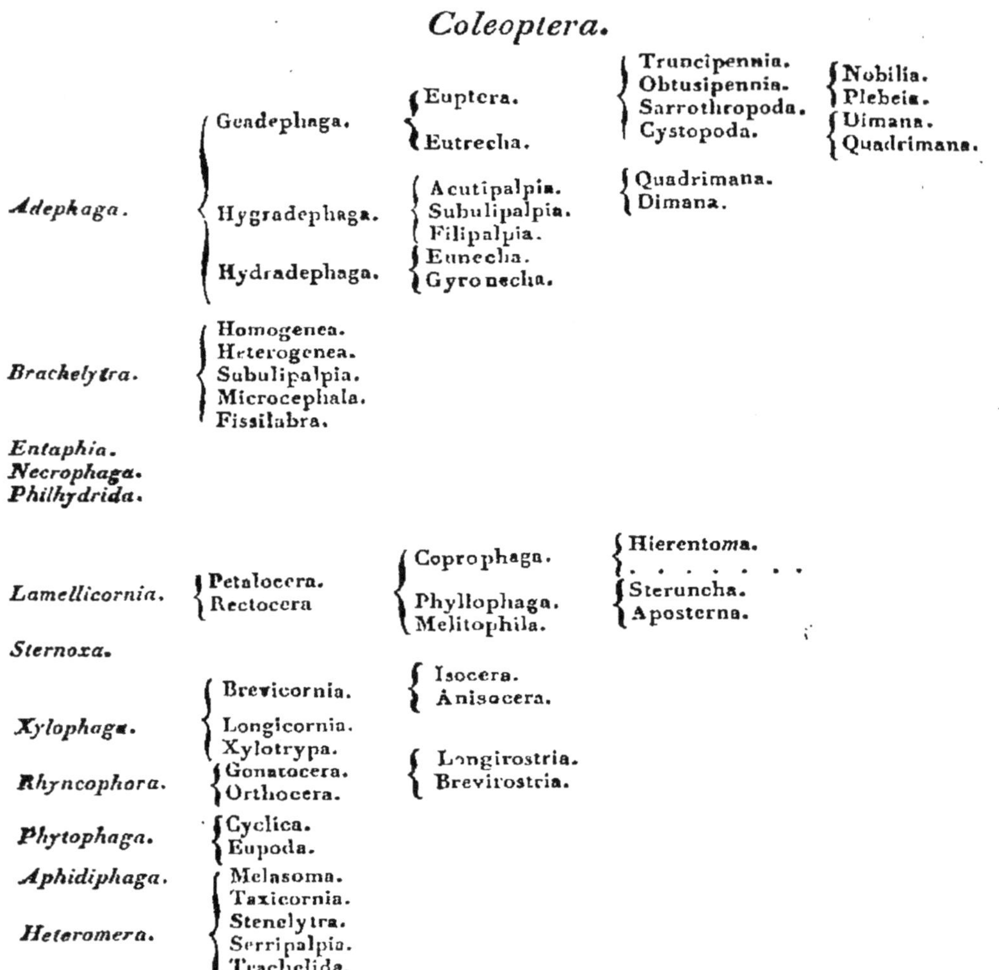

Maintenant, si l'on examine les 66 figures d'insectes qui illustrent cet ouvrage, on est frappé de l'analogie extrême que présentent ces espèces avec les nôtres. Ce sont, en effet, nos *Buprestes*, nos *Nécrophores*, nos *Elaphres;* la *Pontia casta* étonne par son analogie extrême avec notre *Napi;* on prendrait l'*Hipparchia discoïdalis* pour un *Erebus* de nos Alpes ; dans les formes et les couleurs du *Bombus terricola*, de l'*Aradus tuberculifer*, de la *Vespa marginata*, etc., on ne remarque rien qui apprenne que ces insectes soient d'un autre continent que le nôtre : on les prendrait plutôt pour des espèces de la Suède et de nos montagnes Alpines, si çà et là quelques formes, quelques dispositions de couleurs inusitées, comme dans l'*Alypia Mac-Cullochii*, ou une transposition de localité, comme chez la *Pimelia alternata*, ne venaient rappeler que, sur notre continent, nous ne rencontrons pas des espèces qui leur soient analogues ou par leurs configurations ou par leur habitat.

Sur 447 espèces mentionnées dans cet ouvrage, on compte 249 *Coléoptères*, dont 37 genres et 226 espèces, nouveaux ; 3 *Orthoptères ;* 2 *Névroptères ;* 2 *Trichoptères*, tous deux nouveaux ; 32 *Hyménoptères*, dont 18 nouveaux ; 11 *Hémiptères*, dont 2 genres et 13 espèces, nouveaux ; 32 *Lépidoptères*, dont 1 genre et 20 espèces, nouveaux ; 14 *Diptères*, dont 9 nouveaux ; 1 *Homaloptère* et 1 *Aphaniptère* également nouveaux.

On voit par ce relevé combien ce travail est intéressant, tant sous le rapport de la géographie des espèces déjà connues que par la quantité des espèces et des genres nouveaux qui y ont été introduits. Nous allons en donner la liste, mais en regrettant que le défaut d'espace ne nous permette pas d'y joindre les caractères sur lesquels ils reposent et les observations qu'ils peuvent suggérer.

Dans les Coléoptères les 37 g. et s.-g., sont :

1. *Sericoda*, Kirb., près des *Cymindis*, formant la fam. des *Sericodiadœ* ; type, *S. bembidioïdes*, Kirb., n.-sp. — 2. *Chrysostigma*, Kirb., s.-g. fait aux dépens des *Calosoma;* type, *C. calidum*, Fab. — 3. *Stereocerus*, Kirb., contre les *Omaseus;* type, *S. similis*, Kirb., n.-sp. — 4. *Ipsoleurus*, Kirb., contre les *Amara*, après les *Trechus;* type, *I. nitidus*, Kirb., n.-sp. — 5. *Tachyta*, Kirb., venant après les *Periphus;* type, *T. picipes*, Kirb., n.-sp. — 6. *Opisthius*, Kirb., aux dépens des *Elaphrus;* type, *O. Richardsoni*, Kirb., n.-sp. — 7. *Leionotus*, Kirb., s.-g. extrait des *Dytiscus;* type, *L. Franklini*, Kirb., n.-sp. — 8. *Cyclinus*, Kirb., des *Gyrinidœ;* type, *C. assimilis*, Kirb., n.-sp. — 9. *Scaphium*, Kirb., venant après les *Choleva;* type, *S. castanipes*, Kirb., n.-sp. — 10. *Camptorhina*, Kirb., de la fam. des *Sericidœ ;* type, *C. atracapilla*, Kirb., n.-sp. — 11. *Diplotaxis*, Kirb., qui le suit; type, *D. tristis*, Kirb., n.-sp. — 12. *Dichelonycha*, Harr. de la fam. des *Macrodactylidœ;* type, *D. Backii*, Kirb., n.-sp. — 13. *Trichinus*, Kirb., s.-g. extrait des *Trichius;* type, *T. assimilis*, Kirb., n.-sp. — 14. *Gymnodus*, Kirb., s.-g. déjà mentionné dans le Zool. journ. III. 157; type, *G. rugosus*, Kirb. — 15. *Pedetes*, Kirb., des *Elateridœ;* type, *P. Brightwelli*, Kirb., n.-sp. — 16. *Asaphes*, Kirb., s.-g. extrait des *Pedetes;* type, *A. ruficornis*, Kirb., n.-sp. —

17. *Aphotistus*, Kirb., s.-g. des *Elater;* type , *A. œripennis*, Kirb.,
n.-sp. — 18. *Anoplis*, Kirb., s.-g. des *Buprestis;* type , *B. lineata,*
Fab. — 19. *Stenuris*, Kirb., s.-g. des *Buprestis;* type, *B. divaricata,*
Say.— 20. *Odontamus*, Kirb., s.-g. des *Buprestis;* type, *O. trinervia,*
Kirb., n.-sp. — 21. *Tachypteris*, Kirb., s.-g. des *Buprestis;* type , *B.
umbellatarum*, Fab.—22. *Graphisurus*, Kirb., s.-g. des *Acanthocinus;*
type , *G. pusillus* , Kirb., n.-sp. — 23. *Merium* , Kirb. s.-g. des *Callidium;* type, *Ceramb. variabilis* , Linn.—24. *Tetropium*, Kirb., s.-g.
des *Callidium;* type, *C. triste*, Fab.—25. *Macrops*, Kirb. des *Phillobidœ;* type, *M. maculicollis*, Kirb. n.-sp. — 26. *Lepidophorus*, Kirb.,
des *Phillobidœ;* type, *L. lineaticollis*, Kirb. n.-sp.—27. *Pachyrhyncus,*
Kirb., formant la fam. des *Pachyrinchidœ*, venant après les *Trachy-
phlœus* de Germ.; type, *P. Schœnherri*, Kirb., n.-sp.—28. *Apotomus,*
Kirb., des *Attelabidœ;* type, *A. ovatus* , Fab.—20. *Adoxus*, Kirb., des
Eumolpus; type, *E. vitis* , Fab.—30, *Phœdon*, Meg., des *Chrysomela;*
type , *C. adonidis*, Pall. — 31. *Phyllodecta*, Kirb., des *Chrysomela;*
type, *C. vitellinœ* , Linn. — 32. *Orchestris*, Kirb., s.-g. des *Haltica;*
type, *H. nemorum.* — 33. *Anoplitis*, Kirb., s.-g. des *Hispa;* type, *H.
bicolor*, Ol. — 34. *Meracantha* , Kirb., des *Helopidœ;* type, *M. cana-
densii*, Kirb., n.-sp. — 35. *Arthromacra*, Kirb., des *Stenochiadœ;*
type, *A. donacioides*, Kirb., n.-sp. — 36. *Malthacus*, Kirb., s.-g. des
Telephorus; type, *T. puncticollis*, Kirb., n.-sp. — 37. *Brachynotus,*
Kirb., s.-g. des *Telephorus;* type, *L. italica*, Linn.

Dans les Hyménoptères, le genre :

1. *Cryptocentrum* , Kirb., près des *Acenites;* type, *C. lineolatum*,
Kirb., n.-sp.

Dans les Hémiptères , les genres :

1. *Reduviolus* , Kirb., extrait des *Reduvites;* type , *B. inscriptus,*
Kirb., n.-sp. — 2. *Chiroleptes*, Kirb., extrait des *Reduvites;* type ,
Zelus femoratus. — 3. *Nabicula*, Kirb., extrait des *Reduvites;* type,
N. subcoleoptrata, Kirb., n.-sp..

Dans les Lépidotères , le genre :

1. *Ctenucha*, Kirb., venant après les *Lithosia* et formant la fam. des
Ctenuchidœ; type, *C. Latreillana*, Kirb., n.-sp.

Enfin , dans les Diptères , le sous-genre :

1. *Arthria* , fait aux dépens des *Aspistes;* type , *A. analis* , Kirb.,
n.-sp.

Il est à regretter que, dans les huit planches supérieurement exécutées qui accompagnent cet ouvrage, on n'ait pas
figuré, de préférence, toutes les espèces typiques des genres
nouveaux , avec leurs détails anatomiques ; c'eût été ren—
dre un éminent service et augmenter le mérite de ce volume

remarquable sous tant de rapports. Malgré les lacunes immenses qu'elle présente dans les ordres non Coléoptères, cette portion de la Faune de l'Amérique boréale est destinée à faire époque dans les publications nouvelles.　　　　(A. L.)

CATALOGUE DES LÉPIDOTÈRES ou Papillons de la Belgique, précédé du tableau des Libellulines de ce pays, par EDM. DE SELYS-LONGCHAMPS.— Liége, Desoer, impr.-libr. 1837.

Ce mémoire, qui n'est que le commencement d'un plus grand travail, se compose de 30 pages in — 8°. Dans une courte introduction, l'auteur propose une association de toutes les personnes qui s'occupent de zoologie en Belgique, pour faire une Faune Belge. Dans l'impossibilité d'entreprendre ce travail, bien au dessus de mes forces, dit-il, je me suis borné à étudier spécialement une des parties du pays, la province de Liége, et à porter mon attention sur quelques séries particulières d'animaux, les Vertébrés d'une part, et les insectes Lépidoptères et Névroptères d'autre part, sans avoir pour cela négligé de recueillir tous les autres genres qui se présentaient à mon observation. J'ai cherché ensuite à établir des relations avec les naturalistes des autres provinces, et si quelques uns d'entre eux veulent bien joindre leur tribut d'observations à celles que nous faisons à Liége, je ne doute pas que, d'ici à peu de temps, nous ne soyons à même de publier en commun la Faune du pays.

La Belgique, dit plus bas M. de Selys-Longchamps, paraît renfermer près de huit cents espèces de Lépidoptères. Parmi eux on en remarque un assez grand nombre que l'on regardait comme exclusivement propres aux parties méridionales de la France, etc.

Après d'autres considérations de ce genre, et après avoir cité toutes les personnes qui dirigent leurs travaux vers le même but, celui d'une Faune Belge, M. de Selys-Longchamps présente le tableau des Libellulines qui se trouvent en Belgique. Parmi ces espèces il s'en trouve deux qui sont inédites et dont M. de Selys donne la description; ce sont les *Petalura flavipes* et *Agrion aurantiaca*. Vient ensuite le catalogue des Lépidoptères de la Belgique, avec l'indication des

mois dans lesquels on les trouve. Cette première partie contient les Diurnes, les Crépusculaires et le commencement des
Nocturnes, jusques et y compris le genre *Chelonia.* L'auteur
annonce, à la fin, que la seconde livraison de ce catalogue
comprendra les *Noctuélites* et les *Phalénites* et que la troisième
et dernière livraison contiendra la fin des Lépidoptères.

(G.-M.)

Essai sur les genres d'insectes appartenant à l'ordre des Hémiptères et à la section des Hétéroptères, par Maximi-
lien Spinola.—Gènes, Yves Gravier, libraire, 1837.

L'ouvrage de M. Spinola forme un volume in-8° de plus de
380 pages, accompagné de plusieurs grands tableaux de classification ; l'auteur, après avoir exposé sa méthode, passe en
revue tous les genres d'Hétéroptères connus, il en ajoute de
nouveaux, rectifie les caractères des anciens et décrit beaucoup d'espèces nouvelles. Il serait trop long de suivre M. Spinola dans son travail : il suffira de dire qu'il est fait avec
conscience et avec le talent bien connu que son auteur a déjà
apporté dans plusieurs ouvrages qui ont placé son nom parmi
ceux des plus savans entomologistes de notre époque. L'ouvrage de M. Spinola est donc indispensable à tous les naturalistes qui veulent étudier les Hémiptères.   (G.-M.)

IV. NOUVELLES.

Taupes blanches. — On lit dans le *Courrier d'Inverness*,
journal écossais : « David Grant, preneur de Taupes au pont
de Moniack, a pris dernièrement à un piége, dans un jardin de
Relig, trois Taupes de la blancheur la plus pure. »

— MM. *Martin Saint-Ange* et *Isidore Geoffroy Saint-Hilaire* viennent de constater que les deux *canaux péritonéaux*,
chez le *Crocodile*, sont le plus souvent oblitérés et terminés en
cul-de-sac, dans la partie inférieure du cloaque. Ce fait, qu'ils
n'avaient pas consigné dans un premier mémoire lu à l'Académie des sciences, le 18 février 1828, sera le sujet d'un
prochain travail que nous publierons dès qu'il sera terminé.

(G.-M.)

REVUE ZOOLOGIQUE.

AVRIL 1838.

I. SOCIÉTÉS SAVANTES.

ACADÉMIE ROYALE DES SCIENCES DE PARIS.

Séance du 2 avril 1838.

M. *Dujardin* adresse des observations sur les zoospermes de la Salamandre, l'extrait suivant donnera une idée de son travail. — En avant se trouve une partie nue plus ou moins courbée en arc, longue de 1/8 de mill., épaisse de 1/770, et moitié plus mince à l'extrémité ; en arrière cette partie s'articule avec un filament principal quatre fois plus long, et s'amincissant à partir du point d'attache, où il a 1/770 mill., jusqu'à la pointe où il a moins de 1/3500 ; mais ce qu'il y a de remarquable, c'est l'existence d'un filament accessoire, partant du point de jonction et formant autour du filament une hélice lâche, dont le diamètre est de 1/200 mill., de sorte que sa longueur, s'il était développé, serait presque d'un millimètre. Pendant {que le filament principal ou la queue du zoosperme se courbe lentement de différentes manières et se meut d'un mouvement ondulatoire, ce filament accessoire s'agite avec une grande vitesse par des ondulations qui se propagent de la base vers la pointe, de sorte qu'avec un microscope médiocre on croit voir une rangée de cils de chaque côté.

Séance du 9 avril 1838. — **M.** *Isidore Geoffroy Saint-Hilaire* lit une *Notice* sur trois nouveaux genres d'Oiseaux de Madagascar. Le savant académicien caractérise ainsi ces trois genres.

1° G. *Philepitta.* — Bec presque aussi long que le reste de la tête, triangulaire, un peu plus large que haut, à arête

Tom. I. Année 1838.

4

supérieure mousse , légèrement convexe , sans véritable échancrure mandibulaire. Narines latérales, peu distantes de la base, linéaires , un peu oblique. Tarses assez longs, couverts de très-grands écussons. Quatre doigts, tous, et spécialement le pouce, allongés , forts et armés de grands ongles comprimés , aigus, très-recourbés. Parmi les trois doigts antérieurs, le médian , qui est le plus long de tous, réuni à sa base à l'externe ; l'interne, qui est le plus court de tous, libre dès sa base. Queue assez courte, à douze pennes égales. Ailes médiocres sub-obtuses ou obtuses. — *Ph. sericea.* Plumage velouté, d'un noir profond , sauf une petite tache jaune de chaque côté au fouet de l'aile. De chaque côté, une caroncule membraneuse insérée au dessus de l'œil , et s'étendant en avant et en arrière de lui. « Taille o m. 109 m. »

2° G. *Oriolia.* — Bec presque aussi long que le reste de la tête, droit, sauf l'extrême pointe qui s'infléchit légèrement, assez gros et aussi large que haut à la base , comprimé dans sa portion antérieure; une échancrure mandibulaire ; plumes frontales entamées sur la ligne médiane par la base du bec. Narines petites, irrégulièrement ovalaires, ouvertes sur les côtés du bec, à peu de distance de la base , et aussi loin de la commissure des deux mandibules que de la partie supérieure du bec. Tarses courts, écusonnés. Quatre doigts tous très – développés et armés d'ongles très-comprimés, aigus , très-recourbés. Queue longue , composée de douze pennes terminées en pointe ; les latérales un peu plus courtes que les intermédiaires. Ailes assez longues, atteignant le milieu de la queue, obtuses. — *O. Bernieri.* — Plumage roux avec des raies transversales noires sur le corps , uniformément de couleur feuille morte sur la queue et les ailes, sauf l'extrémité des six premières rémiges, qui est d'un gris noirâtre.—Taille : o m. 189 m.

3° G. *Mésites.* — Bec presque aussi long que le reste de la tête, presque droit, comprimé; mandibule supérieure sans aucune trace de crochet ni d'échancrure , à extrémité mousse, l'inférieure présentant en dessous un angle au point de jonction avec ses deux branches ; de chaque côté de la mandibule supérieure, un espace membraneux commençant à peu de distance de la base du bec, et se prolongeant jusqu'au milieu de sa longueur : au dessous de la partie antérieure de cet espace, très-près de la commissure du bec et parallélement à elle, une ouverture linéaire, qui est la narine. Jambe emplumée dans la presque totalité de sa longuenr, mais nue et écailleuse sur une très-petite étendue, immédiatement au dessus de l'articulation tibio-tarsienne. Tarses médiocres, écussonnés; quatre doigts, non réunis à leur base par des membranes inter-digitales; mais seulement bordés près de leur origine; doigt médian plus long que les latéraux, et parmi ceux-ci l'interne un peu plus long que l'externe; celui-ci uni au médian à sa base, mais sur une étendue extrêmement petite; pouce presque égal en longueur au doigt antérieur interne, ongles assez petits, comprimés, très-peu recourbés; queue composée de douze pennes, longues et très-larges, parmi lesquelles les externes sont un peu plus courtes; couvertures caudales très-étendues; ailes courtes, dépassant à peine l'origine de la queue, sur-obtuses; première rémige extrêmement courte, seconde très-courte encore, 5ᵉ, 6ᵉ et 7ᵉ égales, les plus longues de toutes. Plumage mou; pennes peu résistantes, à barbes peu serrées et peu adhérentes; plumes du corps très-longues, à tiges très-grêles, également à barbes très-peu adhérentes.—M. *variegata.*— Dessus de la tête et du corps, ailes et queue d'un roux feuille morte; ventre roux avec des raies irrégulières noires; plastron jaune clair avec des taches elliptiques noires, transversalement placées; gorge blanche; sur les côtés de la tête et du col, une raie d'un jaune clair, passant immédiatement au dessus de l'œil; plus bas un espace nu, s'étendant en arrière et en avant de l'œil; plus bas encore une bande irrégulière jaune, et enfin une tache noire qui sépare celle-ci à la gorge.—Taille : o m. 297 m.

M. *De Blainville* lit un rapport très-favorable sur les résultats zoologiques du Voyage autour du Monde de *la Bonite.*

Séance du 15 *avril.*—M. *Flourens* dépose sur le bureau un Mémoire de M. *Valentin* sur le *Développement comparé des tissus organiques chez les animaux et chez les végétaux,* mémoire qui a obtenu le grand prix des sciences physiques pour l'année 1835. Ce mémoire sera imprimé dans le Recueil des savans étrangers.

M. *Owen* envoie un Mémoire *sur l'œuf du Kanguroo* et en particulier sur la découverte de l'*Allantoïde.* On trouvera dans cet écrit, dit M. Owen, quelques détails physiologiques qui lui donneront, je l'espère, plus d'intérêt que n'en ont généralement des discussions relatives à des droits individuels.

Séance du 23 avril — M. *Milne Edwards* dépose un mémoire sur les *Crisies,* les *Hornères*, et plusieurs autres Polypes vivans ou fossiles de la famille des *Tubuliporiens.* Voici le résumé que l'auteur a envoyé à l'Académie avec son mémoire.

Ce travail fait suite à un mémoire sur les Tubulipores présenté par l'auteur il y a quelques mois, et a pour objet l'étude anatomique et zoologique d'un assez grand nombre de polypes qui, a raison de leur mode d'organisation, se rapprochent extrêmement des premiers ; bien que la forme générale de leur polypier soit tellement variée, qu'on a jusqu'ici méconnu cette analogie, et que les classificateurs ont dispersé ces zoophytes dans plusieurs familles, et même dans des ordres différens. M. Milne Edwards s'occupe successivement des *Crisies* et *Crisidées* que l'on range généralement dans la division des *Polypiers* flexibles avec les *Sertulaires*, des *Hornères* et des *Idmonées* qu'on relègue dans un ordre différent, des *Pustulopores,* des *Alectos,* des *Bérénices,* des *Mésentéripores* et des *Diastopores,* et il fait voir que tous ces genres entrent dans la famille des Tubuliporiens. Ce groupe était représenté durant la période jurassique par les Bérénices, les Mésentéripores, les Alectos et les Idmonées; les fossiles de la formation suivante (*form. crétacée*) qui y appartiennent, se rapportent aux genres Bérénice, Idmonée, Alecto, Tubulipore ; enfin les genres de cette famille, dont on retrouve des fossiles dans les terrains tertiaires existent aussi dans la période actuelle ; mais les Bérénices et les Alectos ne se voient plus au dessus de la craie et parmi les espèces de Hornères, d'Idmonées, de Pustulopores, et de Tubulipores qui existent à l'état fossile, même dans les terrains tertiaires les moins anciens , il en est fort peu qui puissent être identifiés avec les espèces vivantes dans les mers actuelles. Ce mémoire est accompagné d'un atlas de 19 planches.

M. *Isid. Geoffroy Saint-Hilaire* a lu des instructions pour les voyageurs zoologistes qui doivent explorer le nord de l'Europe.

Ces instructions sont très-étendues, elles témoignent du profond savoir de leur auteur, qui s'élève aux considérations les plus importantes sur la zoologie et sur la géographie zoologique. Si les naturalistes de l'expédition suivent exactement la route qui leur est si savamment tracée dans ces instructions, ils ne peuvent que rendre un grand service à la science.

Séance du 30 avril. — M. *Huzard* remet sur le bureau une note sur l'*Acarus* de la gale du cheval, de la part de l'École royale Vétérinaire de Toulouse.

Cet *Acarus* abonde sur les parties furfuracées qui se détachent de certains chevaux galeux , on peut le voir à l'œil nu. La marche de cet Acarus est semblable pour la vitesse à celle de la mite du fromage et les poils extrêmement longs de ses pattes paraissent gluans et semblent traîner sur le sol lorsqu'il marche. Quand on en met plusieurs ensemble dans un espace isolé entre deux plaques de verre , ils s'accouplent de suite; si on les laisse quelques heures, ils se battent et s'entre-dévorent.

L'auteur donne quelques bons procédés pour bien observer ces petits animaux , et il termine en annonçant qu'il va étudier leurs habitudes ainsi que celles du Sarcopte du chien, qui , suivant lui , présente des différences assez marquées avec celui du cheval.

M. *Laurent* envoie un mémoire manuscrit intitulé Recherches sur le développement des *Limaces* et autres mollusques gastéropodes, suivies de considérations générales sur les phénomènes dynamiques de la zoologie. L'auteur demande que son travail soit déposé aux archives de l'Académie pour prendre date.

M. *de Humboldt* adresse à l'Académie le premier volume de l'ouvrage sur les Insectes qui détruisent les forêts, par *R.*

Ratzeburg; le premier volume, que nous n'avons qu'entrevu, paraît rempli d'observations sur les métamorphoses des insectes ; il pourra servir de modèle et peut-être mieux que cela, à tous les exterminateurs avenir des insectes nuisibles, et s'il ne donne pas lui-même de bonnes recettes, il apprendra aux vrais entomologistes une foule de choses purement scientifiques et ne peut que faire un grand honneur à son auteur, en le plaçant, non pas à la tête des entomo-agriculteurs, mais dans une position éminente parmi les entomologistes observateurs. Nous rendrons compte de ce grand ouvrage dès qu'il nous sera parvenu.

II. TRAVAUX INÉDITS.

Nouvelle espèce d'oiseau du genre Rhamphocèle, par M. de La Fresnaye.

M. le prince Charles-Lucien *Bonaparte* a publié, dans le numéro de Janvier de la présente Revue, la diagnose du Ramphocèle qu'il nomme R. *icteronotus*, ce qui portait le nombre des espèces de ce groupe à sept ; M. *de La Fresnaye* nous adresse aujourd'hui la description d'une huitième espèce, pour être publiée dans le Magasin de Zoologie, voici un extrait de cette description.

Rhamphocelus Luciani. De La Fresn. Très-voisin du *R. dimidiatus*; dessus de la tête, jusqu'à la nuque, et ses côtés d'un pourpre grenat obscur. Corps d'un beau noir de velours, avec le croupion, les couvertures de la queue, le devant du cou et la poitrine d'un beau rouge d'écarlate, et les flancs et l'abdomen d'un rouge un peu briqueté : le milieu de l'abdomen est noir en forme de tache longitudinale. Nous dédions cette espèce, dit M. de La Fresnaye, au savant Ornithologiste Charles-Lucien Bonaparte, qui est venu dernièrement visiter les collections de la capitale, et qui, par ses travaux consciencieux et ses recherches assidues, a fortement contribué aux progrès de l'Ornithologie.

Note sur une espèce nouvelle du genre moqueur, *Orpheus*, suivie du catalogue synonymique des dix espèces qui composent actuellement ce genre. Par M. de La Fresnaye.

Moqueur à long bec. De La Fresn. Cette espèce est tellement semblable par sa forme et la distribution de ses couleurs à l'*Orpheus rufus*, L., que, malgré la différence des nuances, nous l'eussions regardée comme une variété, si le bec ne nous eût offert une différence réelle dans sa forme et si son habitat n'était pas si différent : en effet l'*O. rufus*, vient des États-Unis, tandis que le *longirostris* vient du Mexique et de la Californie. Tout le dessus de cet oiseau , au lieu d'être d'un brun roux assez vif comme dans l'*O. rufus*, est d'un brun sombre, les bandes transversales de l'aile sont plus étroites et les taches terminales petites. Le bec est remarquablement long.

Note sur les *Ctenistes palpalis* et *Dejeanii*, ne formant qu'une seule espèce.

M. *Crémière*, propriétaire à Loudun , vient de trouver près de cette ville les deux espèces du genre *Ctenistes* décrites dans la monographie des Psélaphiens que M. Aube a publiée dans notre Magasin de Zoologie. Ces insectes étaient ensemble dans la même localité , et nous avons la certitude que ce sont les deux sexes d'une même espèce , ce que M. Aubé avait déjà soupçonné puisqu'il ajoute , à la fin de la description du *Ctenistes Dejeanii*, « *An præcedentis mas ?* Ces insectes, encore extrêmement rares , ont été pris par M. Crémière auprès d'un bois , dans un champ aride , en secouant des fagots de bois d'orme au dessus d'un drap. Cet entomologiste a trouvé les *Ctenistes* au mois de mars et surtout à la fin d'octobre , époque où ils étaient plus nombreux ; il pourrait bien arriver pour cet insecte ce qui a eu lieu pour le *Gasterocercus*, que M. Chevrolat a trouvé à Paris en grande abondance dans des bûches de chêne , et dont la race a disparu avec la provision de bois dans laquelle elle pullulait.

M. Chevrolat nous adresse , pour être publiées avec figures dans le Magasin de Zoologie, les descriptions de trois Buprestes, et d'un superbe Cyphus nouveaux ; nous donnons ici les phrases diagnostiques de ces espèces.

Buprestis (Conognatha) *Thoreyi*, Chevr., — Cyanea. Elytris rubris , fascia basali lineis tribus sequentibus latis et apice nigro-cyaneis ; his 16 striis geminis punctatis, versus apicem sulcatis. Capite punctato. Thorace glabro , punctulato , supra angulos posticos foveato , leviter impresso medio basi. — Long. : 20 à 26 mill. Lat. : 7 à 9. Brasilia , Porto-allegro , Rio-Grande. Cette espèce est très-voisine du B (Conognatha) *Sellowii* de Klug.

Buprestis (Cyphosoma) *Lausoniæ.* Chevr.—Brevis, lata, convexa ænea vel cyanescens. Capite punctato, occipite sulcato. Thorace opaco, crebre punctato, basi bi-tuberculato, in medio bi-impresso. Singulo elytro vitta alba ex humero ad apicem. Corpore subtus cinerascente , segmentis abdominalibus medio nitidis. Long. : 10 — 19 mill. Lat. 4 1/2 à 9 mill. — Hab. Barbaria. Trouvé par M. Wagner sur les bords de la Seybouse sur le *Lausonia inermis*.

Buprestis (Agrilus) *Capreæ.* Chevr.— Statura Bupr. Cyaneæ Oliv. viridis, vel auratus ; capite crebre punctato, fronte sub-sulcato , rugis longitudinalibus. Thorace transverse rugoso , rotundate et foveato lateribus , trisinuato basi. Elytris squamulosis , ultra medium valde ampliatis, singulatim rotundatis et dentulatis. Articulis antennarum maris triangulatis de tertio ad apicem ; in femina brevioribus. — Long. : 6 — 8 mill. 1/2. Lat. : elytr. medio 3 — 3 1/4 mill. — Hab. Paris. — On le trouve assez communément au mois de juillet sur les branches du *Salix Capreæ.*

Cyphus consularis. Chev.—Mas viridis , fœmina cœruleomicans : affinis Cyph. *Varnhageni* Germ. Thorace inœquali, notulis quinque 2, 2, 1. — Elytris viginti 4, 4, 8, 2, 2, antennis oculisque nigris. —Long. 21 à 24 mill. Lat. 9 à 11 mill. Hab. Bahia in Brasilia.—Il se distingue surtout du *Varnhageni,* parce qu'il n'a pas deux grandes taches sur chaque côté du corcelet , la callosité des élytres aussi élevée sans les 4 ou 5 petites taches au dessus.

SYNOPSIS d'une Monographie du genre PLÉSIE de Jurine, par M. F.-E. GUÉRIN-MÉNEVILLE.

En étudiant les Hyménoptères, pour terminer la partie entomologique du Voyage de la corvette *la Coquille,* et en examinant les espèces déjà publiées et celles que l'on possède dans les collections, nous avons été conduit à faire quelques observations sur les Plésies, et il en est résulté ce petit travail, que nous offrons aux entomologistes en attendant que nous ayons terminé une Monographie détaillée et accompagnée de figures du genre *Plesia*. Nous remplissons un devoir en témoignant ici toute notre reconnaissance à MM. de Romand et de Spinola, pour la complaisance avec laquelle ils ont bien voulu nous communiquer les espèces qu'ils possèdent dans leurs riches collections.

Nous n'entrerons dans aucuns détails sur l'origine du genre *Plesia* ni sur ses affinités, cette question ayant été traitée par nous dans la partie entomologique du Voyage de *la Coquille*, Zool., t. II, p. 210. Nous passerons de suite aux divisions artificielles à l'aide desquelles nous parvenons à grouper ces Hyménoptères.

A. Corps noir et rouge.

1. *Plesia ephippium*, Fab. — D'un noir vif avec une grande tache carrée d'un| rouge ferrugineux, au milieu du mésothorax, entre les ailes ; celles-ci demi-transparentes, un peu enfumées. — Long. : 16 à 18 mill.—Hab. l'Amérique du nord.

2. *Plesia abdominalis*, Guér.—D'un noir vif ; abdomen rouge ferrugineux avec le premier segment noir ; ailes un peu enfumées. — Long. : 15 mill. — Hab. ? (Collect. de M. De Romand.)

B. Corps noir et jaune.

I. Ailes noirâtres, obscures, à reflets bleus et violets occupant toute leur surface.

3. *Plesia sexmaculata*, Guér. — Entièrement d'un noir vif ; tête et corselet ponctués ; une petite tache jaune sur l'écusson ; une tache jaune de chaque côté des trois premiers segmens de l'abdomen ; dessous velu. — Long. : 23 mill. Hab. le Mexique. (Coll. de M. De Romand.)

II. Ailes enfumées, obscures, surtout au bout, avec des reflets bleuâtres sur cette portion seulement.

4. *Plesia vicina*, Guér.—D'un noir vif ; tête et corselet fortement ponctués ; une petite strie jaune au bord antérieur des yeux ; une petite tache jaune de côté du bord antérieur du prothorax, une autre tache jaune sur les flancs, au dessous des ailes, écusson jaune ; les quatre premiers segmens de l'abdomen ayant chacun une tache jaune sur les côtés. — Long. : 22 mill. — Patrie inconnue. (Coll. de M. De Romand.)

5. *Plesia nigripes*, Guér.—D'un noir vif ; tête et corselet fortement ponctués ; deux taches entre les antennes, une petite strie au bord

antérieur des yeux et une tache en arrière, jaunes; côtés du méso-thorax tachés de jaune sous les ailes ; prothorax (manque); écusson et une petite tache parallèle en avant, jaunes ; cinq taches jaunes allongées sur les côtés des cinq premiers segmens de l'abdomen, celles du premier se touchant au milieu.—Long. : 20 mill.—Patrie inconnue. (Coll. de M. De Romand.)

III. Ailes jaunâtres et transparentes, les supérieures brunes vers la côte et au bout.

1. Prothorax bordé de jaune en arrière.

a. Bord antérieur du prothorax sans taches.

6. *Plesia flavipes*, Olivier.—Noire; tête et corselet ponctués; mandibules fauves à la base ; premier article des antennes fauve taché de noir en avant ; front , entre les antennes, une ligne devant et derrière les yeux, jaunes ; une seule tache jaune transverse sur l'écusson et une autre sous les ailes ; deux taches réniformes sur le premier segment de l'abdomen , deux grandes taches isolées sur les côtés du second , et deux taches réunies par une petite ligne transverse à la base des troisième, quatrième et cinquième jaunes ; une petite tache jaune de chaque côté des second et troisième segmens , en dessous ; Pattes d'un jaune fauve à cuisses noires tachées de fauve au bout. —Long. : 18 mill. — Hab. l'Amérique boréale.

b. Deux taches distinctes et séparées au bord antérieur du prothorax.

* Anus jaune à sa base en dessus.

7. *Plesia analis*, Guér.—Tête et corselet ponctués ; premier article des antennes ferrugineux au bout; base des mandibules, chaperon, et deux petites taches au dessus de l'insertion des antennes, jaunes ; deux petites taches transverses jaunes, à l'écusson ; métathorax ayant au milieu une petite ligne longitudinale dilatée en arrière et deux taches latérales et postérieures , jaunes ; corselet taché de jaune sur les côtés ; une grande bande jaune , profondément échancrée en arrière sur le premier segment abdominal, une tache assez petite de chaque côté du second, une bande, plus étroite au milieu , à la base des troisième et quatrième , et une bande interrompue au milieu du cinquième, jaunes; une tache assez grande de chaque côté des deuxième, troisième et quatrième segmens en dessous ; les hanches , les trochanters et la base des cuisses tachés de noir.—Long. : 23 mill. — Hab. le Mexique. (Coll. de M. De Romand.)

**. Anus noir, sans taches.

8. *Plesia maculata*, Fab.—Noire ; tête et corselet ponctués ; base des mandibules , deux taches entre les antennes et bord antérieur des yeux, jaunes ; deux petites taches transverses sur l'écusson ; une petite tache à la base du métathorax et deux autres taches ovalaire au

bord postérieur, jaunes; thorax ayant de chaque côté trois petites taches jaunes, une sous les ailes, une à la base des hanches intermédiaires et la dernière aux côtés postérieurs du métathorax; abdomen ayant une large bande échancrée en arrière, sur le premier segment, deux taches latérales sur le second, une bande plus étroite au milieu à la base des troisième et quatrième et une bande étroite interrompue au milieu, sur le cinquième, jaunes; côtés des deuxième et troisième segmens faiblement tachés de jaune en dessous; pattes d'un jaune fauve, avec les hanches, les trochanters et les cuisses noires tachées de jaune.—Long. : 24 mill.—Hab. la Caroline.

9. *Plesia Romandii*, Guér.—Noire; tête et corselet ponctués; antennes d'un brun fauve avec le premier article taché de jaune en dessus; chaperon et base des mandibules fauves; une ligne jaune au dessus des antennes, qui va toucher les yeux et remonte contre eux, et une grande tache jaune derrière ces yeux; deux petites taches transverses sur l'écusson et deux taches allongées ovalaires, sur les côtés et en arrière du métathorax, jaunes; une seule tache jaune sous les ailes, de chaque côté du mésothorax; abdomen ayant une large bande échancrée en arrière sur le premier segment, deux grandes taches triangulaires et latérales sur le second, une assez large bande plus étroite au milieu à la base des troisième et quatrième et une bande interrompue au milieu, sur le cinquième, jaunes ou d'un jaune orangé : deuxième, troisième et quatrième segmens ayant chacun une tache jaune arrondie de chaque côté en dessous; pattes d'un jaune fauve, avec les hanches et les trochanters noirs, tachés de jaune et la base des cuisses d'un brun noirâtre. — Long. : 20 mill. — Hab. l'île Saint-Thomas, Klug.

2. Prothorax sans bordure jaune en arrière, ou n'en offrant que des vestiges punctiformes.

10. *Plesia serena*, Fab. — Noire; tête et corselet ponctués; antennes d'un brun noirâtre avec le premier article fauve; base des mandibules, chaperon, front, jusqu'au dessus des antennes, avec les bords antérieurs des yeux et une ligne derrière la tête, d'un jaune fauve; une large bande jaune, plus étroite au milieu, sur le devant du prothorax; trois taches jaunes transversalement placées au milieu du mésothorax; écusson ayant deux petites taches transversales jaunes; côtés postérieurs du métathorax ayant une grande tache jaune qui s'étend assez sur les flancs; deux grandes taches de même couleur sous les ailes; abdomen ayant une large bande échancrée en avant et en arrière sur le premier segment, deux grandes taches latérales à la base du second, une bande, un peu plus étroite au milieu, à la base des troisième et quatrième et une bande interrompue au milieu sur le cinquième; côtés des deuxième et troisième segmens, en dessous,

ayant une tache allongée, jaune, longitudinale sur le deuxième; transversale sur le troisième; pattes entièrement fauves, avec quelques taches noires au côté interne des hanches.—Long. : 13 mill.

Var. A. Bord postérieur du prothorax ayant quelques petites taches jaunes, formant des traces de bordure.—Long. : 16 mill.

Var. B. Les deux taches latérales du second segment abdominal se touchant et formant une bande très-étroite au milieu. — Long. : 14 mill.—Hab. la Caroline. (Coll. de M. De Romand.)

IV. Ailes incolores et transparentes.

11. *Plesia hæmorrhoidalis*, Fab.—Noire; tête et corselet ponctués; antennes noires en dessus, fauves en dessous; chaperon et base des mandibules fauves; une tache arrondie au dessus de chaque antenne, bords antérieur et postérieur des yeux et un petit trait sur le devant du front, jaunes; prothorax ayant au milieu une bande jaune assez large et sinueuse; mésothorax ayant trois taches jaunes placées transversalement, entre l'insertion des ailes, et une ligne sur l'écusson; métathorax ayant une petite tache jaune en arrière et de chaque côté; deux taches jaunes de chaque côté du corselet, une sous les ailes et une autre plus grande sur les côtés du métathorax; les cinq premiers segmens de l'abdomen sont noirs avec une tache jaune près de leur base et de chaque côté; celles du premier segment sont rondes, les autres sont allongées et transversales; l'anus est entièrement fauve en dessus; les deuxième, troisième et quatrième segmens ont chacun en dessous, une assez grande tache jaune et allongée, placée de chaque côté, le cinquième segment et l'anus sont fauves; les pattes sont entièrement fauves, garnies de poils blancs.—Long. : 11 mill.—Hab. la Caroline.

III. ANALYSES D'OUVRAGES NOUVEAUX.

THE QUESTION CONCERNING THE SENSIBILITY, etc. ; — Questions sur la sensibilité, l'intelligence et l'instinct des insectes; par M. David BADHAM, D. M. In-8°, Paris, 1837.

Cette brochure se compose de 54 pages d'impression environ, dont 10 sont consacrées à un appendix en forme de notes.

Après avoir dit en quelques lignes que déjà plusieurs auteurs ont abordé un semblable sujet, eu égard aux animaux en général, M. Badham présente quelques considérations sur le système nerveux des insectes, qu'il regarde comme très-simple et comme formé de deux substances : l'une interne qui est blanchâtre, appelée corticale ou cendrée, à cause de sa ressemblance avec la substance cérébrale de l'homme; l'autre externe, d'une couleur plus foncée que la précédente. Entrant ensuite dans quelques détails sur la structure intime de ce système, il rappelle que plusieurs physiologistes regardent le *premier* ganglion, d'où partent les nerfs optiques chez les insectes, comme un véritable cerveau ; tandis que d'autres sont disposés à considérer chaque ganglion comme autant de cerveaux ; il ajoute même que quelques uns pensent que ces sortes de renflemens nerveux ne ressemblent en rien à l'encéphale. — M. Badham n'admet pas la première de ces opinions, quoique peut-être la plus vulgaire, parce qu'il ne peut la combattre convenablement, et, quelle que soit la nature de ces ganglions, il ne peut pas croire que le premier agisse plus que les autres, en un mot, qu'il *soit le cerveau par excellence :* ce qu'il cherche à prouver par des expériences faites sur quelques vers et quelques insectes. — Il combat également la seconde hypothèse, d'après laquelle chaque ganglion serait un cerveau, puis il s'attache à faire voir les inconvéniens que devrait nécessairement présenter une semblable supposition. Après ce préambule, complément en quelque sorte obligé de son travail, l'auteur entre de suite en matière, et traite assez longuement de *la sensibilité supposée des insectes,* de *leur intelligence et de leur instinct.* Chaque organe des sens, dont cette classe d'animaux est supposée douée, est examiné par lui avec un soin tout particulier ; mais, il faut le dire, les conclusions que M. Badham tire de cet examen, ne décident en rien la *question principale*, ce qu'au reste, il ne paraît pas avoir eu l'intention de faire, si l'on en juge d'après le titre de son opuscule, que termine un appendix dans lequel sont rassemblés plusieurs exemples bien choisis, relatifs aux mœurs de certains insectes (comme les Abeilles, les Fourmis, les Guêpes, les Elaters, les Araignées, les Chenilles, les Ichneumons, etc.), et convenablement appropriés au sujet choisi par l'auteur.

En résumé, la brochure de M. Badham, que nous avons lue avec attention, et que nous regrettons de ne pouvoir analyser avec plus de détail, est écrite avec une grande pureté de langage : on y trouve en outre une logique serrée, parfois concluante, et sous le rapport de l'état de la science, elle ne peut manquer d'être consultée avec avantage par tous ceux qui se livrent d'une manière spéciale, à l'étude de l'Entomologie.

(THILLAYE.)

MONOGRAPH on the coleopterous genus Diphucephala, etc. MONOGRAPHIE des Coléoptères du genre *Diphucephala*, dans la famille des Lamellicornes, par M. G. R. WATER-HOUSE. Brochure de 13 pages, avec figures, extraite des Transactions de la Société Entomologique de Londres.

Dans ce mémoire, l'auteur, après avoir exposé les caractères du genre Diphucephala, dont toutes les espèces sont de la Nouvelle-Hollande, et après avoir montré ses affinités, donne la description détaillée de seize espèces. Avant lui on n'en connaissait que trois, les *Melolontha sericea*, Kirby, Trans. linn., vol. XII, pag. 463, *Diphucephala splendens*, Mac Leay, in appendix to cap King's, etc., pag. 440, et *D. furcata*, Guérin, Iconogr. du règne animal, Ins., pl. 24 *bis*, fig. 13, copié dans l'édition du Règne animal donnée en Angleterre par Griffith. Les autres espèces sont nouvelles, voici leurs diagnoses :

D. Childrenii. Viridis, supra sericeo-nitida, subtus pilis albis decumbentibus; capite confluenter punctato; thorace sub lente punctulatissimo, dorso subcanaliculato; elytris subseriatim punctatis; tarsis cyaneis; tibiis anticis bidentatis.—Long. : 4-5 lig.

D. Hopei. Viridis, subtus pilis albis decumbentibus; capite confluenter punctato; thorace obscure viridi, sub lente punctulatissimo, dorso subcanaliculato; elytris nitidis, subseriatim punctatis, lineis duabus longitudinalibus elevatiusculis; tarsis cyaneis; tibiis anticis inermibus.—Long. : 4-5 lig.

D. affinis. Viridis nitida, subtus pilis albis decumbentibus; thorace punctulatissimo, dorso subcanaliculato; elytris subseriatim punctatis; tarsis cyaneis; tibiis anticis sub bidentatis.—Long.: 4-4 1/2 lig.

D. Edwardsii (Kirby. Mss.) Viridis, subtus pilis albis decumbentibus; capite cupreo; thorace obscure punctulatissimo, dorso subcanaliculato; scutello punctulatissimo; pedibus cupreis, tarsis viridi-cyaneis; tibiis anticis bidentatis.—Long. : 4-4 1/2 lig.

D. pulchella (Kir. Mss.) Viridis; thorace punctato, dorso canaliculato; foveis lateralibus magnis et profunde impressis; scutello fovea profunde excavata; elytris confluenter punctatis; tibiis anticis bidentatis.—Long. : 3 1/2 lig.

D. pilistriata. Viridis, nitida; subtus pilis albis decumbentibus tecta, supra pilis albis ornata, striis longitudinalibus supra elytra depositis; thorace canali lato dorsali impresso, foveisque duabus lateralibus, spartim punctato; scutello lævi; pedibus testaceis; tibiis anticis bidentatis.—Long. : 3 1/2 lig.

D. castanoptera. Viridis, pubescens; thorace canalis lato dorsali, foveisque duabus lateralibus impresso; elytris pallide castaneis, subseriatim punctatis; tibiis anticis bidentatis.—Long. : 3 1/4 lig.

D. aurulenta (Kir. Mss.—*Colaspidoïdes* ? Schœn., Syn. ins., Ins.1, p. 101).—Cuprea, nitidissima, supra pilis albis ornata, subtus viridis, pilis albis decumbentibus; capite dense et crasse punctato; thorace crasse sed sparse punctato, sulco transverso profundo; canali dorsali in partes duas, thoracis basin versus diviso; marginibus lateralibus distincte dentatis; elytris crasse punctatis; scutello æneo, lævi; pedibus viridibus; tarsis cyaneis, tibiis anticis bidentatis.—Long. : 4 lig.

D. parvula. Viridi-ænea vel cuprea, supra et subtus pilis albis decumbentibus sparse tecta; capite punctato; thorace punctis magnis notato, foveis duabus longitudinalibus parallelis submediis basin versus, marginibus lateralibus subdentatis; elytris rugosis; scutello lævi; tibiis anticis inermibus.—Long. : 2 1/2 lig.

D. Spencii. Æneo-cuprea vel cuprea, supra et subtus pilis albis decumbentibus sparsim tecta; capite et thorace rugose punctatis; thorace canaliculato, marginibus lateralibus dentatis; scutello apice depresso, subpunctato; elytris subseriatim punctis confluentibus notatis; pedibus viridibus, tarsis cyaneis; tibiis anticis externe bidentatis, dentibus rufescentibus.—Long. : 2 1/2 lig.

D. rufipes. Viridis, nitida; capite thoraceque punctulatissimis; thorace supra canaliculato; pedibus testaceis; tibiis anticis tarsisque posticis cyaneis; tibiis anticis ad apicem obsolete bidentatis.—Long. : 3 lig.

D. pusilla. Viridis, pilis albis decumbentibus; capite punctatissimo; thorace punctato, canali lato dorsali, foveisque duabus lateralibus; tibiis anticis bidentatis; tarsis cyaneis.—Long. : 2 3/4 lig.

D. pygmæa. Viridis, pilis albis decumbentibus; tibiis anticis bidentatis; capite thoraceque punctulatissimis; scutello triangulari, fovea excavato, punctulatissimo; tarsis cyaneis.—Long. : 2 lig.

Les figures qui dépendent de ce mémoire et qui se trouvent sur la pl. 22 des Transactions de la Société entomologique, représentent le *Diphucephala sericea* avec toutes ses parties grossies et quelques portions caractéristiques des *D. Hopei, splendens* et *pilistriata.*

Nous ferons observer, en terminant, que M. Waterhouse a eu tort de décrire notre *D. furcata* d'après la planche du

Règne animal traduit par Griffith ; cette planche, étant une copie très-mauvaise de celle de notre Iconographie, a sans doute été mal coloriée, ce qui a induit M. Waterhouse en erreur, en lui faisant décrire cette espèce ainsi : « Noire avec une bande blanche de chaque côté du thorax. Elytres rouges avec la base et la suture jaune.» Tandis qu'elle est d'un beau vert à reflets métalliques. Du reste, il dit lui-même n'avoir jamais vu cette espèce et l'avoir décrite d'après la copie anglaise. Nous en donnons une description dans l'explication des planches de notre Iconographie du Règne animal, et dans le *Voyage autour du monde* du capitaine Duperrey, Zool., t. II, t. II, part. II, pag. 89. (G.–M.)

Index entomologicus or a complete illustrated catalogue of the Lepidopterous insects of Great Britain, by W. Wood. London, 1837. Ce catalogue est accompagné de planches gravées et coloriées, extrêmement chargées de figures. — Prix : fig. col. ; 7 fr. 50 la livraison. Les liv. 19 et 20 sont en vente.

The natural hystory of animalcules : containing descriptions of all the known species of infusoria , etc. ; by Andrew Pritchard. London , 1834. In-8° avec 6 planches gravées et reproduisant les figures de M. Ehrembeg.

IV. NOUVELLES.

Nous apprenons que le département de la Nièvre possède une collection d'histoire naturelle des plus intéressantes, due au zèle persévérant de M. *Auguste Grasset,* inspecteur des monumens historiques du département de la Nièvre, et naturaliste aussi instruit que modeste. M. *Grasset,* qui habite la ville de la Charité, près Nevers, a réuni plus spécialement les animaux qui se trouvent dans son département, et nous l'approuvons beaucoup à ce sujet ; car si chaque département de la France avait ainsi une collection faite avec intelligence, l'on posséderait bientôt les matériaux d'une Faune française complète , ouvrage qui manque encore à notre pays.

—MM. *Arnaud de Villeneuve* et *Agu de Vaux* viennent de partir pour la Sicile ; le premier pour faire des recherches sur les antiquités de ce pays , le second pour étudier sa Flore et sa Faune.

REVUE ZOOLOGIQUE.

MAI 1838.

I. SOCIÉTÉS SAVANTES.

ACADÉMIE ROYALE DES SCIENCES DE PARIS.

Séance du 7 mai 1838.—M. *T. Puel* adresse un mémoire sur des ossemens fossiles de mammifères et d'oiseaux trouvés dans la caverne de Brengues (Lot).

« Des fouilles nouvelles dans la caverne de Brengues m'ont fait découvrir , dit M. Puel , de nombreux débris appartenant aux espèces que Cuvier avait, dès 1820 , signalées pour cette localité (Rhinocéros , Cheval , Bœuf , Renne); mais, de plus , j'y ai trouvé des ossemens de plusieurs Rongeurs (Lièvre , Campagnol , etc.), une espèce de Cerf , que je regarde comme tout-à-fait identique avec le Cerf du Canada , et deux espèces d'oiseaux (Pie et Perdrix), dont la première n'avait pas encore été signalée , du moins en France , dans les cavernes à ossemens. J'ajouterai encore que plusieurs os de Solipèdes m'ont paru devoir être rapportés à l'*Equus asinus* ou Ane. Enfin , parmi les débris du genre Bœuf , plusieurs os appartiennent très-certainement à l'Aurochs. Cuvier , qui n'avait eu en sa possession qu'un seul os de Bœuf provenant de Brengues (un Humérus) , avait vu cependant que très-probablement cet os devait se rapporter à l'espèce dont le crâne est large et bombé , c'est-à-dire à l'Aurochs fossile.

» Les restes de Rhinocéros sont en très-petit nombre ; je n'ai recueilli que six fragmens bien caractérisés qui tous ont appartenu à un individu jeune.

» La plupart des animaux que j'ai signalés dans la caverne de Brengues appartiennent à des espèces dont les analogues

Tom. I. Année 1838.   5

vivent encore dans la contrée : tels sont le Cheval , l'Ane et particulièrement le Lièvre, la Pie, la Perdrix. Comme, d'un autre côté, plusieurs de ces os sont d'une parfaite conservation et d'une blancheur vraiment remarquable (ceux de la Pie, par exemple), on pourrait être tenté d'y voir des débris des temps modernes. Je pense donc qu'il n'est pas inutile de faire observer que j'ai débarrassé les os dont il s'agit des matières terreuses et calcaires qui les enveloppaient : du reste, quelques uns d'entre eux présentent des traces évidentes de ces incrustations. »

Séance du 14 *mai.* — M. *Isidore Geoffroy Saint-Hilaire* lit une lettre que lui a adressée M. Dutrochet, relativement à l'hibernation des Hirondelles. En voici un extrait pris dans les comptes rendus de l'Académie.

« Je vois dans les instructions concernant la zoologie , que vous avez rédigées pour l'expédition scientifique qui se rend dans le nord de l'Europe, que vous invitez les naturalistes de l'expédition à prendre des renseignemens à l'égard de la prétendue hibernation des Hirondelles. Je puis vous citer , à cet égard , un fait dont j'ai été témoin. Au milieu de l'hiver, deux Hirondelles ont été trouvées engourdies dans un enfoncement qui existait dans une muraille et dans l'intérieur d'un bâtiment. Entre les mains de ceux qui les avaient prises , elles ne tardèrent pas à se réchauffer et elles s'envolèrent. Je fus témoin de ces faits. Peut-être ces Hirondelles , entrées par hasard dans le bâtiment , n'avaient pas pu en sortir ; peut-être , appartenant à une couvée tardive , étaient-elles trop jeunes et trop faibles pour entreprendre ou pour continuer le long voyage de la migration. Quoi qu'il en soit , ce fait prouve que les Hirondelles sont susceptibles d'hibernation , bien qu'elles n'hibernent pas ordinairement. »

M. *F. Dujardin* adresse des observations sur les Éponges. Voici sa lettre :

« Je viens de répeter cette année sur les Spongilles ou Eponges d'eau douce , des observations que j'avais déjà faites plusieurs fois depuis trois ans sur les Eponges marines et d'eau douce , mais qu'en raison de leur importance j'ai cru devoir vérifier par tous les moyens possibles et avec des instrumens de plus en plus perfectionnés.

» Ces observations doivent fixer désormais d'une manière incontestable la place des Eponges dans la classification, et prouver que ces êtres ambigus, promenés jusqu'ici du règne végétal au règne animal, sont réellement des groupemens d'animaux, de parties vivantes et analogues aux Amibes et Protées de Müller. S'il n'y a point dans les Eponges l'individualité propre aux animaux des classes supérieures, on y voit bien positivement au moins la contractilité et l'extensibilité alternatives qui caractérisent tous les animaux.

» En effet, si d'une Eponge vivante on détache une parcelle pour la soumettre au microscope entre des plaques de verre, on voit la substance vivante se grouper en masses arrondies irrégulièrement, renfermant des granules verts ou diversement colorés suivant l'espèce qu'on observe. Ces masses irrégulières semblent d'abord immobiles; mais, en se servant d'un éclairage convenable, on voit sur les bords des expansions arrondies, diaphanes qui changent de forme à chaque instant ; souvent aussi des parties isolées par le déchirement de la masse et larges de un à deux centièmes de millimètre, se meuvent lentement dans le liquide en rampant sur le verre au moyen de leurs expansions mobiles et diaphanes comme de véritables Amibes. Ces parties isolées on les prendrait pour de simples globules verts remplis de granules, si l'on ne faisait apparaître les bords des expansions par un effet de réfraction.

» Tels sont les faits que j'ai observés dans la *Spongia panicea* et dans la *Cliona celata* sur les côtes de la Manche, et dans les Spongilles de l'Orne et des environs de Paris, depuis l'année 1835. »

M. le Docteur *Sambin* écrit pour réclamer la priorité du procédé de la cueillette des œufs comme moyen efficace de détruire la Pyrale de la vigne.

On sait qu'au mois d'août de l'année dernière, les vignerons d'Argenteuil et du Mâconnais demandèrent à l'Académie des sciences un moyen de conjurer le fléau qui menaçait leurs récoltes, dont les prémices étaient dévorés par la Pyrale.

L'Académie des sciences nomma une commission qui fit son rapport dans lequel on engagea les vignerons à la patience, attendu que la science n'avait aucun moyen applicable en grand pour s'opposer au mal dont ils se plaignaient.

De son côté, M. le ministre du commerce et de l'agriculture envoya M. le professeur Audouin dans le Mâconnais. Le savant entomologiste encouragea les vignerons de son mieux, leur fit entendre que le mal n'était pas sans remède, qu'il en découvrirait un, qu'en attendant il fallait faire une cueillette des feuilles sur lesquelles la Pyrale déposait ses œufs, afin que ces derniers ne devinssent pas des Chenilles dévorantes, et finalement qu'il leur indiquerait plus tard un préservatif, et les vignerons du Maconnais, en attendant, furent très-reconnaissans envers M. le professeur du Muséum d'histoire naturelle.

De retour à Paris, M. Audouin s'empressa de rendre compte au ministre de la mission qu'il venait de remplir, et, en même temps, il exposa à l'Académie des sciences le résultat de ses observations. Outre le conseil de la cueillette des feuilles tachées, sur lequel il insista dans son mémoire, M. Audouin déposa aussi un paquet cacheté (que l'Académie garde) pour remplir la promesse qu'il avait faite aux vignerons du Maconnais de s'occuper de la recherche d'un préservatif.

Nous combattîmes alors, dans un mémoire que nous lûmes à l'Institut, quelques uns des conseils sur lesquels M. Audouin avait insisté et principalement *sa cueillette des feuilles*. M. Audouin défendit l'excellence de ce moyen que ses partisans du Mâconnais, dans une lettre écrite avec élégance et en style presque poétique, regardèrent même comme une découverte ingénieuse inspirée par la science. En effet, il faut que ce moyen de détruire la Pyrale ait été bien accueilli des habitans du Mâconnais, puisque l'un de ces messieurs s'est mis en devoir de réclamer auprès de l'Académie des sciences l'honneur de la découverte. Tel est l'objet de la lettre suivante, adressée à M. Arago le 24 avril dernier, et dont ce savant a analysé brièvement le contenu. En insérant la réclamation de M. Sambin, nous montrons le désir que nous avons de ne chercher que la vérité dans cette question ; car nous mettons

au grand jour des observations contraires à nos propres assertions.

*A M. Arago, secrétaire perpétuel de l'Académie des sciences
et député de la France.*

« Monsieur ,

» Dans une notice sur la Pyrale de la vigne , lue à l'Académie des sciences, dans la séance du 4 septembre 1837 ,
M. V. Audouin , célèbre entomologiste, rend compte du sombre tableau que lui ont offert les vignobles du Mâconnais, de
ses études sur l'insecte rapace qui, depuis plusieurs années ,
en dévore hâtivement les produits , de l'assistance intelligente
et empressée que lui ont accordée plusieurs propriétaires-cul-
tivateurs dans l'accomplissement de son honorable mission , et
de la réunion qui eut lieu à la Chapelle, le 13 août, et *que
présida, avec notre illustre auteur, M. de Lamartine, député
de Saône-et-Loire.*

» Après avoir fait connaître l'objet et les différentes épi-
sodes de la mission que le ministre du commerce et de l'agriculture lui a confiée, M. Audouin indique le remède qui ,
selon lui, doit faire cesser de trop longues souffrances, et ,
pour atteindre ce but philanthropique, il conseille la cueillette des œufs de la Pyrale vitivore, et, chose vraiment in-
croyable ! il assure, lui M. Audouin , que le procédé pré-
conisé par lui est sa propriété, et que personne avant lui
n'a songé à cette opération aussi simple qu'efficace. Oui , tout
cela est inconcevable et d'autant plus inconcevable que notre
savant naturaliste , pendant son long séjour dans le Mâconnais , a eu des relations intimes avec MM. de Lamartine et de
la Hante qui, tous les deux, sont abonnés au *Journal de Saône-
et-Loire,* et avec d'autres personnes qui lisent aussi le même
journal , et peut-être même avec des propriétaires à qui j'avais
conseillé la simple cueillette des pontes quinze jours au moins
avant la publicité donnée à ma lettre, dans laquelle je conseille d'abord la cueillette des chrysalides et ensuite celle
des œufs.

» C'est tout, monsieur ; les faits, je vous les ai exposés

avec la plus exquise probité ; si j'ai mis de la chaleur dans
une question de priorité et de propriété, c'est moins, soyez-
en sûr, pour chatouiller mon amour-propre que pour honorer
les lois éternelles de la morale ; car, en définitive, et malgré
les pitoyables intrigues qui m'ont éloigné de toutes les réunions
où se trouvait M. le délégué de M. Martin (du Nord), il n'en
sera pas moins établi, par la lettre que j'ai l'honneur de vous
envoyer, que j'ai abordé nettement la question pratique, et que
je l'ai fait en homme qui a peut-être quelque aptitude pour
l'induction et la généralisation.

J'oserai, monsieur, vous demander votre appui auprès de
l'Académie des sciences, et vous prie de lui communiquer ma
lettre, afin que justice me soit rendue.

» Veuillez, etc.   » SAMBIN, D. M. P. »
Mâcon, 24 avril 1838.

Voici un extrait de l'article du *Journal de Saône-et-Loire*.

Mercredi 12 juillet 1837.

« M. le docteur *Sambin* nous adresse la lettre suivante qui ne
peut manquer d'intéresser un grand nombre de nos abonnés. »

Après avoir fait connaître les quatre métamorphoses de
la Pyrale, il dit : « Les œufs sont ordinairement déposés sur les feuilles de la vigne, vers la fin de juin ou dans le
courant de juillet. Il y séjournent pendant à peu près 20 à 25
jours ; ils y sont réunis ensemble par une matière glutineuse
que la chaleur dessèche ; ils s'y montrent sous la forme de plaques, imitant celles du plâtre grossièrement pulvérisé. Toutes
les feuilles ne sont pas atteintes de cette lèpre redoutable ; il
n'y a guère qu'un nombre moyen de 7 à 8 par cep, et elles se
distinguent nettement des autres par leurs taches blanchâtres. »

Il dit ensuite comment les Chenilles vivent après leur éclosion, comment elles se changent en chrysalides, l'époque de
l'éclosion du Papillon ; il examine quelles sont les meilleures
méthodes de s'en débarasser, et il conclut que c'est pendant
son état de chrysalide et surtout d'œuf qu'il faut entreprendre
de combattre la Pyrale et de l'exterminer. Il conseille donc
de faire cueillir par des enfans, des femmes ou des vieillards,

les groupes de feuilles roulées contenant les chrysalides, et plus tard celles sur lesquelles on voit les plaques des œufs.

M. *Dumas* fait remarquer que M. Sambin ne propose l'enlèvement des œufs que comme un moyen auxiliaire, pendant que M. Audouin place ce moyen en première ligne. : « De plus, dit M. Dumas, la teinte blanche assignée par l'auteur de l'article aux plaques formées par les amas d'œufs de Pyrale, est un caractère qui se montre seulement après l'éclosion des larves, de sorte que si l'on n'enlevait les feuilles qu'au moment où elles offrent ces *taches imitant le plâtre pulvérisé*, dont parle M. Sambin, on ferait une opération complétement inutile. M. Audouin, lorsqu'il sera de retour, aura sans doute d'autres remarques à faire relativement à cette réclamation. »

Séance du 21 mai. — M. le docteur *Vallot* adresse des observations sur quelques insectes dont la synonymie est embrouillée. Après avoir rappelé qu'il a publié, en l'an X, une *Concordance systématique* des mémoires de Réaumur, il entre en matière en s'occupant d'un insecte du midi nommé *Scarabæus phosphoreus*, mentionné dans le *Journal de physique* de Rozier, t. 2, p. 143, et que *personne n'a revu depuis*, suivant M. Th. Lacordaire (Intr. à l'Ent., t. 2, p. 143). M. Vallot, ayant remonté aux sources, a reconnu que cet insecte n'est autre que le *Lampyris italica*, Lin., commun dans les environs de Grasse, et décrit par M. Luce, pharmacien à Grasse, dans le *Journal de physique* (an 2, Nivose).

Divers ouvrages d'agriculture ont parlé, sans le caractériser, du *Négril*, insecte qui, dans le midi de la France, ravage les Luzernes. M. Vallot montre que l'on a confondu sous ce nom vulgaire la Colaspe très-noire (*Colaspis atra*, Oliv. C. *Barbara*, F.) et l'Eumolpe obscur (*Chrysomela atra*, Oliv.; *Cryptocephalus obscurus*, Fab.) Enfin il s'occupe de l'Eumolpe précieux (*Eumolpus pretiosus*, Payk.). Le premier ouvrage dans lequel cet insecte se trouve mentionné, dit-il, est celui de Degéer, qui l'a appelé *Chrysomecœla cruleo-violacea*, et l'a décrit fort exactement (t. V, p. 316, n° 126). Cet insecte se trouve mentionné trois fois dans l'Encyclopédie méthodique; d'abord (t. V, p. 718) sous le nom de *Chrysomela vio-*

lacea, extrait de Degéer, ensuite (n° 128) sous le nom de *Chr. cœrulea*, d'après des échantillons trouvés aux environs de Paris, puis sous celui de *Cryptocephalus cyaneus* (t. VI, p. 607). Geoffroy l'a appelé improprement Gribouri bleu de l'aune, puisqu'il diffère de la *Chr. alni*, Lin., comme le fait observer Olivier. Ces deux insectes appartiennent chacun à un genre séparé.

Sous le nom de *Chr. asclepiadæ*, Pallas a décrit deux insectes semblables, différant uniquement par la taille ; l'un est *major*, c'est le *Cryptocephalus peregrinus*, Gmel.; l'autre *minor*, récolté aux environs du Volga, sur le dompte-venin, est l'*Eumolpus pretiosus*. Le compilateur Gmelin a donné à l'Eumolpe précieux le nom de *Chrys. amethystina*, en empruntant une partie de la diagnose de Degéer ; et il donne la *Chrys. asclepiadæ*, d'après Pallas. La beauté de cet insecte l'avait fait regarder comme étranger et venant de l'Inde ; c'est le *major* ou *Crypt. peregrinus*, mais il se trouve en Asie, et le *minor* en Europe.

M. Vallot entre, au sujet de ces diverses espèces, dans de nombreux détails; il cite tous les ouvrages dans lesquels il a été question de ces insectes et montre une grande érudition.

M. le docteur Roussel de Vauzème présente un moulage anatomique sur nature d'un fœtus de Baleine. Ce travail est renvoyé à une commission composée de MM. *Magendie*, *de Blainville* et *Breschet*.

M. *Larrey* adresse une réclamation pour établir qu'il a parlé, dans sa Campagne d'Italie, t. Ier, de l'hibernation des hirondelles. M. *Isodore Geoffroy* dit qu'il connaissait ces observations, mais qu'il a demandé de nouvelles recherches sur ce sujet, parce que ces faits isolés ne sont pas assez nombreux pour fixer les idées des zoologistes sur un sujet aussi curieux.

M. C. L. *Duvernoy* adresse un mémoire intitulé : *Supplémens au mémoire sur les Musareignes*.

Nous reviendrons sur ce travail, et nous rattachons son analyse à celle du premier mémoire, quand nous aurons pu en prendre connaissance.

Le même savant envoie aussi des *Tableaux des Ordres, des*

Familles et des Genres de mammifères, adoptés pour le cours de zoologie de la Faculté des sciences par M. *Duvernoy*, rédigés sous ses yeux par M. *Lereboullet*, conservateur des collections de cette faculté. Nous nous occuperons de ce travail dans un de nos prochains numéros.

On dépose sur le bureau un grand Tableau intitulé : *Vers à soie*, Tableau synoptique publié sous les auspices du ministre du commerce et de l'agriculture. Education hâtive, d'après la méthode de M. Camille Beauvais et les procédés de ventilation de M. Darcet, par M. *Brunet de Lagrange*, élève de M. Bauvais, Paris, 1838.

Nous reviendrons sur ce travail, qui se compose d'un grand tableau in-plano avec figures, dès qu'il nous sera parvenu.

Séance du 28 mai — M. *De Blainville* lit un mémoire ayant pour titre :

Recherches sur l'ancienneté des mammifères insectivores à la surface de la terre, précédées de l'histoire de la science à ce sujet, des principes de leur classification et de leur distribution géographique actuelle.

C'est un grand mémoire plein d'érudition et d'observations historiques, mais qui, par cela même, est peu susceptible d'analyse. Nous nous bornons donc à le signaler à nos lecteurs comme un travail d'un grand intérêt, et digne de la réputation de son auteur.

M. *Turpin* lit un grand travail intitulé : Mémoire sur la différence qu'offrent les tissus cellulaires de la pomme et de la poire, sur la formation des concrétions ligneuses de la dernière, celle des noyaux et du bois, comparées aux concrétions calcaires qui se trouvent sous le manteau des Arions et à l'ossification des animaux en général.

Après avoir fait connaître l'organisation curieuse du tissu cellulaire, M. Turpin montre que les concrétions pierreuses de la poire, de la nèfle et du coing sont formées d'un nombre variable de vésicules contiguës, incrustées intérieurement par une matière qui les ossifie et à laquelle M. Turpin donne le nom de *Sclérogène*. Il dit que les organes creux, élémentaires, mous et flexibles des jeunes fruits, ou les tiges herbacées des jeunes arbres, ne se durcissent et ne deviennent bois qu'en s'encroûtant intérieurement de cette matière élémentaire. Enfin M. Turpin cite comme une démonstration plus convaincante, ce qui a lieu dans le tissu cellulaire animal. Rien de plus ressemblant aux points d'ossification naissante des os ou à ces ossifications adventives qui se montrent parfois dans les parties molles, que le corps ovalaire et crutacé formé sous le manteau des Arions. Ce corps, composé d'une agglomération de vésicules incrustées de carbonate de chaux, explique merveilleusement le travail de l'organisation par l'incrustation partielle de chacune des cellules composant, par agglomération, le tissu gélatineux et vivant du squelette avant son obstruction calcaire.

Le mémoire de M. Turpin est d'un grand intérêt et renferme une foule d'observations de la plus haute importance pour la physiologie générale.

II. TRAVAUX INÉDITS.

OBSERVATIONS SUR LES GENRES ENCELADE ET SIAGONE, et description de trois nouvelles espèces de ce dernier genre, par M. GUÉRIN MÉNEVILLE.

Latreille s'est trompé, quand il a dit (Règne animal) que les jambes antérieures du genre Encelade n'ont pas d'échancrure au côté interne; car l'échancrure est très-bien marquée et se voit parfaitement quand on regarde cette jambe en dedans; elle est oblique, part du milieu de la longueur de la jambe, du côté antérieur, et va se terminer presque à l'extrémité du côté postérieur. Il y a une épine mobile située à la terminaison de l'échancrure, et l'extrémité antérieure de la jambe est terminée aussi par une épine mobile un peu plus grande.

Dans les Siagones l'échancrure est plus oblique et se termine un peu plus haut, surtout chez les petites espèces, comme l'*Europæa*, la *Rufipes*, etc., Chez les grandes espèces de Siagones, telles que les *S. brunipes*, *Dejeanii*, cette échancrure est presque semblable à celle que l'on voit aux jambes antérieures de l'Encelade, et elle se termine presque aussi bas.

Dans le *Carabus lævigatus* de Fabricius, que M. Dejean rapporte à tort au genre Encelade, cette même échancrure ne se termine pas sensiblement plus bas que dans les *Siagonà brunipes* et *Dejeanii*, etc.

L'on peut donc dire que les jambes des Encelades et des Siagones ont une échancrure interne *plus ou moins* oblique, et ce caractère ne peut servir à distinguer ces deux genres , en sorte qu'il faut modifier le commencement du tableau que M. Dejean a donné de la tribu des Scaritides (Spec. des col., etc., T. 5 suppl., p. 471) de la manière suivante :

Menton inarticulé

recouvrant presque le dessous de la tête. Antennes.

ayant le second article aussi long que le premier et plus long que le troisième. . . . . . . *Enceladus.*

ayant le second article plus court que le premier et que le troisième *Siagona.*

laissant à découvert une grande partie de la bouche. . . . . . Les genres *Coscinia* et *Melænus.*

Si on les envisage sous un autre point de vue, ces deux genres peuvent être nettement distingués , et l'*Enceladus lævigatus* de l'Inde, doit toujours entrer dans le genre Siagone , ainsi qu'une autre espèce venant du Sénégal et que l'on rapporte aussi au genre Encelade. Voici les caractères distinctifs de ces deux genres :

Genre *Siagona.*

Bord antérieur du labre droit , sinué ou trilobé en avant.

Antennes ayant le premier article en massue, plus de deux fois plus long que le second , et ce second article plus court que le troisième , etc.

Prothorax très-rétréci en arrière, n'ayant pas son bord postérieur plus large que l'intervalle étranglé qui le sépare des élytres.

Genre *Enceladus.*

Bord antérieur du labre arrondi, ayant une échancrure en avant et au milieu.

Antennes ayant le premier article aussi épais à la base qu'à l'extrémité , à peine aussi long que le second ; ce second article plus long que le troisième , etc.

Prothorax rétréci en arrière , ayant son bord postérieur plus large que l'intervalle étranglé qui le sépare des élytres.

Le genre ENCELADE ne se compose donc que d'une seule espèce du nouveau continent, savoir :

L'*Enceladus gigas*, Bonelli obs. ent. mém. de l'acad. de Turin; Dejean, spec. des col. , t. 5 , 2ᵉ part., suppl. p. 473, etc., etc.

Le genre Siagone aura 16 espèces toutes de l'ancien continent, savoir :

1. Siagones ailées.

1. *S. Goryi*, Guér. Long. 30 mill., larg. 10 m. Ailée, noire, luisante, lisse, même vue à une forte loupe ; corcelet lisse, sans rides ni points , ayant une faible ligne longitudinale au milieu , qui n'atteint ni le bord antérieur ni le bord postérieur. Elytres ayant chacune sept points enfoncés en dessus, savoir : deux très-rapprochés sous l'angle huméral , et cinq plus près de la suture, et disposés ainsi : un au tiers antérieur, un au milieu , un au tiers postérieur, et les deux derniers très-rapprochés et près de l'extrémité. Quelques points au bord externe dans le sillon formé par le rebord de l'élytre. Dessous du corps et pattes d'un noir luisant. Du Sénégal, collection de MM. Gory et Dupont.

2. *S. lævigata*, Fab. ; *Enceladus lævigatus*, Dej. spec. *Scarites lævigatus*, Oliv. Herbst ; *Carabus lævigatus*, Fab. Schon. *Siagona herculeana*, Delaporte, études ent., p. 151.

Olivier et Fabricius indiquent l'espèce qu'ils ont décrite comme venant du Coromandel ; M. Latreille pensait que l'individu de sa collection venait de l'Afrique équinoxiale ou de Madagascar, et M. Dejean croit avec Herbst qu'elle habite l'Amérique équinoxiale. L'individu que M. Gory nous a communiqué vient certainement des Indes Orientales : il a été pris dans le royaume de Deccan (1).

3. *S. mandibularis*, Buq., Guér. — Longue de 23 à 24 millimètres. Noire, ponctuée ; mandibules très-élargies à leur base, ayant cette partie élargie couverte de grosses rugosités; côté interne offrant une très-forte dent dirigée en dedans et en haut, arrondie au bout. Cette dent est moins saillante dans un autre individu que nous considérons comme la femelle. — Hab. le Sénégal; coll. de M. Buquet.

(1) Comme Olivier , dans sa description, dit que le *S. lævigatus*

4. *S. Brunnipes*, Dej. , sp. col., 1. 36o. — Hab. la Nubie et le Sénégal.

5. *S. Buquetii*, Guér. — Longue de 18 à 19 millim. Noire, ponctuée ; mandibules élargies à leur base , ayant sur cette partie des côtes élevées et longitudinales. Cette espèce se distingue de la *S. brunnipes* par une taille toujours plus petite , par des élytres un peu plus courtes , à peine plus longues que la tête et le corselet, et surtout parce que , chez la *brunnipes*, les mandibules ont la dent interne plus forte et l'élargissement de la base très-lisse. — Hab. le Sénégal.

6. *S. Atrata*, Dej., sp. col. 1. 36o. — Hab. les Indes Orientales et le Sénégal, suivant une note de M. Dejean, spec., t. 5, p. 476.

7. *S. depressa*, Fab.; *Carabus depressus* , *Galerita depressa*, Fab.; *Siagona plana* , Bonelli ; *Siagona hirta* , Sturm. Catal.; Dej. sp. 1. 361. — Hab. les Indes-Orientales.

8. *S. senegalensis*, Déj.; sp. col., 5 , 476. — Hab. le Sénégal.

9. *S. Oberleitneri*, Pareiss. Dej. , spec. 5. 477. — Hab. la Grèce.

10. *S. dorsalis*, Dej., sp. col. 5. 477. — Hab. le Sénégal.

11. *S. flesus* , Fab.; *galerita flesus* , Fab. syst. eleuth. 1. 216. — Hab. les Indes Orientales.

12. *S. Europœa* , Dej., spec. col. 2. 468. — Hab. la Sicile, découverte en 1824 par M. Al. Lefebvre.

Nous voyons, dans la collection de M. Buquet, trois individus africains que l'on ne peut rapporter qu'à cette espèce ; car l'on ne trouve aucune différence appréciable pour les en distinguer ; ils ont été pris à Alger , en Egypte et au Sénégal ; ce dernier est celui que M. Buquet a nommé *S. Leprieurii.*

qu'il a vu dans la collection de Banks a les pattes antérieures un peu palmées , il se pourrait que son espèce appartînt au genre *Pasimachus* ou à un genre voisin. Cependant, dans sa figure , nous ne trouvons rien qui indique des dents aux pattes antérieures. Un examen fait dans la collection de Banks pourrait seul nous éclairer, et nous invitons nos confrères d'Angleterre à le faire et à nous en adresser le résultat, que nous publierons de suite.

2. Siagones aptères.

13. *S. fuscipes*, Bonelli ; obs. ent. Dej. spec. 1. 359. — Hab. l'Egypte et le Sénégal.

14. *S. Dejeanii*, Rambur., Faune de l'Andalousie , 1re livraison , pag. 37, pl. 2, fig. 7 g. — Hab. l'Andalousie.

15. *S. rufipes*, Fab. ; *Cucujus rufipes*, Fab. ; ent. syst., 2. 94. Dej. sp. 2. 368.—Hab. en Barbarie et dans le midi de l'Espagne , suivant M. Dejean.

16. *S. Jenissonii*, Dej., sp. col. 2. 467 ; Rambur, loc. cit., p. 39, pl. 2, fig. 6 f.—Hab. la Barbarie et le midi de l'Espagne.

M. le docteur EMMANUEL ROUSSEAU, à qui la zoologie et l'anatomie comparée doivent des découvertes importantes , nous adresse la lettre suivante sur la distinction des sexes en général chez les animaux et en particulier chez les insectes du genre *Dermeste* de Linné.

Monsieur , quoique le vaste domaine des sciences ait été souvent mis à contribution, il reste encore bien des faits à recueillir, et l'histoire naturelle n'est point devenue un champ tellement aride que les moissonneurs n'aient laissé de quoi glaner. Ne serait-ce , par exemple, que dans la manière de reconnaître les sexes dans les diverses classes de l'échelle animale , où cette distinction est encore bien loin d'être établie.

Chez les *Mammifères*, cette difficulté est aplanie par la seule inspection extérieure ; quant aux *Oiseaux*, quoique la richesse et l'éclat du plumage soient ordinairement l'apanage du mâle , il existe d'autres considérations , telles que certaines époques de leur existence, soit dans le jeune âge, soit à un âge plus avancé, qui nous engagent à être très-circonspects pour nous prononcer relativement à certaines espèces. La connaissance des sexes chez les *Reptiles* présente des doutes encore plus grands ; car le plus souvent, ce n'est que par une inspection anatomique qu'on parvient à les lever. On ne peut généralement distinguer les sexes des *Poissons* qu'en pressant leur abdomen pour en faire sortir de la laitance ou des œufs; cependant on remarque chez certaines espèces un appareil sexuel extérieur non équivoque.

Parmi les *Mollusques*, nous observons principalement les *Céphalopodes* comme ayant les sexes distincts ; cependant les *Carinaires*, d'après M. Laurillard, sont dans le même cas.

Les *Crustacés* se font remarquer par une distinction de sexes assez constante, il en est presque de même pour les *Arachnides*.

Les *Insectes* offrent pour la distinction des sexes beaucoup de variations dans les ordres, les familles et les espèces ; c'est-à-dire que chez les uns, ce sera la taille plus ou moins développée de l'insecte, qui en fera un mâle ou une femelle ; et chez d'autres ce sera la longueur des antennes ou la variété de leurs formes ; modifications qui sont très-importantes, mais qui ne suffisent pas toujours. On a été jusqu'à donner des caractères hypothétiques, lorsque les caractères évidens ont manqué ; de là l'erreur de la plupart de ceux qui ont cru devoir s'en rapporter à ces caractères hypothétiques. C'est en cherchant à me rendre compte des sexes, dans les *Dermestes*, que, suivant une autre voie, je suis parvenu à distinguer le mâle de la femelle de ce genre de Coléoptères, de la section des Pentamères, familles des Clavicornes, et de la tribu de Dermestins, genre établi par Linné.

Désormais, tout caractère spécieux pourra, selon moi, être rejeté, et celui que je n'ai vu décrit nulle part, et que je propose comme étant ostensible et constant, devra seul être admis.

Le mâle des Dermestos se reconnaîtra par deux pores médians placés sous l'abdomen, l'un au troisième, et l'autre au quatrième segment. Ces pores sont très-visibles ; il y a autour un bouquet de poils érectiles, et il sort du centre de ces pores un petit corps également érectile, que je me propose d'expliquer plus tard. Quant aux femelles, elles sont privées de ces pores et de ces petits appareils.

Si la connaissance des sexes chez ces Coléoptères peut intéresser les savans, veuillez, monsieur, donner de la publicité à ma lettre et recevoir l'assurance des sentimens avec lesquels j'ai l'honneur d'être, etc.

Emmanuel ROUSSEAU, D. M. P.

ESPÈCE NOUVELLE DU GENRE BÉROÉ, par M. R. P. LESSON.

Le BÉROÉ DE LA CÔTE DES SANTONS, *Beroe Santonum*, Lesson. Corps arrondi, imitant un petit globe, se déprimant aux deux pôles, d'un blanc luisant, reflétant la lumière comme une goutte d'eau, à huit rangées ou bandelettes blanches, ciliées, sans pouvoir irisant, blanc argentin mat, ayant deux vaisseaux au centre couleur de rose pâle : ouverture supérieure petite et arrondie. — Hab. : J'ai trouvé ce Béroé très-communément jeté par la marée montante sur les grèves sabonneuses de Fourras, le 22 juin 1837. Les pêcheurs l'appellent *Boûle-de-mer*, les individus étaient souvent jetés par petits paquets d'une douzaine d'individus.

III. ANALYSES D'OUVRAGES NOUVEAUX.

NOTION DE PHILOSOPHIE NATURELLE, précédées d'une introduction dans laquelle Napoléon adolescent est approuvé d'avoir contesté aux découvertes de Newton un caractère absolu d'universalité ; par E. GEOFFROY-SAINT-HILAIRE. In-8°.— Paris, Pillot, 1838.

Cet important ouvrage sera analysé dans un prochain numéro.

TRAITÉ DE PHYSIOLOGIE COMPARÉE de l'homme et des animaux; par ANTOINE DUGÈS, professeur à la Faculté de Médecine de Montpellier, etc. — Tom. 1er, in-8°, avec planches. — Montpellier et Paris, 1838.

Nous rendrons compte de cet ouvrage dès qu'il nous sera parvenu.

ILLUSTRATION OF THE COMPARATIVE ANATOMY of the nervous system. — By Joseph SWAN. In-4°, avec de belles planches gravées. Londres 1837. — Paris, Baillière.

SUR LA ZOOLOGIE, par M. ISIDORE GEOFFROY SAINT-HILAIRE.

Extrait de l'Encyclopédie du XIXe siècle. (Grand in-8 de 29 pages à 2 colonnes.) Paris, 1838.

Dans cet article, écrit avec profondeur et élégance, le savant académicien s'élève aux plus hautes considérations philosophiques ; après avoir défini la science de la zoologie et après avoir montré comment on doit l'envisager pour l'étudier avec fruit, M. Isid. Geoffroy Saint-Hilaire démontre la nécessité de diviser la zoologie et fait connaître ces divisions. Il indique ensuite les points de vue sous lesquels peuvent être étudiés les animaux, et par suite les sciences qui en dérivent, lesquels se ramènent, quel que puisse en être le nombre, à deux genres principaux, savoir : la connaissance des animaux considérés en eux-mêmes, et la connaissance des animaux considérés par rapport à nous et en vue de les utiliser pour notre espèce.

Après ces considérations, l'auteur fait l'histoire de l'état présent des diverses branches de la zoologie ; il divise cette partie de son travail en trois chapitres qui sont eux-mêmes subdivisés : ainsi dans le premier, intitulé : *Zoologie systématique*, il examine les travaux antérieurs à Linné, les travaux et classifications de ce grand naturaliste, ceux de Cuvier et les ouvrages postérieurs à ceux de ce célèbre zoologiste. Le second chapitre traite de la *Zoologie géographique* : l'une de ses divisions est consacrée à la zoologie géographique spéciale, et l'autre à la zoologie géographique générale ; enfin, dans le troisième chapitre, intitulé : *Zoologie philosophique*, l'auteur examine l'importance des théories en zoologie, il présente des notions historiques sur la zoologie philosophique, et termine en faisant connaître l'état présent de cette partie importante de la science. Il serait impossible de suivre l'auteur dans les nombreux et ingénieux aperçus dont cette partie de son ouvrage est remplie, nous ne pouvons que recommander la lecture de cet article à ceux qui veulent avoir une idée claire et précise de l'état des sciences zoologiques, depuis leur origine jusqu'à nos jours. (G.-M.)

SUR QUELQUES ANOMALIES DU SYSTÈME DENTAIRE dans les mammifères, par M. H. de BLAINVILLE, Paris, 1838. (Extrait des Annales françaises et étrangères d'anatomie et de physiologie.) Brochure in-8° avec 2 pl. in-folio.

Le célèbre professeur commence par montrer que les anciens naturalistes n'ont pas senti l'importance de la considération du système dentaire pour la distribution méthodique des mammifères.

I.6

Ce ne fut que vers l'époque où l'on sentit le besoin de la systématisation des faits et de l'introduction des méthodes dans l'étude des corps naturels, dit M. de Blainville, que l'on commença à donner à l'étude de cette partie de l'organisation une importance qui a été successivement en croissant, et tellement qu'aujourd'hui elle est devenue la base sur laquelle repose, non seulement la distinction des espèces, mais encore celle des genres et de l'ordre dans lequel ils doivent être disposés dans les familles et les dégrés d'organisation.

Les observations que je publie dans ce mémoire sur les anomalies du système dentaire dans les mammifères, ont pour but principal de montrer que dans ce cas comme dans tant d'autres, l'abus est bien près de l'usage ; mais avant de les exposer, jetons un coup d'œil sur l'histoire de ce point de la science de l'organologie.

M. de Blainville passe ensuite en revue, dans un ordre chronologique, les naturalistes qui ont étudié le système dentaire des mammifères. Il pense que c'est Ray qui a le premier employé ces organes comme élément de distribution méthodique ; il dit que Linné, qui, en zoologie du moins, ne fit réellement d'abord que régulariser et simplifier le système méthodique des animaux, principalemement celui de Ray, et surtout en y introduisant une nomenclature raisonnée et sévère, n'employa guère du système dentaire que la considération des *primores* ou incisives, dont il n'envisagea même presque toujours que le nombre, comme son prédécesseur l'avait proposé.

Le savant professeur continue ensuite l'examen des progrès que l'étude du système dentaire a faits jusqu'à ces derniers temps, et il arrive au principal sujet de son mémoire, en faisant connaître les anomalies qu'il a observées dans le système dentaire de plusieurs mammifères, pour montrer quel degré de confiance il peut mériter pour la caractéristique, l'établissement et même la distribution des genres. Commençons par avertir, dit-il, que, sous le nom d'anomalies, il ne sera pas question des variations qui tiennent à l'âge, et dont Tenon nous a laissé un si bel exemple dans la manière dont il a traité le système dentaire du cheval, ou à une sorte d'état pathologique, comme lorsqu'une dent se développe au palais, monstruosité que l'on dit assez commune chez les chevaux, ou même à l'angle de la mâchoire inférieure, ainsi que Meckel en cite un exemple, quoique les premières de ces variations soient importantes à connaître pour ne pas instituer, comme cela a eu lieu plusieurs fois, un genre sur une forme de dents de jeune âge ou d'âge au contraire plus qu'adulte ou transitoire. Nous n'allons parler en effet que des anomalies de nombre et de forme qui se présentent accidentellement ou constamment dans la série des mammifères.

L'auteur divise cette dernière partie de son travail en trois sections comme il suit :

1° Les *anomalies accidentelles*, dans lesquelles une ou plusieurs parties du système dentaire sont ajoutées ou retranchées à l'état normal, et par conséquent peuvent être considérées comme une sorte de monstruosité. Il a vu et figuré une tête d'Ocelot (*felis pardalis*) chez laquelle la deuxième incisive manque des deux côtés. Il a vu des anomalies en plus chez un *Ateles pentadactylus* qui a une molaire de plus en haut et en bas, seulement du côté gauche; chez un *Cebus robustus*, où il a vu une molaire en haut seulement, mais des deux côtés; et il cite d'autres observations du même genre faites par divers naturalistes.

2° Les *anomalies constantes*, c'est-à-dire une disposition naturelle, constante, caractéristique dans le nombre ou dans la forme d'une ou plusieurs parties du système dentaire, mais qui devient anormale par rapport au plus grand nombre des espèces du même groupe. Ces anomalies sont bien autrement importantes à connaître que les précédentes, puisqu'elles ont déterminé des rapprochemens ou des éloignemens d'animaux tout-à-fait contre leurs véritables rapports naturels, et qu'il doit ressortir de leur examen que, si l'emploi du système dentaire comme servant à distinguer les espèces est parfait, il est au contraire trompeur si on s'en sert pour la formation des genres, et surtout des familles, ainsi que pour la disposition des genres dans ces familles.

Ces anomalies sont en moins et en plus, elles portent sur une ou plusieurs sortes de dents et sur la forme. Parmi les anomalies en moins portant sur une ou plusieurs dents, l'auteur cite l'*Aye aye*, rangé dans les rongeurs, à cause de son système dentaire, mais qui, suivant M. de Blainville, est un véritable maki. Le *Daman*, qui est dans le même cas, et que l'ensemble de son organisation ne peut éloigner des Rhinocéros, comme Cuvier l'a démontré. Les *Kanguroos* et les *Phascolomes*, dont le système dentaire ne consiste également qu'en incisives et molaires, séparées par une grande barre, sans canines, et qui cependant ne peuvent être éloignés des autres animaux Didelphes. Les *Eléphans*, les *Mastodontes* et les *Dugongs*, dans la rigueur de l'emploi du système dentaire devraient être rangés dans l'ordre des rongeurs. Le système dentaire du *Dinotherium* peut aussi être considéré comme une anomalie du même genre, ainsi que celui du *Protèle*. M. de Blainville pense qu'on pourrait encore considérer comme des anomalies en moins le système dentaire des cétacés. Il cite ensuite une chauve-souris (*Desmodus* de Neuvied) qui offre une anomalie analogue à celle du Protèle ; enfin il fait connaître avec détail le système dentaire de l'espèce de chien nommé *Canis megalotis*, dont le crâne n'avait pas encore été étudié, et qui lui a offert la seule anomalie en plus qu'il ait observée jusqu'ici parmi les mammifères vivans.

3° Les *anomalies constantes dans la forme* ne sont pas aussi nombreuses, encore moins sont-elles aussi importantes que les précédentes. Le savant anatomiste les étudie chez toute la série des Mammifères, il considère comme appartenant à cet ordre les défenses des *Eléphans*, des *Mastodontes*, des *Dugongs*, des *Dinotherium*, etc. Celle du *Narwal*, qui est composée d'une des incisives qui se développe supérieurement, dans le mâle seulement, etc.

Ce mémoire important est accompagné de deux belles planches lithographiées, représentant les principaux faits observés par l'auteur.   (G.-M.)

DESCRIZIONE DI UN SERPENTE, etc. Description d'un serpent qui appartient à une nouvelle espèce du genre *Calamaria* de Boié, par M. Camillo RANZANI, dans les *Memoria* di *matematica e di fisica della società italiana delle scienze*, tomo XXI, p. 101, 1837.

Après avoir mentionné et discuté les caractères des espèces connues de ce genre, l'auteur leur compare celle dont il s'occupe, afin d'en bien faire ressortir les différences, et il termine en en donnant la description.

Calamaria versicolor. Ranzani. cal. supra versicolor, id est vel ex cineraceo fusca, vel ex albido cærulea, nitore margaritæ; in parte anteriore dorsi linea nigra primo continua, mox intercisa; in utroque latere ejusdem dorsi series primo duplex, deinde unica macularum albo-lutescentium; gula, ac latere capitis fusco, et albo-lutescente varia; scutorum nonnulla omnino albo-lutescentia, nonnulla etiam ex toto fusca, reliquum ventris fusco, ac albo-lutescente tessellatum; cauda subtus albo-lutescens, maginibus internis scutellorum nigricantibus; squamæ gulæ, caudæ, ac partis anterioris dorsi hexagonæ, squamæ reliquæ dorsi rhombiformes. Scuta, 164, Scutella, 11. — Hab. in insula Java.

Cette espèce est figurée en noir, avec quelques détails, à la pl. III du volume cité plus haut.

MÉMOIRE SUR LES COQUILLES FOSSILES LITHOPHAGES des terrains secondaires du Calvados, et sur l'altération éprouvée par la fonte de fer qui a séjourné long-temps dans l'eau de la mer, par M. *Eudes Deslongchamps*, Paris, 1838. Extrait des mémoires de la société Linnéenne de Normandie, in-4°, avec une pl. lithographiée.

Après quelques considérations géologiques, l'auteur décrit comme nouvelles les espèces suivantes : *Pholas crassa; Pholadomya terebrans; Fistulana subtrigona, lacryma, unicostata, bicostata; Saxicava phaseolus, dispar; Modiola inclusa, fabella, parasitica.* Toutes ces espèces sont figurées avec soin. (G.-M.)

NOTICE SUR LA FAMILLE DES BULLÉENS, dont on trouve les dépouilles fossiles dans les terrains marins supérieurs du bassin de l'Adour, aux environs de Dax (Landes), précédée de considérations générales sur cette famille et du tableau des genres et des espèces connus, soit à l'état vivant, soit à l'état fossile, avec figures dessinées d'après nature; par le docteur GRATELOUP. In-8 , dans les actes de la Société Linnéenne de Bordeaux, n° 49 bis, 3o septembre 1837 , avec planche lithographiée en noir.

ENUMERATIO MOLLUSCORUM SICILIÆ , cum vivientium tum in tellure tertiaria fossilium , quæ in itinere suo observavit. Auctor Rudolphus Amandus PHILIPPI. — Berolini , 1836 , et Paris. Baillière. — Un vol. in-4° de 268 pages avec 12 planches lithographiées.

PROMENADES D'UN NATURALISTE , *Insectes*. Entretiens familiers sur l'Histoire naturelle des Insectes , ouvrage destiné à servir de guide pour l'étude des mœurs , de l'industrie et de l'organisation de ces animaux ; par M. FÉLIX DUJARDIN , membre de la Société philomatique. 1 vol. in-18, fig. — Paris , 1838 , au bureau du Magasin pittoresque.

Le petit livre que M. Dujardin offre aux amis de l'histoire naturelle, ne peut que faire faire des progrès à cette belle science , en y initiant les personnes qui n'en ont encore aucune idée , et en leur faisant aimer son étude : cet ouvrage est divisé en 14 petits chapitres, sous le titre de *Promenades;* son auteur, déjà bien connu dans la science par des travaux estimés, n'a pas dédaigné de descendre à la portée des personnes les plus étrangères à l'entomologie ; dans ses *Promenades* il donne une idée des caractères généraux et des métamorphoses des insectes, il conduit ensuite son lecteur à la chasse de ces animaux, lui apprend quelles sont les espèces qu'il pourra trouver pendant chaque mois de l'année, comment il faut les chercher, etc. Dans le courant de chaque *Promenade* il interrompt sa chasse pour donner à l'élève des idées exactes sur l'organisation des insectes, sur leur nomenclature , sur leurs mœurs, etc. , etc. Il termine son ouvrage par une bibliographie abrégée et par un tableau méthodique des animaux articulés , pour servir à disposer dans la collection les classes , les ordres, les familles , les genres et les espèces.   (G.-M.)

OBSERVATIONES ENTOMOLOGICÆ continentes metamorphoses coleopterorum nonnullorum adhuc incognitas. Auctore

OSWALDO HEER. Londini, etc., 1836. Brochure in-8 de 36 pages, avec 6 planches gravées.

Dans la préface de cet ouvrage, l'auteur se plaint de ce que les Entomologistes actuels, si supérieurs à leurs devanciers par la description des insectes, leur soient inférieurs dans l'observation des mœurs individuelles et dans l'étude des larves. La masse toujours croissante d'espèces étrangères nouvelles arrivant de toutes parts dans nos musées, attire aujourd'hui, dit M. Heer, toute l'attention des savans et fait négliger cette autre partie de la science qu'il regarde, lui, comme très-essentielle et comme digne du plus haut intérêt. Il cite, à l'appui de son opinion, celle de Fries (1) qui pose en principe : « que la connaissance des métamorphoses successives des larves et des » nymphes est indispensable pour établir un bon système de » classification ; que l'insecte parfait ne peut être considéré en » lui-même, sans égard aux modifications antérieures de son » individu, pas plus que la fleur ne suffirait seule pour déter- » miner l'espèce d'une plante, bien qu'elle soit son dernier de- » gré d'épanouissement. »

Le travail de M. Heer sur les larves est digne de louanges : ses descriptions et ses figures, faites avec un soin remarquable, sont très-détaillées et chaque description se termine par des notes sur l'époque, le lieu ou la larve a été trouvée et sur ce qu'il a pu connaître de ses mœurs. Voici un extrait de ses observations :

1. *Larve et chrysalide du Carabus auro-nitens.* — La première a été trouvée par l'auteur sous une pierre, dans une petite fossette (*fovea*), le 1er juin 1833. Le 3, cette larve se transforma en nymphe, subit différentes modifications de couleur jusqu'au 15, jour de sa dernière métamorphose.

2. *Larve du Carabus depressus.* — Trouvée souvent dans les Alpes du Rhin, dans la vallée de l'Ours, de Rheinvald et d'Engad où le *Carabus depressus* est le plus commun de tous. Jamais cette larve, qui est bien celle d'un carabe, ne s'est offerte à M. Heer dans les alpes de Glaris où le *Carabus depressus* ne se rencontre point, quoiqu'il n'ait pu parvenir à en

(1) Cf. *Observationes entomologicæ.* Lundæ, 1834, p. 4.

élever une jusqu'à transformation complète, il n'hésite pas à la donner comme celle du *Carabus depressus*.

3. *Larve du Carabus hortensis.* — L'auteur a observé le *Carabus hortensis* pendant plusieurs années, afin de bien connaître sa manière de vivre. Il a le plus souvent trouvé la larve qu'il décrit dans des sortes d'enveloppes (*in capsulis*) dans lesquelles il conservait ces petits animaux. Il ne doute pas qu'elle ne soit celle du *Carabus hortensis*, l'espèce que l'on rencontre le plus fréquemment dans les champs et les jardins ; mais il n'a jamais pu l'amener jusqu'à sa transformation complète.

4. *Nymphe du Cychrus rostratus.* — Deux larves ont été trouvées le 14 juin 1835 au mont Pilat, à environ 6,000 pieds au dessus du niveau de la mer, sous une pierre et dans une fossette (*fovea*). Deux jours après, une d'elles se transforma en nymphe, et resta en cet état pendant un mois, après quoi il en sortit le *Cychrus rostratus*, connu de tout le monde.

5. *Larve du Staphylinus olens.* — Elle vit dans de petites cavités dans lesquelles elle abrite son abdomen qui est tendre. Ces petites fosses ont la profondeur d'un demi-pied ou d'un pied, et l'animal les façonne non avec ses pattes, mais avec ses mandibules. Il saisit la terre avec ces dernières, et la rejette à l'aide de ses pattes antérieures. Ce trou est construit de telle sorte que le corps de la larve forme rempart et contient la terre de chaque côté.

Cette larve est très-vorace et saisit avec ses fortes mandibules tous les insectes qui viennent à passer assez près de son trou. M. Heer donne sur ses mœurs et sur la manière dont elle se saisit de sa proie des détails étendus et très-intéressans, et il les termine par les considérations suivantes : Les larves des Staphylins se rapprochent beaucoup de celles des Dytiques par la forme et la manière de vivre ; elles ne diffèrent pas beaucoup de l'Insecte parfait, mais ce qui les en distingue surtout, c'est que leurs mâchoires ont des palpes maxillaires internes, ce qui n'a pas lieu chez l'insecte parfait. Quant aux larves des Dytiques, M. Heer pense qu'elles se rapprochent sous plusieurs points de celles des Carabes, et il dit qu'on pourrait peut-être appeler ces insectes des Carabiques aquatiques. Les larves des Carabes, poursuit-il, sont inférieures à celles des Staphylins; mais ce qui est digne d'être cité, c'est que celles des Nébries ont extérieurement plus d'affinité avec les larves des Staphylins et des Dytiques qu'avec celles des Carabiques.

6. *Larve du Sylpha opaca.* — Trouvée souvent sur les Alpes du Glaris et du Rhin, depuis 5,000 à 7,000 pieds au dessus de la mer. Comme aucune autre espèce ne se trouve sur ces Alpes, à l'exception du *S. Alpina,* M. Heer ne doute pas que ce ne soit la larve du *S. Opaca.*

7. *Larve et nymphe du Pissodes piceæ.* — Trouvées le 14 juin 1835, dans le tronc d'un Pin.

8. *Larve, nymphe et insecte parfait du Bostrichus Cembræ.* Heer. L'espèce est nouvelle et décrite par l'auteur avec beaucoup de détail, voici sa phrase diagnostique :

B. Cembræ. Brunneus vel nigro piceus, flavescenti pilosus, elytris profunde punctato-striatis , interstitiis punctatis, apice circulatim truncato retusis, 4-dentatis. Long. 6 *mill.* Trouvée sous l'écorce du *Pinus Cembra* L. en juin.

9. *Larve, nymphe et insecte parfait de la Chrysomela Escheri.* Heer. L'espèce est également nouvelle, voici sa phrase : *C. ovata, viridi-ænea, nitida, pronoto cæruleo, lateribus luteo-albis, elytris convexis, viridi-æneis, creberrime et subtiliter punctulatis.* — Long. 8 mill. —Trouvée le 30 juin sur le mont Frela, à 7,103 pieds au dessus de la mer , sous des pierres. Il a trouvé ensuite l'insecte parfait a l'extrémité de la cime entre la vallée Scharl et Münster du Rhin. Il pense que cette espèce se nourrit peut-être des feuilles du *Salix retusa.* Elle parait devoir se placer dans le genre *Lina* de Megerle.

(A. Chevr.)

Sur la distribution géographique des Coléoptères, dans les Alpes de la Suisse , par M. O. Heer (dans les Mittheilungen aus dem Gebiethe der Theoretischen Erdkande par J. Froebet et O. Heer. Zuerich 1834. 8°. Cah. 1 et 2, p. 36. p. 535.)

IV. NOUVELLES.

CHAUVE-SOURIS VAMPIRE. — M. Waterton, qui vient de publier à Londres, sous le titre de *Wanderings* (excursions), une relation de son voyage dans les Guyanes hollandaise, française et portugaise, dit qu'il a voulu juger par lui-même des piqûres faites aux personnes endormies par la chauve-souris Vampire. « J'ai, dit-il, la certitude que le Vampire suce le sang des hommes, et que si l'hémorrhagie n'était pas promptement arrêtée, la mort pourrait s'ensuivre. Je suis entré à dessein dans les antres obscurs que fréquentent ces mammifères ailés, et j'ai feint de m'endormir afin de braver leur morsure. J'ai eu la mortification de voir que les Vampires dédaignaient mon sang, qu'ils trouvaient apparemment trop grossier, tandis que l'un d'eux savourait avec délices l'orteil d'un jeune domestique indien, couché près de moi et endormi d'un profond sommeil. Pendant onze mois de suite, je couchai seul au milieu de ces vastes forêts, dans la cabane isolée d'un bûcheron ; les fenêtres en étaient détruites, le Vampire venait toutes les nuits visiter l'intérieur de la maisonnette, et faisait jusque sur mon hamac la chasse aux insectes nocturnes, mais jamais il n'a daigné me faire la moindre piqûre. »

—M. *Silbermann* vient de nous remettre un Hanneton commun (*melolontha vulgaris*) qui présente un cas d'hermaphrodisme bien positif. Cet insecte offre à gauche une antenne de mâle et à droite une antenne de femelle. Le corps appartient au sexe femelle.

—M. *De Spinola,* savant entomologiste génois, nous apprend que M. *Géné* vient de partir pour continuer son exploration de la Sardaigne. M. *Chiesi,* de Pise, va passer quelques mois en Corse pour y observer les animaux articulés ; enfin, deux jeunes Piémontais, attachés au professeur *Géné*, vont compléter les matériaux que ce savant recueille sur la Faune insulaire de l'Italie, en passant six mois dans la Sicile, occupés à la recherche des animaux de ce pays.

NÉCROLOGIE.

La Société Cuvierienne, a peine à son début, vient d'é-prouver une perte bien cruelle par la mort de M. T. COCTEAU, l'un de ses fondateurs les plus zélés et les plus savans. Les membres de la Société comprendront toute la grandeur de cette perte en lisant la note nécrologique suivante, rédigée, sur notre demande, par un de nos confrères.

Et nos quoque amavit......

Jean-Théodore COCTEAU, né à Paris le 15 mars 1798, vient d'être enlevé le 13 mai dernier à ses amis et aux sciences, par une fièvre ataxique, après 47 jours de souffrances, malgré les efforts et les talens réunis des docteurs Baron et Louis, les soins assidus de M. Duméril et le dévouement de son ami d'enfance le docteur Leroy d'Étiolles.

En vain, au milieu de sa période, le mal parut-il cesser un moment et laisser croire à un prochain rétablissement. Cocteau ne put résister au besoin d'aller prodiguer ses soins à son père, frappé d'une hémiplégie soudaine à la vue de son fils unique en proie à un des plus violens paroxysmes de la fièvre; les sorties imprudentes qu'il fit à cette époque réveillèrent des symptômes à demi éteints. Délaissant les conseils de ses amis pour n'écouter que sa piété filiale, il bravait la rigueur de la saison si funeste à son état, et à la dérobée, il se livrait encore à des travaux que la fièvre ne pouvait le forcer d'interrompre. Elle reprit donc plus vivement que jamais, et en peu de temps le conduisit au tombeau.

Placé par son père, sous-chef au ministère de l'Intérieur, dans la pension de M. l'abbé Liautard, il y fit d'excellentes études et se lia, dès cette époque, avec MM. Leroy d'Étiolles et Percheron de cette amitié d'enfance dont l'intimité faisait leur bonheur mutuel. Ses humanités étant terminées, et destiné à la médecine par ses parens, il en embrassa l'étude avec ardeur et s'y livra avec succès. Interne à l'hôpital Saint-Louis, sous le docteur Richerand, il se fit remarquer constamment par son aptitude dans les fonctions qui lui étaient dévolues, et sut se concilier l'affection longue et durable de ses chefs comme celle de ses collègues. Bientôt la bienveillante amitié du docteur Baron, auquel il dédia aussi sa thèse, lui facilita ses premiers pas dans le monde, appui qui ne le quitta que lorsque la mort eut glacé la main du protégé dans celle du protecteur.

Plus tard, assidu aux leçons des Cuvier, des Dupuytren, quoique docteur, il ne dédaigna pas de s'asseoir encore sur les bancs des écoles et de suivre nombre de cours avec une assiduité constante, tant était vif chez lui le désir de s'instruire.

1814 ne le vit pas non plus étranger aux mouvemens politiques de cette époque; employé au Val-de-Grâce, après avoir pansé nos blessés, il prit les armes sous les murs de Paris, et sut se distinguer dans le pénible service de notre artillerie nationale.

Cependant un goût irrésistible l'entraînait vers les sciences naturelles, et la facilité étonnante dont il était doué, sa mémoire prodigieuse lui firent bientôt prendre goût à cette étude si attrayante. L'*Erpétologie* lui parut de toutes les branches de la zoologie celle qui réclamait le plus un examen sérieux; elle le fixa: dès-lors il s'y adonna exclusivement, et fit bientôt paraître divers mémoires remplis de savoir et d'intérêt (1).

Les Reptiles rapportés d'Égypte en 1829 par son ami M. A.

(1) Nous citerons les suivans : Notice sur l'*Ablepharis Leschenault*. (Magasin Zoologique de M. Guérin-Méneville.)

Notice sur le genre de Reptiles ophidiens, nommés *Uropeltis* par Cuvier, et description d'une espèce de ce genre (mars 1833). (*Id.*)

Notice sur le genre *Gerrhosaurus*, et sur deux espèces qui s'y rapportent (mars 1834). (*Id.*)

Notice sur un genre peu connu et imparfaitement décrit de Batraciens anoures à carapace dorsale osseuse (*G. Ephippifer*), et sur une nouvelle espèce de ce genre (juin 1835.) (*Id.*)

Notice sur un genre peu connu de Lézards ovipares (*G. Zootoca*, *Wagl.*), et sur une nouvelle espèce de ce genre (septembre 1835). (*Id.*)

Conjectures sur l'origine d'un des Cryptes mortuaires de Qasr, oasis de Bahryeh (mars 1836. Journal asiatique).

Tabula synoptica Scincoïdorum, manuscrit présenté à l'Institut, sur lequel, en janvier 1837, M. Duméril fit le rapport le plus flatteur.

Nouveau groupe de Sauriens qui lie les *Anolis* aux *Geckos*, Mémoire lu également le 29 août 1836 à l'Académie des sciences.

Dans le Dictionnaire pittoresque d'histoire naturelle, on remarque en première ligne, l'article *Erpétologie*, puis les articles *Baleine*,

L*** , lui fournirent une nouvelle occasion de recherches studieuses , et les diverses espèces de *Scinques* qui se trouvaient dans cette collection , lui donnèrent l'idée première de son ouvrage sur ces reptiles, qu'il continuait depuis avec ardeur. Bientôt en correspondance suivie avec les Erpétologistes étrangers les plus distingués de notre époque , nos Cuvier , nos Geoffroy , nos Duméril, surent dès-lors apprécier à leur juste valeur les talens de ce jeune savant, que le dernier d'entre eux honora de son amitié toute particulière. Ce fut vers ces derniers temps que M. Ramon de la Sagra lui confia la partie Erpétologique de sa Faune de Cuba. Cette portion difficile , traitée avec une érudition remarquable et dont la mort l'empêcha de corriger les dernières feuilles , prouva tout ce que la science avait à espérer d'un auteur qui débutait par des investigations aussi profondes et aussi consciencieuses.

Quelques libraires ayant hésité à se rendre éditeurs de ses *Etudes sur les Scincoïdes* (ouvrage important qui exigeait une mise de fonds considérable), Cocteau , bien que privé de fortune et réduit aux seules ressources pécuniaires que lui procurait une clientelle fort modeste, seul, à force de privations, qu'il croyait ignorées, entreprit la publication de son travail, en édita à ses frais la première livraison , et sans se décourager par les refus que lui faisait le ministère de souscrire pour quelques exemplaires, il se préparait à faire paraître la seconde lorsque la mort le surprit.

Il serait difficile de se faire une idée du travail opiniâtre auquel il se livrait journellement ; aucun de ses momens n'était perdu ; les heures qu'il pouvait dérober à sa clientelle étaient consacrées à des recherches pénibles dans les bibliothèques, à des études dans les collections, et la nuit il rédigeait les notes prises à la hâte durant la journée.

Batraciens , *Boa* , *Caméléon, Cétacés, Chélonées, Chéloniens* , *Emyde*, *Gecko* , *Grenouille* , etc. , dont il fut chargé.

Le Dictionnaire de la conversation, l'Encyclopédie d'éducation, etc., lui doivent aussi d'excellens articles.

Antérieurement (le 28 juillet 1835), il avait lu, à l'Académie royale de médecine , un Mémoire rempli d'intérêt sur *la reproduction du cristallin ;* ce travail a été honoré d'un rapport favorable , etc., etc.

Comprenant la nécessité de connaître les langues étrangères, il apprit successivement et sans maître, l'italien, l'allemand, l'espagnol, l'anglais et un peu de suédois : à ces connaissances il faut joindre les langues anciennes qu'il possédait fort bien, surtout le latin qu'il écrivait avec une certaine élégance.

Familier avec les autres sciences naturelles, il était en outre bon littérateur, et souvent en l'entendant raisonner avec une étonnante facilité sur tant de choses diverses, on se demandait comment il avait eu le temps d'accumuler autant de connaissances aussi variées; car il était presque impossible de le prendre au dépourvu, quelque sujet que l'on traitât devant lui.

Doué, comme nous l'avons déjà dit, d'une mémoire extraordinaire, il lui suffisait d'une seule fois pour se rappeler le moindre fait, la moindre lecture, quelque frivoles qu'ils puissent être : aussi sa conversation piquante et instructive captivait-elle au plus haut degré. Observateur judicieux, il avait la critique facile, et malgré lui, au premier coup d'œil, le plus petit défaut le choquait, bien avant qu'il fut frappé de la perfection de l'ensemble. C'est pour cela qu'il était naturellement enclin à la censure ; et, alors qu'il donnait sur ce sujet un libre essor à sa verve étonnante, se développait chez lui cette facilité d'élocution vive et mordante qu'il faisait étinceler de traits remplis d'esprit et d'érudition. Ardent dans la discussion, il cédait difficilement à ces raisons qui éblouissent, soutenait avec force son opinion, ne se rendant à l'évidence que lorsqu'elle lui était mathématiquement démontrée.

Si on envisage Cocteau comme médecin philanthrope, on n'aura pas moins de regrets à exprimer sur la tombe de cet excellent homme. Il pratiquait la charité dans l'ombre et sans bruit. Plus d'une fois Théodore partagea avec l'indigent, auquel il portait des secours, le peu d'argent qu'il possédait, et d'un autre côté il n'osait réclamer du riche le juste tribut de ses peines et de ses soins. Cette vertu, cette retenue, il les pratiquait dans toute leur acception, et son bon cœur trouvait toujours quelque occasion d'aider le pauvre et d'excuser l'opulent de son oubli, ou plutôt de son injustice.

A l'époque où le choléra exerça ses ravages dans la capitale, Cocteau se jeta à corps perdu dans l'épidémie, et paya de sa personne aux premiers rangs de ceux qui combattirent ce terrible fléau. Bien que frappé lui-même des premières douleurs, il n'en continua pas moins de voler là où le danger et l'humanité souffrante l'appelaient et, en même temps que la ville de Paris lui décernait une médaille, l'administration es hôpitaux lui confiait à cette époque mémorable un service à l'hôpital Saint-Louis, en remplacement d'un de ses médecins atteint de la maladie.

Là, comme praticien, on put le juger. En général, sobre de tout système, voyant avec justesse, il savait emprunter à chaque théorie ce qu'il croyait devoir en tirer d'utile, cherchant toujours à ramener l'art de guérir à la noble simplicité hippocratique.

Malgré ces belles qualités, trop franc, trop sévère dans ses principes pour avoir recours même aux moyens les plus avoués pour se produire comme médecin dans le monde, ne pouvant se plier à ces usages de société à l'aide desquels on a vu quelquefois s'étayer à leurs débuts les plus belles réputations, Cocteau ne sut jamais se faire une nombreuse clientelle, et, contre son intérêt, dans sa brusque franchise, il ne savait pas assez farder sa manière de penser à ce sujet.

Aimé comme un frère bien tendre du célèbre inventeur de la lithotritie, il suivit ses premiers essais, ses premières expériences. Cet opérateur habile se plaisait à rendre Théodore le confident de ses projets, de ses ingénieuses inventions, s'éclairant de ses avis, et plus tard c'était encore lui qu'il appelait lorsque le secours d'une main sûre lui était nécessaire pour le seconder dans une opération difficile. Aussi se plaît-il à redire tout ce qu'il dut à la sagesse de ses observations et surtout à sa franchise. Et lorsque, baignant de ses larmes les restes glacés de son ami le plus cher qu'il n'avait pu sauver, Leroy d'Étiolles regrettait en lui le compagnon de toute sa vie, il ajoutait : « *Je perds plus qu'on ne pense, car lui me disait la vé-* » *rité, il me la faisait entendre sans détours* »; paroles qui honorent et le savant qui n'est plus et celui qui nous reste !

Ami aimant autant qu'aimé, il serait difficile de dire à quel point Cocteau poussait le dévouement pour ses malades. Plein d'une sollicitude à laquelle il ne savait pas mettre de bornes, pour lui les distances à franchir, et les longues veilles des nuits, n'étaient rien, lorsqu'il s'agissait de ceux qu'il affectionnait. Avec quel zèle ne l'avons nous pas vu prodigue de ses soins en tant d'occasions, avec combien de modestie ne recevait–il pas les témoignages d'une reconnaissance si justement acquise !!

Cependant, pour résister aux fatigues de sa profession, et surtout à celles des travaux scientifiques auxquels il se livrait avec une imprudente ardeur, il aurait fallu à Théodore Cocteau une constitution plus robuste que la sienne. Sa poitrine était faible, ses amis redoutaient pour lui un mal caché dans cet organe, et ne voyaient pas sans une certaine inquiétude que les moindres affections épidémiques ne l'épargnaient pas.

Pourquoi les doux soins d'une compagne ne lui furent–ils pas accordés ? Pourquoi faut-il que les chagrins domestiques d'un ami qu'il aima tant aient été si vivement partagés par lui dans ces dernières années, et n'aient que trop contribué à le faire persister dans sa funeste hésitation ?

N'en doutons pas, bon comme il était, doué d'un cœur ardent et passionné, une femme, en charmant sa vie intérieure, eût été heureuse de lui prodiguer ce tendre dévouement, dont les douceurs lui étaient si nécessaires, et qu'il ne connut jamais.

Et à nous aujourd'hui, à nous qui eûmes le bonheur de le connaître et d'en être aimé, il ne laisserait pas ces longs pensers qui brisent le cœur et que termine une larme, cette absence de lui..., de cette main amie que l'on ne peut plus serrer !... Ah ! le temps aura vieilli avant qu'il ait comblé ce vide affreux !!!

A. L.

N. B. Nous nous plaisons à annoncer que le peu de notes qu'a laissées M. le docteur Cocteau seront remises à M. G. Bibron, aide naturaliste au Muséum de Paris, que M. de la Sagra a prié de vouloir bien terminer la partie Erpétologique de sa Faune de Cuba.

Peut-être même M. Bibron, si les circonstances le lui permettent, donnera-t-il une suite aux *Études sur les Scincoïdes*, entreprises par celui avec lequel les mêmes études et les mêmes goûts l'avaient depuis long-temps uni de la plus intime amitié.

Les restes de M. Cocteau sont déposés au cimetière Montmartre, pièce la Chapelle, 7ᵉ ligne, 1ᵉʳ carré, nº 17.

REVUE

ZOOLOGIQUE.

JUIN 1838.

I. SOCIÉTÉS SAVANTES.

ACADÉMIE ROYALE DES SCIENCES DE PARIS.

Séance du 4 juin. — M. *Geoffroy Saint-Hilaire* lit une note intitulée : *De la loi d'attraction de soi pour soi*, et nouveaux efforts de l'inventeur pour en présenter le principe comme une annexe étendant les vues de la gravitation universelle de Newton. — L'on donnera une idée de cette note dans un article sur l'ouvrage du savant académicien, intitulé : *Notions de philosophie naturelle*. Cet article nous a été promis par un élève de M. Geoffroy Saint-Hilaire.

M. *Larrey* lit un mémoire intitulé : *Remarques sur la constitution des Arabes, qu'on peut considerer comme la race primitive de l'espèce humaine ou comme son prototype*, avec l'intention de les faire servir aux recherches qu'une commission scientifique est chargée d'aller faire dans nos possessions d'Afrique. — Le titre de ce travail indique assez le but que s'est proposé l'auteur qui cite les observations qu'il a publiées dans sa relation chirurgicale de l'armée d'Orient.

M. le docteur *Antelme* présente un nouvel instrument destiné à mesurer les dimensions de la tête. L'auteur l'accompagne d'un mémoire et de nombreuses figures utiles à la description ou propres à donner une idée des résultats de son application. MM. Serres, Isidore Geoffroy Saint Hilaire et Breschet ont été désignés pour procéder à son examen.

L'instrument dont il s'agit est un *Céphalomètre* qui réunit les avantages partiels des Goniomètres et des Craniomètres.

Tom. I. Année 1838.

D'un point central , il donne tous les rayons de la périphérie de la tête avec l'indication de leur position topographique; il se prête facilement aux recherches, soit qu'on veuille représenter les diverses parties de la face ou du crâne par certaines coupes, par la somme de divers rayons, ou par diverses parties sphériques.

Le mémoire donne une idée des résultats qu'on peut atteindre par la simple évaluation des aires de diverses coupes, et les formes y sont reproduites par des dessins d'une vérité d'autant plus grande qu'ils ne sauraient avoir rien d'arbitraire. L'accroissement prodigieux de la face relativement au crâne y est suivi dans les divers âges du *Simia satyrus* et du Mandrill ; le développement des parties antérieures du crâne relativement aux postérieures chez l'homme , selon les progrès de la civilisation , d'après les recherches de l'abbé Frère , y est aussi figuré. Mais un point des plus importans et sur lequel M. Antelme appelle surtout l'attention , c'est l'établissement de *types* obtenus par les moyennes d'un grand nombre d'individus et qui sont la généralisation individualisée, ou en quelque sorte l'idéalité matériellement réalisée. Le type de la tête d'homme et celui de la tête de femme, résultant de la moyenne de quarante individus des deux sexes , y sont donnés pour exemple.

Enfin l'auteur , se fondant sur la précision toute mathématique du Céphalomètre, précision que nul instrument de ce genre n'avait offert jusqu'à ce jour., espère pouvoir offrir bientôt des travaux utiles sur les caractères physiques des âges , des sexes, des races, des propensions morales , etc. Il est certain qu'il y aurait là un grand service à rendre à la science , non seulement sous le rapport du degré de certitude donné à l'observation , mais aussi à cause de la facilité qu'on y trouve. Des voyageurs , qui ne sauraient rapporter des pays lointain d'énormes collections de crânes, prendraient aisément des moyennes sur un grand nombre d'individus morts ou vivans et ils auraient l'expression des faits généraux avec une rigueur que n'offre pas un échantillon plus ou moins bien choisi et qui n'est jamais au fond qu'une individualité. Les physiologistes et les philosophes ne seraient pas non plus les seuls à y gagner, mais les sculpteurs et les peintres pourraient trouver aussi dans ces observations d'utiles documens.

Séance du 11 juin. — On lit l'extrait suivant d'une lettre M. *Matteucci* à M. *Dulong*, dans laquelle le physicien italien annonce que de nouvelles expériences, qu'il vient de faire sur la Torpille, confirment pleinement les résultats auxquels il était déjà arrivé relativement à l'inégale puissance des diverses parties du cerveau pour produire des commotions ; ainsi, les hémisphères cérébraux peuvent être touchés, blessés et même enlevés, sans qu'il se produise de décharge ; on en obtient, mais seulement lorsque l'animal est très-vivace, des couches optiques situées entre les hémisphères cérébraux et le cervelet. Quant au quatrième lobe, on ne peut le toucher sans qu'il donne la décharge, et l'effet se produit encore quelque temps après la mort de l'animal ; ce lobe enlevé, toute décharge cesse.

Séance du 25 juin. — M. *Geoffroy Saint-Hilaire* père, qui voyage présentement en Belgique, envoie de Liége une *Note sur l'Ostéologie des Oiseaux-mouches.* Il a mis a profit pour la rédiger l'intéressante collection de M. Jacques Kets, à Anvers, où se trouve un squelette d'oiseau-mouche admirablement préparé par des fourmis.

M. Geoffroy passe en revue les diverses parties du squelette, pour montrer à quel développement *proportionnel* la plupart y sont parvenues, et quelles modifications curieuses s'y produisent, sans que la loi de l'unité de composition organique soit enfreinte en quelque partie que ce soit.

M. *Isidore Geoffroy St-Hilaire* présente un travail manuscrit intitulé : *Notice sur les Rongeurs épineux désignés par les auteurs sous les noms d'Échimys, Loncheres, Hétéromys et Nélomys.* — M. *Jourdan*, dans un mémoire présenté à l'Académie à la fin de 1837, et sur lequel un rapport a été fait par M. Frédéric Cuvier, dans la première séance de cette année, a proposé de séparer des *Echimys* proprement dits, l'*Échimys huppé* et une espèce alors nouvelle qu'il avait reçu du Brésil ; il a donné à ces deux espèces le nom générique de *Nélomys.* Dans le mémoire dont nous rendons compte, M. Isodore

Geoffroy soumet à une discussion étendue les caractères du genre *Nélomys*, qui lui paraît devoir être admis, non exactement tel que l'avait pensé, d'après deux espèces seulement, M. Jourdan. Il n'est pas exact, par exemple, que tous les vrais *Echimys*, c'est-à-dire les espèces à pieds très-allongés et grêles, aient la queue écailleuse, et que dans tous les *Nélomys*, la queue soit au contraire velue. C'est (avec les proportions des membres) le système dentaire, plus simple dans les premiers et plus complexe dans les seconds, qui distingue surtout les genres.

M. Isidore Geoffroy soumet ensuite à un examen détaillé toutes les espèces connues, et deux entièrement nouvelles, pour déterminer auquel des deux genres épineux elles doivent être rapportées. Voici un aperçu de cette partie de son travail :

Genre *Échimys*. Ses espèces sont les suivantes *Échimys setosus*, Geoffroy Saint - Hilaire ; *Échimys Cayennensis*, Geoffroy Saint–Hilaire, *Echimys spinosus*, Geoffroy Saint–Hiliaire, *Échimys hispidus*, Geoffroy Saint-Hilaire, et une espèce nouvelle du Brésil, que M. Isidore Geoffroy appelle *Albispinus*, et dont voici la caractéristique. — Queue écailleuse avec quelques poils courts, bruns à la face supérieure, blanchâtres à l'inférieure. Dessus du corps d'un brun rougeâtre, un peu plus clair sur les flancs : dessous du corps et la plus grande partie des pattes d'un blanc pur. — Des piquans très-forts, très-nombreux, peu mélangés de poils et répandus jusque sur la croupe et les cuisses ; ceux des parties latérales a extrémité blanche. Taille moins de deux centimètres ; queue à peu près de même longueur que le corps et la tête. — Hab. l'île de Déos sur la côte du Brésil près de Bahia.

Le *Loncheres Myosuros* des auteurs allemands se place aussi dans ce genre, mais il est très-douteux qu'il constitue une espèce distincte.

Genre *Nelomys*. Ses espèces sont : *Nelomys cristatus*, (*Echimys cristatus*, Geoffroy Saint-Hilaire), *Nelomys Blainvillii*, Jourdan, *Nelomys paleaccus* (*Loncheres paleacea*, Illig.) ; *Nelomys didelphoïdes* ; (*Ech. didelphoïdes*, Geoffroy

Saint-Hilaire); *Nelomys armatus* (*mus hispidus* de Lich-tenstein qui l'avait confondue avec l'*Echimys hispidus*, Geoffroy Saint-Hilaire), et une espèce nouvelle de Carthagène, nommée par M. Isidore Geoffroy *N. semi-villosus.* En voici la caractéristique. — Queue écailleuse (sauf la base) mais encore avec des poils nombreux de couleur fauve. Corps d'un brun roussâtre tiqueté de jaune, avec le dessous plus clair : des piquans médiocrement forts sur le corps ; d'autres plus faibles, mais encore très-raides et très-aplatis, sur la tête. Taille, un peu moins de deux décimètres ; queue ayant pareillement un peu moins de deux décimètres, et par conséquent égale au corps et à la tête. — Hab. la Nouvelle-Grenade.

On voit que M. Isidore Geoffroy ne place ni parmi les *Echimys*, ni parmi les *Nelomys*, le singulier rongeur connu sous le nom d'*Echimys dactyiinus.* Celui-ci, qui n'est pas même épineux, comme tous les précédens, s'en distingue par plusieurs autres caractères importans, et M. Isidore Geoffroy en fait le type d'un genre distinct qu'il nomme Dactylomys, et qu'il caractérise ainsi. — Corps couvert non de piquans, mais de poils, et terminé par une longue queue nue et écailleuse, sauf sa base qui est velue. — Pattes courtes, les antérieures tétradactyles, avec les deux doigts intermédiaires extrêmement longs et armés, aussi bien que les latéraux, d'ongles courts et convexes ; pattes postérieures pentadactyles, les trois doigts intermédiaires a ongles médiocrement comprimés et allongés. Les deux externes, qui sont courts, a ongles courts et convexes. A chaque mâchoire quatre molaires dont les supérieures divisées transversalement par un sillon en deux portions subdivisées par une échancrure ; les deux rangées des molaires supérieures assez rapprochées en arrière, presque contiguës en avant.

On ne connaît encore dans ce genre que l'*Echimys dactylinus*, que M. Isid. Geoffroy appelle *Dactylomys typus.*

M. *De Blainville* lit un rapport sur les ossemens fossiles recueillis par M. Lartet aux environs de Sansan. Ce rapport est très-favorable et les conclusions du savant anatomiste sont que l'Académie doit des remerciemens à M. Lartet, pour le zèle qu'il n'a cessé de montrer dans l'intérèt de la science.

II. TRAVAUX INÉDITS.

NOTE sur l'animal de la SOLÉMYE, par M. E. DE SAULCY.

M. de Saulcy, officier distingué de la marine royale , ayant séjourné quelque temps dans la Baie de Tunis , a pu étudier plusieurs Mollusques à l'état de vie , et nous adresse les observations suivantes qu'il a faites sur le genre SOLÉMIE de Lamarck.

« L'animal est blanc et enfermé dans son manteau , ses branchies consistent en deux lames ou feuillets rangés symétriquement ; il a deux tubes inférieurs, qui viennent aboutir à un petit trou circulaire percé dans une des extrémités du manteau , où ils s'épanouissent en une petite étoile dont les branches sont presque toujours en mouvement ; à l'autre extrémité de la coquille , le manteau est ouvert par une fente assez grande , frangée sur ses bords , cette fente est à peu près de la longueur de la moitié de la coquille. C'est par cette issue que l'animal fait sortir un pied très-long et très-vigoureux , qui lui sert à s'enfoncer rapidement dans la vase et dans le sable par un mécanisme bien simple et fort remarquable. Cet organe , fendu obliquement à son extrémité , mais dans le plan diamétral de la coquille , peut à volonté s'allonger en pointe extrêmement aiguë et s'épanouir en un disque étoilé et en une infinité de pointes. Cette disposition singulière et les brusques mouvemens de contraction de l'animal , me déterminèrent à mettre plusieurs Solemyes dans un vase transparent où j'avais mis de l'eau de mer avec une assez grande quantité de sable; en peu d'instans elles eurent toutes disparu. Voici comment elles procèdent : elles commencent par fouiller le sable en enfonçant leur pied aussi profondément que possible, et, lorsqu'il a pénétré de toute sa longueur, elles l'épanouissent en un disque dont le diamètre est presque aussi grand que celui de la coquille. Elles laissent alors au sable le temps nécessaire pour se tasser , et quand par son poids il leur presente un point

d'appui convenable, ramènent brusquement à elles leur pied
ainsi dilaté ; trois ou quatre contractions semblables leur suffisent pour que la coquille, dabord couchée sur le sable, puisse
prendre une position verticale. Quand elles en sont parvenues
à ce point, chaque mouvement les fait enfoncer très-sensible-
ment et elles pénètrent ainsi jusqu'à une profondeur d'environ
dix-huit pouces. L'épiderme de la coquille en dépasse de beaucoup les bords et recouvre une partie du manteau.

C'est dans la baie de Tunis que j'ai pu observer cette coquille curieuse ; mais tous les individus que j'ai eu entre les
mains ne dépasssaient pas huit à dix lignes de longueur. »

NOTE sur une nouvelle espèce d'Hyménoptère du genre MYZINE,
par M. GUÉRIN MÉNEVILLE.

M. Roussel, pharmacien en chef de l'armée d'Afrique,
a bien voulu nous remettre un individu du genre Myzine,
qu'il a recueilli pendant les mois de juillet et d'août près
d'Alger, sur les fleurs de l'*Ammi visnaga*. Cette Myzine
est nouvelle ; elle a beaucoup d'affinité avec les *M. hœmorrhoï-
dalis* et *Servillei*, que nous avons décrites dans notre Monographie de ce genre, dont le prodrome a été publié à l'article
MYZINE de notre Dictionnaire d'histoire naturelle, mais elle se
rapproche plus de la seconde de ces espèces, près de laquelle
nous la placerons. En la dédiant à M. Roussel, nous voulons
donner à ce naturaliste, aussi modeste que savant, un témoignage de notre amitié et de la satisfaction que nous avons
éprouvée en voyant qu'il avait si bien utilisé le peu de temps
que ses fonctions lui laissaient, en étudiant avec fruit les productions naturelles des environs d'Alger.

MYZINE DE ROUSSEL, *Myzine Rousselii*, Guer. — Tête
noire, avec les antennes d'un fauve brun, un peu plus jaunes en
dessous. Thorax noir avec une assez grande tache jaune de chaque
côté, au bord antérieur. Aîles transparentes, incolore, à nervures brunes. Pattes jaunes avec la base des cuisses noire.
Abdomen noir, à segmens un peu étranglés, avec le dernier
segment et l'épine d'un rouge brique ; tous les autres ayant
chacun trois taches jaunes, placées au bord postérieur, l'une

au milieu , étroite , et les deux autres, beaucoup plus grandes et arrondies , placées sur les côtés. Dessous sans taches. — Long. : 9 millim. — D'Alger.

M. Lucien Buquet nous a adressé, pour le Magasin de Zoologie, la description et la figure d'un nouveau genre de Coléoptère, voisin des Lucanes et surtout des Lamprimes, auquel M. le comte Dejean a donné le nom d'*Orthognathus* , dans sa collection. Comme ce nom est employé par M. Schonherr, dans son grand ouvrage sur les Curculionites, t. IV, part. 2, pag. 813, M. Buquet a été obligé d'en donner un autre au genre qui nous occupe.

Genre SPHÉNOGNATHE , *Sphænognathus* , Buquet.—Mandibules trois fois plus longues que la tête chez les mâles , très-courtes dans la femelle , droites , dentées en scie au côté interne , anguleuse et terminées par un crochet. Antennes de dix articles , le premier aussi long que les suivans réunis , le second très-court , les troisième et quatrième cylindriques , plus longs, les suivans en fenillets épais disposés en manière de peigne , etc.

S. prionoides , Buquet. Dej.—*S. castaneus capite thoraceque subrugosis, lateribus cupreo-æneis; elytris corrugatis, tibiis anticis spinosis, posticis flavis : antennis tarsisque nigro-piceis.*—Long. : 37 mill. Larg. : 15 mill. Hab. la Nouvelle-Grenade en Colombie.

La description plus détaillée et la figure de cet insecte paraîtront dans un prochain cahier du Magasin de Zoologie.

NOTE monographique sur le genre TESSEROCÈRE , *Tesserocerus* de Saunder, par M. GUÉRIN-MÉNEVILLE.

Dans un mémoire sur quelques nouvelles espèces de Coléoptères de Monte-Vidéo, inséré dans le troisième cahier des Transactions de la Société Entomologique de Londres pour 1836, M. Saunder fait connaître , sous le nom générique de *Tesserocerus*, une espèce de *Platypus* fort extraordinaire par la forme de son antenne, et à laquelle il donne le nom de *Platypus* (*Tesserocerus*) *insignis* en la figurant à la pl. 14 , fig. 6.

Nous n'avions pàs encore reçu ce 3ᵉ cahier des Tansactions de la Société Entomologique, lorsque M. de Spinola nous fit parvenir, le 11 novembre 1837, un mémoire sur un nouveau genre de Coléoptères, qu'il nommait *Damicerus*, et qui avait pour type et espèce unique, le *Damicerus agilis*, Spinola. Ce mémoire nous étant adressé pour être publié dans notre Magasin Zoologique, nous fîmes graver la planche qui l'accompagnait, mais des circonstances indépendantes de notre volonté nous ont empêché de le faire paraître, ce dont nous devons nous applaudir pour M. de Spinola et pour nous, puisque ce retard involontaire nous a permis de recevoir le mémoire de M. Saunder et d'éviter un double emploi de noms génériques et spécifiques, le genre *Tesserocerus*, publié en 1836, par M. Saunder, étant le même que le genre *Damicerus* de M. de Spinola, dont la description nous a été envoyé le 11 novembre 1837.

Il résulte de tout cela que le nom de *Tesserocerus* doit être conservé, quoique M. de Spinola ait établi son genre *Damicerus* sans connaître le travail de l'entomologiste anglais. Cependant, comme le mémoire de M. de Spinola est des plus intéressans, comme il offre plus de détails et que sa figure est meilleure, nous le publierons dans le Magasin, en ajoutant en appendice la description de quatre espèces nouvelles que nous avons trouvées dans les collections de Paris. Voici, en attendant, la liste, avec une courte diagnose, des cinq espèces qui composent actuellement ce genre.

TESSEROCÈRE, Saunder. (*Damicerus*, Spinola.)

Ce singulier genre de Coléoptères xylophages est voisin des *Platypus*, mais il s'en distingue surtout par ses antennes, dont le premier article à un grand prolongement arqué et frangé, dépassant de beaucoup le second article et les suivans, par l'absence des cavités latérales du corselet et par des tarses très-longs, de cinq articles, ayant une rangée d'épines qui garnit supérieurement le premier article, en remplacement de la frange qui manque au bord inférieur.

1. *T. insignis*, Saund. (*Damicerus agilis*, Spinol.) Trans. Ent. Soc. 1836, t. I, pag. 155, pl. 14, fig. 6. — Long de 8 mill. : large de près de 2 mill.—Corps fauve, velu. Pattes plus pâles. Tête, deux taches sur le corselet, extrémité des élytres

et genoux noirs. Prolongement du premier article des antennes plus long que leur base , un peu épaissi au bout. Elytres ayant trois côtes arrondies et peu élevées, partant de leur base , se prolongeant au-delà de l'extrémité, qui est brusquement tronquée , et formant une couronne de six épines. — Cet insecte vient du Brésil. C'est probablement le *D. melanocephalus* du Catalogue de M. Dejean.

2. *T. bihamatus* , Guér. (*Denticornis ?* Dej.) — Long. : 8 mill. Larg. : 2 mill. 1/4. — Corps fauve avec les pattes plus pâles. Tête, dessus du corcelet en entier, extrémité des élytres et genoux noirs. Prolongement du premier article des antennes plus court que leur base, terminé presque en pointe. Elytres à trois côtes arrondies, terminées chacune par une couronne de trois épines saillantes , et ayant le bord externe prolongé en arrière en une grande dent courbée en dedans. — Hab. le Brésil. Serait-ce la femelle du précédent?

3. *T. inermis* , Guér. — Long. : 8 mill. Larg. : 2 1/2 mill. — Entièrement fauve avec les genoux et l'extrémité des élytres bruns. Prolongement du premier article des antennes plus court que leur base , un peu plus arrondi au bout. Elytres ayant des stries de points enfoncés et de faibles côtes, presque effacées vers la base , mieux marquées en arrière et se terminant à la troncature postérieure par des dents peu saillantes. Partie inférieure de cette troncature aplatie en une sorte de lame sans épine. — De Cayenne , collection de M. Buquet.

4. *T. retusus* , Guér. — Long. ; 6 mill. Larg. : 2 mill. — D'un brun presque noir avec le dessous et les pattes plus pâles ou d'un fauve testacé, genoux noirs. Prolongement du premier article des antennes très-court , dépassant à peine l'insertion de l'article suivant et arrondi au bout. Elytres ayant chacune cinq côtes saillantes , prolongées en arrière en cinq dents assez aiguës, la dent la plus rapprochée de la suture étant la plus saillante, troncature postérieure simple , sans dents ni épines à la partie inférieure , et garnie d'un duvet jaune. — Du Mexique , collection de M. Gory.

5. *T. affinis* , Guér. — Long. : 6 mill. Larg. un peu plus de 2 mill. — Presque entièrement semblable au précédent ,

mais un peu plus épais, il n'en diffère que par la troncature postérieure de chaque élytre, qui offre inférieurement une large dent tronquée obliquement et très-saillante ; il n'y a pas de duvet jaune comme au précédent. — Du Mexique, coll. de M. Gory.

Chez ces deux espèces le prolongement du premier article de l'antenne est si court, qu'on pourrait les considérer comme établissant le passage aux vrais *Platypus* chez lesquels ce prolongement n'existe plus.

Sur le nouveau genre PIEZORHOPALE, *Piezorhopalus*, par M. GUÉRIN-MÉNEVILLE.

Ce nouveau genre est très-voisin des *Tomicus*, Latr. (Règ. animal, t. V, p. 92); mais il en diffère par ses antennes qui, au lieu d'être beaucoup plus courtes que le corselet, composées d'une base, puis de cinq ou six petits articles courts, mais très distincts, et d'une massue large, plate et moins longue que la base, sont au moins aussi longues que le thorax, formées seulement d'un grand article basilaire renflé vers le bout, de deux très-petits articles triangulaires et d'une grande et large massue aplatie, au moins aussi longue que la base. Cette conformation d'antennes ne se rencontre chez aucun des genres connus, comme on peut le voir en examinant la pl. 40 de notre Iconographie du Règne animal. Nous ne connaissons qu'une espèce de ce genre, elle se trouve au Brésil et nous a été communiquée par M. Buquet.

Piezorhopalus nitidulus, Guér. — Long. : 7 mill. Larg. : 3 mill. — Cylindrique, noir, très-luisant. Prothorax plus long que large, arrondi en avant, finement ridé en dessus, ces rides augmentant de force en avant et formant des rugosités et des aspérités assez fortes sur la partie qui recouvre la tête. Tête entièrement cachée, a mandibules saillantes, fortes, triangulaires et faiblement tridentées en dedans. Antennes grandes, leurs trois premiers articles rouges, la massue noirâtre avec de longs cils fauves en dedans. Elytres très-lisses et luisantes, un peu plus longues que le corselet, tronquées obliquement à partir du milieu de leur longueur, avec les bords de cette coupure un peu relevés et armés chacun d'une forte deut au milieu. Pattes noires, luisantes, avec les tarses fauves, courts, à articles entiers et minces. Jambes antérieures armées au côté externe de cinq à six dents qui sont plus fortes vers l'extrémité. — Du Brésil.

III. ANALYSES D'OUVRAGES NOUVEAUX.

ATLAS MÉTHODIQUE des cahiers d'histoire naturelle adoptés par le Conseil royal de l'Instruction publique ; ou introduction à toutes les zoologies, par M. ACHILLE COMTE, professeur d'histoire naturelle à l'Académie de Paris, chef de bureau des compagnies savantes et des affaires médicales au ministère de l'instruction publique.—In-4° de 15 pag. à 2 colonnes et de 10 planches avec leur explication. Paris, 1838, au bureau du *Dictionnaire d'Histoire naturelle*, rue Saint-Germain-des-Prés, 4.

Poursuivant ses louables efforts pour répandre la connaissance de l'histoire naturelle, M. Achille Comte vient de doter la jeunesse studieuse d'un ouvrage qui sera bientôt entre les mains de tous les élèves, car il leur facilitera singulièrement l'étude de la zoologie.

Dans des considérations générales écrites avec une grande clarté et mises à la portée des jeunes gens, M. Achille Comte montre d'abord le but élevé de l'étude de l'histoire naturelle, qu'on pourrait définir, dit-il, l'intelligente contemplation des œuvres de Dieu ; il donne ensuite une idée sommaire des fonctions de la vie, il fait connaître l'organisation comparée des animaux et enfin leur classification, en suivant la méthode de notre célèbre Cuvier. Toutes ses explications sont rendues plus claires et plus faciles a bien comprendre, par des figures gravées sur bois et abondamment répandues dans le texte; enfin, l'ouvrage est terminé par cinq grands tableaux offrant la classification générale des animaux, éclairée par un grand nombre de figures, et celle des quatre grands types, les *animaux vertébrés*, les *mollusques*, les *articulés* et les *rayonnés*. Les figures dont ces cinq tableaux sont remplis, empruntées aux meilleurs ouvrages de notre époque, sont choisies avec un grand discernement et témoignent des profondes connaissances de l'auteur, qui a montré aux jeunes élèves les vrais types des classes fondées par Cuvier. Ces gravures sont exécutées avec une fidélité et une perfection remarquables, comme on peut le voir par les figures suivantes, extraites de l'ouvrage de M. Achille Comte et représentant, la première, une espèce nouvelle d'un genre fort rare, que nous avons publiée dans notre Iconographie du Règne animal, sous le nom d'*Erychte du Duvaucel*, et la seconde une belle et rare espèce du genre Allocère, publiée par M. Gory dans les Annales de la Société Entomologique de France.

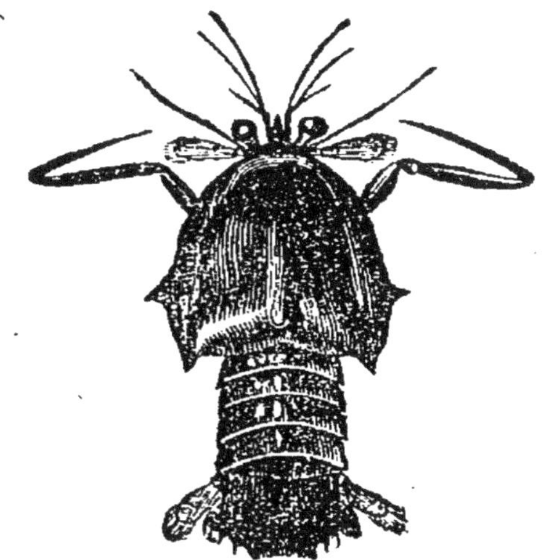

Erichte. Stomapodes.

Allocère. Coléoptères.

Quoique si riche en figures, l'ouvrage de M. Achille Comte a pu être livré à un prix très-modique ce qui est encore un élément de succès que les jeunes gens apprécieront.

(G.–M.)

ÉTUDES SUR L'OVOLOGIE, fragment de philosophie naturelle, par G. GRIMAUD DU CAUX, avec 5 pl.—Paris, au bureau du Dictionnaire pittoresque d'histoire naturelle, et chez Baillière. Prix : 3 fr.

Ce titre modeste d'*Etudes* et de *fragmens*, cache l'un des écrits les plus piquans et les plus remarquables qui soient sortis de la plume de M. Grimaud de Caux, dont les travaux littéraires rappellent si heureusement la clarté et la précision des écrits de Cuvier et de M. Arago, qu'il semble chercher à

prendre pour modèles. C'est ce dont il est facile de juger par
l'extrait suivant que nous copions textuellement et qui contient
une analyse succincte des matières importantes qu'il a traitées.

« Ayant été chargé par les éditeurs du Dictionnaire pittoresque d'histoire naturelle de rédiger le mot *Ovologie*, je me suis
trouvé en présence de l'une des questions les plus importantes
de la philosophie de la nature. C'est que cette question, en
effet, n'intéresse pas uniquement la science et ceux qui la cultivent ; les conséquences à en déduire ont un rapport immédiat
et très-prochain avec les doctrines les plus élevées de l'ordre
social. Dans un pareil état de choses, je me suis demandé, si
je devais me borner à une exposition pure et simple des faits
acquis, laissant au lecteur le soin de conclure selon son intelligence et ses impressions particulières ; ou bien, si, en racon-
tant les faits, il m'était permis de conclure moi-même et de
les interpréter à ma façon. Après bien des hésitations, dont le
motif principal était la crainte de mon insuffisance dans un
travail pour lequel je n'avais point l'appui d'études antérieures
spéciales, c'est 'e dernier parti que j'ai embrassé.

J'ai étudié la question sur toutes ses faces comme un homme
qui veut l'apprendre ; j'ai demandé à tous ceux qui s'en étaient
oncupés avant moi, un compte exact et précis des acquisitions
dont la science leur était redevable ; j'ai analysé tous leur travaux ; j'ai admis ou rejeté leur conclusions selon qu'elles me
paraissaient convenantes ou hasardées ; enfin j'ai interprêté
moi-même, très-souvent avec timidité, mais quelquefois aussi
avec assurance, les faits qui m'ont paru prédominans dans un
sujet aussi vaste et aussi compliqué, et il est résulté de ce travail une doctrine qui, à défaut de tout autre mérite, a du
moins celui de la netteté et (je demande la permission de répéter le mot que d'autres ont dit) de l'élévation.

La première partie de ces *Études sur l'Ovologie* se compose
d'un aperçu concernant la théorie des générations spontanées.
En affirmant avec Cuvier et une foule d'autres qu'il n'y a point
d'être doué de la vie qui ne soit descendu d'un parent, il fallait
bien couler à fond la doctrine de ceux qui prétendent que tous
les êtres qui peuplent le globe se sont formés eux-mêmes,

sans autre cause déterminante que la rencontre fortuite de leurs élémens constituans répandus de tout temps dans l'espace. Les raisons que j'ai trouvées, les expériences invoquées dont j'ai fait voir la futilité, m'ont amené à conclure comme Cuvier; mes lecteurs jugeront si ma conviction à cet égard est erronée ou si elle doit entraîner la leur. Je ferai observer seulement ici que les choses, relativement à la naissance des êtres, se passant aujourd'hui d'une façon différente de celle dont elles se seraient passées au commencement, d'après le système opposé à celui de Cuvier et au mien; il paraîtra toujours plus rationnel à un esprit dégagé de tout préjugé systématique, de penser qu'elles se sont constamment passées de la même manière; et, en effet, l'imagination a besoin de faire un effort pour concevoir qu'elles aient pu se passer autrement.

La seconde partie comprend une théorie complète de la formation de l'œuf. Et ici je ne puis m'empêcher de gémir sur la négligence que les savans apportent en général dans la rédaction de leurs écrits. Depuis qu'on parle d'ovologie et d'embryogénie, on a fait des cours, on a imprimé des livres, on a publié des mémoires; on s'est associé, qui deux, qui trois, les uns pour entendre, les autres pour écouter soi-disant et pour transcrire : et, malgré tant de soins, tant d'empressement, et, il faut bien le reconnaître, tant de fatigues, la science ovologique est encore un cahos, qu'on ne débrouille qu'avec la plus grande peine, lorsqu'on parvient à le débrouiller. Pour mon compte, j'ai sué plus d'une fois à cette tâche, et s'il me fallait recommencer sur nouveaux frais; j'y renoncerais certainement. Ceci est un malheur pour la science; c'est de l'obscurité des livres que proviennent tant d'idées fausses et saugrenues, tant de propositions mal sonnantes et ridicules qui se répètent dans un certain monde et qui édifient quelquefois fort mal le public sur le compte de la science et des savans. Est-il donc impossible d'être clair? je soutiens que non, je soutiens même qu'il est impossible de ne pas l'être à quiconque le veut bien. Ce qui est difficile, véritablement, c'est d'être conséquent, c'est d'avoir une raison ferme et droite assise au gouvernail, quand on veut embarquer son imagination sur le courant des explications hypothétiques et qu'on craint de se laisser aller à la dérive ; voilà la véritable difficulté.

Au lieu de cela, qu'un jeune observateur rencontre par hasard un fait nouveau (et notez ici que les faits nouveaux sont presque toujours venus par hasard pendant qu'on cherchait autre chose), voilà tout à coup sa tête qui se monte, son imagination qui fermente ; comme Archimède, il sort tout nu de son bain pour crier dans la rue : *je l'ai trouvé, je l'ai trouvé !*

Calmez votre tête, jeune homme : laissez refroidir votre cerveau, vous avez le transport : attendez pour écrire que vous soyez de sens rassis, et si vous êtes trop pressé, faites-vous ouvrir la veine. Mais au nom des dieux, pour l'intérêt de la science, s'il est vrai que vous lui portiez un véritable intérêt, pour votre intérêt prrticulier, laissez-là votre plume, jusqu'à ce que la fièvre soit passée..... Conseils inutiles ! le voilà parti, il fait des mémoires, il compose des livres, il veut reconstruire le monde entier. Il n'est pas encore maître et il parle de disciples ; vous verrez qu'il en trouvera. Avant Panurge les moutons sautaient à la file quand le premier avait franchi le fossé. Les entendez-vous maintenant s'écrier : la science n'était pas faite, c'est de nous qu'elle va dater. Déjà ils parodient le langage de Bossuet, en parlant de leur maître : *un homme s'est rencontré*, disent-ils..... Au milieu de tout ce vacarme, dites-moi où est la science ; la montagne a enfanté une souris.

J'avoue qu'au premier abord tout ce bruit que j'entendais faire à propos d'une vésicule m'avait étourdi ; j'ai eu besoin de me remettre. Puis, quand j'ai eu rassemblé mes idées, quand je les ai tirées au clair, je me suis aperçu que tout était comme auparavant et que la science n'avait pas fait un pas de plus. J'ai dit franchement ce qu'il en était sans hésitation et sans ménagement pour les intéressés de toute sorte, persuadé qu'en fait de science, lorsqu'on veut réellement être utile, i'. faut savoir prendre son parti pour la vérité sans se préoccuper de susceptibilités particulières ni de doctrines académique.

Dans la troisième partie de ces études je me suis borné au rôle d'historien. j'ai ramassé tous les faits relatifs à l'embryologie. Malheureusement ici la science est encore moins complète que partout ailleurs, et il y règne une telle confusion qu'il est impossible de s'y reconnaître. Cette confusion est due surtout à une fureur de néologisme déplorable au dernier degré. Si je n'ai pas tiré de conclusion générale, c'est que les matériaux que j'ai rassemblés ne m'ont paru, ni assez complets, ni assez concordans pour en motiver. J'ai l'espoir toutefois que la peine que je me suis donnée sera profitable à d'autres, qui avec plus de loisir et sans doute aussi plus d'aptitude, sauront lier entre eux les résultats acquis, élargir le champ de l'observation, qui m'a paru fort rétréci pour un pareil sujet, et le féconder par des idées nouvelles.

Au demeurant, il n'y avait point d'ouvrage systématique embrassant sous un seul point de vue les trois ordres de faits rassemblés dans cet écrit. J'ai cherché à remplir cette lacune ; j'ai fait mon travail avec conscience, mais surtout avec une parfaite indépendance d'esprit, et j'espère qu'on me tiendra compte de ces deux qualités, quelque disposé que l'on puisse être à me refuser toutes les autres.»

Cette préface résume parfaitement l'ouvrage, qui est écrit dans un style aussi clair et aussi piquant, et ne peut qu'exciter au plus hautdegré la curiosité de ses lecteurs.   (G.-M.)

DE LA DOMESTICATION DES ANIMAUX, par M. ISIDORE GEOFFROY SAINT-HILAIRE. (Article extrait de l'Encyclopédie nouvelle.)

Cet article est un vrai mémoire plein d'observations philosophiques; M. Isidore Geoffroy Saint-Hilaire n'a pas vu seulement dans son sujet, une simple question de zoologie appliquée, il y voit l'une des plus grandes questions de la physiologie générale et de la philosophie zoologique, en même temps qu'il reconnaît, dans la conquête par l'homme d'être doués de volonté et d'intelligence, le fait le plus caractéristique de la suprématie de notre espèce, et l'acte le plus signicatif de propriété qu'elle ait jamais accompli sur le globe. Ce travail est divisé en chapitres ainsi qu'il suit. Le premier est con—

sacré à des notions préliminaires sur les divers modes de possession des animaux par l'homme ; dans le second, il est question des divers degrés de domestication des animaux domestiques, et de leurs divers modes d'utilité. Un autre traite des motifs qui ont déterminé la domestication des espèces animales présentement asservies à l'homme ; dans un autre, l'auteur examine les variations subies par les animaux sous l'influence de la domesticité ; il examine ensuite ce qui arrive lorsque les animaux domestiques retournent à l'état sauvage, il considère les connexions qui existent entre l'étude des animaux domestiques et l'anthropologie, et enfin il termine par l'examen des progrès qui restent à accomplir relativement à la domestication des animaux.

Comme on peut le voir par ce simple énoncé des chapitres, le mémoire de M. Isidore Geoffroy Saint-Hilaire est digne de son auteur et ne peut qu'apporter un grand jour sur cette question importante. (G.-M.)

M. Brandt nous adresse la note suivante, formant une page imprimée, extraite du Bulletin de l'Académie impériale de Saint-Pétersbourg.

NOTE SUR UNE NOUVELLE ESPÈCE DU GENRE CATARHACTES DE BRISSON ; par M. BRANDT (lue le 7 juillet 1837).

Le Muséum de l'Académie, outre le *Catarhactes antarcticus* et le *Catarhactes chysocome* de Vieillot, qui est l'*Aptenodytes chrysocome* de Forster, possède encore une espèce de ce genre, qui, par la figure et la couleur en général et surtout par la présence d'une huppe, offre une grande ressemblance avec la dernière de ces espèces. Il me semble donc nécessaire, pour mieux caractériser la nouvelle en l'annonçant préalablement, de donner non seulement la diagnose de celle-ci, mais encore celle du *Catarhactes chrysocome*.

1. *Cat. chysocome.* — *Aptenodytes chrysocome* Forst.

Crista intus nigra, extrinsecus sulphurea anguste in rostri basi incipiens postice dependens. Color nigricans in gula truncatus. Tectrices caudae superiores omnes dorso concolores.

Cat. chrysolophus. Nob.

Crista in medii fronte incipiens maxima ex parte e pennis

vitellinis composita. Color niger in gula triangularis. Tectri-
cum caudae superiorum mediae albido-flavicantes.

INDICATION of some new forms belonging to the Parinæ, par
B.-H. HODGSON. Esq. resident in Nepal.

Ce travail forme une petite brochure de 8 pages in-8°, imprimées 'sur 2 colonnes en très-petits caractères. Voici le nom
des espèces décrites par l'auteur :

1° *Parus nipalensis*, Hodgson.—2° *Parus major.*—3° *Parus* (sub-genus *suthora*, Hodg.), *nipalensis.*—4° Genus *Minla
ignotincta*, Hodg. Hab. Nepal. — 5° *Minla castaneceps*,
Hodg. — 6° Genus *Mesia*, Hodg. (sub-genus *Mesia*; sub-
genus *Bahila*, sub-g. *Siva*, Hodg.) — *Mesia argentauris*,
Hodg.—7° *Bahila calipyga*, Hodg.—8° *Siva cyanouroptera*,
Hodg.—*Siva nipalensis*, Hodg.—9° *Siva vinipecta*, Hodg.
— 10° *Siva strigula*, Hodg.

Toutes ces espèces sont décrites avec détail.   (G.-M.)

DE COLEOPTERIS NOVIS ac rarioribus minusve cognitis provin-
ciæ Novocomi. Auctore Antonio COMOLLI. Brochure in 8.
de 54 pages. Ticini regii 1837.

Dans ce travail, qui paraît exécuté avec conscience et talent,
l'auteur fait mention de 119 espèces de Coléoptères rares, peu
connus ou tout-à-fait nouveaux pour la science. Les espèces nouvelles sont décrites avec soin, sous les noms que leur ont données
les entomologistes qui les ont découvertes, et en cela le travail de
M. Comolli rendra un vrai service, en fixant cette nomenclature de collections laquelle est et sera toujours le désespoir
des vrais travailleurs, qui ne se contentent pas de savoir le nom
d'un insecte mais qui veulent savoir qui lui a donné ce nom, et
dans quel ouvrage il a été consigné. Les descriptions de M. Comolli sont d'une étendue suffisante et accompagnées, comme on
devrait toujours le faire, d'une comparaison de l'espèce avec
celles qui ont le plus d'affinité avec elle, pour aider mieux à la
reconnaître et à la distinguer. L'auteur relève plusieurs erreurs
en rectifiant la synonymie de bon nombre d'espèces et entre
autres celle de l'*Apate Dufourii* de Latraille, insecte que nous
avions reconnu depuis long-temps être la même espèce que

l'*Apate varia* d'Illiger, sans avoir trouvé l'occasion de publier cette observation.   (G. M.)

CATALOGUE OF HEMIPTERA..—Catalogue des Hémiptères de la collection du Rev. F. W. HOPE, avec la description en latin des nouvelles espèces. Fam. des *Scutellerides.*

Ce travail paraît constituer une portion d'un catalogue de tous les Hémiptères, mais il ne comprend que la famille des Scutellerides, renfermant 48 genres et 459 espèces. Toutes les espèces qui ne sont pas publiées dans des ouvrages imprimés, sont décrites au moyen d'une phrase latine assez étendue, dans un appendice qui complette cette première partie. Il serait à désirer que tous les catalognes de collection fussent traités ainsi, car alors leurs auteurs pourraient à juste titre considérer les noms qu'ils ont donnés à leurs espèces comme étant entrés dans le domaine de la science.

La première portion de ce catalogue comprend 10 pages grand in-8.; elle est arrangée comme dans le catalogue des Coléoptères de M. le comte Dejean; seulement l'auteur a pensé, d'accord en cela avec les idées de M. Silbermann, qu'il était utile de donner une petite synonymie des genres. Les travaux les plus récens ont été consultés, comme la synonymie dont nous parlons en fait foi.

Nous demanderons à l'auteur la raison qui l'a déterminé à adopter le nom de *Peltophora* donné par Burmeister à notre genre *Scutiphora*, que nous avons publié dans le voyage de *la Coquille* depuis plusieurs années, au moyen d'une belle planche détaillée; comme nous n'avons pas sous les yeux l'ouvrage de Burmeister, nous ne pouvons savoir s'il y a eu une raison pour faire ce changement, car ce ne peut pas être l'antériorité de publication puisque, dans ce cas, l'on aurait eu tort d'adopter notre nom de *Megymenum* qui a été publié en même temps au moyen des mêmes planches.

La partie descriptive des espèces nouvelles nous a paru faite avec beaucoup de soin; il y a des rectifications au catalogue qui précède, ainsi l'auteur a reconnu que le nom de *Platycephala* Lap., qu'il avait adopté, ne peut rester, car il est employé par Maigen pour un genre de Diptères, il le remplace par celui de

Plataspis et en cela nous croyons qu'il a eu tort, à moins qu'il n'ait quelque bonne raison à donner, car ces mêmes insectes ont reçu quatre autres noms de divers auteurs, et il était bien plus simple de choisir le plus ancien pour n'en pas créer encore un nouveau.

Dans le genre *Callidea* nous voyons plusieurs espèces que nous avons fait connaître depuis long-temps dans le voyage de *la Coquille*. Enfin nous signalerons, comme une bonne chose, la conservation du genre *Pentotama* dans toute son étendue, et divisé en groupes dont quelques uns se rapportent aux gen - res *Cymex*, *Asopus*, *Tropicoris*, *Eurydema*, *Jalla*, *Arma* et *Platycoris* de Laporte, Burmeister, Hahn et nous-mêmes. Nous ne pouvons trop encourager M. Hope à continuer son utile travail et nous engageons tous ceux qui voudront faire les catalogues de leurs collections à l'imiter.   (G. M.)

DESCRIPTION d'une nouvelle espèce de *Boletophage*, par M. WESMAEL. (Bulletin de l'Acad. roy. de Bruxelles, 1836, t. III, p. 112, pl. 4, fig. *a*, *b*, *c*.)

Boletaphagus gibbifer. — Piceo-Niger. Palpis et antennis rufis, pedibus rofo-piceis ; prothorace elytrisque gibbosis, tuberculatis, marginibus explanato-dilatatis, crenulatis ; ver-- tice cornubus duobus erectis, clavatis, basi connatis, armato.

Cet insecte a été trouvé à Java, M. Wesmael le décrit en détail et en donne une figure grossie.   (G.-M.)

TRANSACTIONS of the Natural history society of Hartford. — Transactions de la Société dihistoire naturelle d'Hartford. —Hartford, 1836, in-8°.

Les naturalistes de la ville d'Artford, dans les États-Unis, ont fondé une société qui publie l'ouvrage dont nous rendons compte. Le premier cahier seul nous est parvenu, il est occupé en grande partie par un discours d'ouverture prononcé par M. Samuel Farmar Jarvis, président, et par un mémoire dont voici le titre :

CARACTERISTC of some', etc. CARACTÈRES de quelques Insectes Coléoptères de l'Amérique, et description de quelques autres qui paraissent nouveaux et qui font partie de

la collection de M. Abraham Alsey, par T.-W. HARRIS, biblio-
thécaire de l'Université d'Harvard, le 23 décembre 1835.

Dans cet article, qui est accompagné d'une planche gravée
et coloriée, M. Harris donne la description de 27 Coléoptères
de la collection de M. Halsey, dont la plupart sont publiés
par Palissot de Beauvois ou par Say, et il s'attache plus spécialement à faire connaître ceux qu'il croit nouveaux. Nous
allons indiquer les espèces connues dont l'auteur a donné des
descriptions nouvelles et reproduire la diagnose de celles qu'il
considères comme inédites.

1. *Clivina 4-maculata*, Pal. Bauv. *Bipustulata*, Fab.
2. *Clivina sphæricollis*. 3. *Chlænius æstivus?* 4. *Colymbetes
stagninus*. 5. *Col. glyphicus*. 6. *Oxytelus rugosulus?* 7. *Ta-
chyporus mœstus*, de Say. 8. *Elater militaris*, Harris, pl. 1,
fig. 1. — Noir, élytres blanchâtres, le côté extérieur et les taches suturales noires. — Long. : 30/100 de pouce.

9. *Elater rubricollis*, Herbst, *verticinus*, Bauvois. 10. *Euc-
nemis triangularis*, Say, *Longulus*, Déj. 11. *Lampyris nigricans*, Say. 12. *Lampyris decipiens*, Harris, pl. 1, fig. 2. —
D'un noir brunâtre ou fauve ; bords latéraux dilatés du thorax
rosacés ou d'un roux sanguin, le bout de l'abdomen sans tache.
— Long. : 22 à 26/100 de pouce. 13. *Anobium peltatum*, Harris. D'un brun rougâtre, soyeux ; corselet transverse légèrement caréné au milieu de la base ; stries des élytres sans points,
fines et peu profondes, — Long. : 17 à 18/100 de pouce.

14. *Hister obtusatus*, Harris, pl. 1, fig. 3. (*Hister unicolor?* Say.) — Noir, sans taches ; tête avec deux stries latérales
entières ; chaque étui faiblement denté au milieu de la base,
transversalement ponctué au bout, avec une strie marginale
entière, obliquement raccourcie à l'épaule, quatre antières et
deux dorsales courtes ; jambes antérieures très-dentées sur le
côté intérieur. — Long. : 36/1002 de pouce.

15. *Trox capillaris*, Say. 16. *Tanymecus lacœna*, Herbst.

17. *Centrinus? dilectus*, Harris, pl. 1, fig. 4. — Ponctué,
à écailles cuivreuses ; écusson blanchâtre, le troisième article
des antennes deux fois aussi long que le quatrième. — Long. :
20/100 de pouce.

18. *Centrinus sutor*, Harris , pl. 1, fig. 5. — Noir, ponctué ; écusson avec des écailles linéaires blanches, et celles du corps jaunâtres ; troisième et quatrième articles des antennes plus courts ensemble que le second, presque égaux. — Long., la trompe déduite , 9/100 de pouce.

19. *Tomicus ? pusillus*, Harris. — D'un châtain sombre ; tête avec des poils raides ; corselet tuberculé en avant, le penchant postérieur des élytres scabreux et poilu ; antennes et pieds d'un jaune-miel. — Long. 6/100 de pouce.

20. *Prionus elongatus*, Harris , pl. 1, fig. 6. —D'un brun-marron, presque glabre, corselet tridenté, les deux derniers articles des palpes maxillaires presque égaux ; poitrine poilue dans l'un et l'autre sexe. — Long. : 1 pouce 12/100 de pouce.

21. *Clytus nobilis*, Harris, pl. 1, fig. 7 — Noir ; corselet sans taches ; chaque étui avec une large tache jaune à la base , une autre petite sur la marge extérieure, derrière l'épaule , une plus large avant le milieu, une transversale légèrement arquée, une bande relevée en travers, au milieu et, entre celle-ci et le bout, deux taches réunies transversalement. — Long. : 80 à 90/100 de pouce.

22. *Stenocorus ? linearis*, Harris, pl. 1, fig. 8. — Testacé , élytres plus pâles , linéaires et allongées, presque acuminées l'une et l'autre ; antennes poilues ; corselet non épineux, subitement rétréci en arrière. — Long. : 44 à 57/100 de pouce.

23. *Lamia* (*Acanthocinus ?*) *obsoleta*, Oliv. — 24. *Lamia* (*Mesosa*) *fascicularis*, Harris, pl. 1, fig. 9. — Corselet blanc ; élytres d'un blanc pâle varié de taches obscures et de points élevés fasciculés, blanches à la base, avec une bande oblique blanchâtre au-delà du milieu. Long. : 35/100 de pouce.

25. *Molorchus mellitus*, Say. — 26. *Cryptocephalus canellus ?* Fab., Harris, pl. 1, fig. 10. — Roux ; antennes et tarses fauves ; élytres noires, avec une grande marge extérieure d'un testacé roux. — Long. : 17 19/100 de pouce.

27. *Galeruca* (*Adimonia*) *cristata*, Harris, pl. 1 , fig 11. — Noire ; corselet roux, avec un disque noir et deux taches impressionnées ; élytres à bords dilatés , une ligne latérale éle-

vée et une courte enfoncée — Long. : 17 à 19/100 de pouce.

Toutes ces ces descriptions , même celles des espèces déjà publiées , sont étendues et faites avec soin ; l'auteur , après avoir décrit chaque espèce , cherche par une comparaison avec celles qui sont les plus voisines , à bien faire ressortir les différences qui les distinguent , et nous l'approuvons beaucoup en cela , car il est impossible , quelque étendue que soit une description , de bien distinguer un insecte , si l'auteur n'a pas le soin de l'isoler ainsi de ses congénères. Toutes les espèces nouvelles sont figurées.   (A. CHEVR.)

NOTICE sur la Mélipone domestique, Abeille domestique mexicaine ; par PIERRE HUBER. (Mémoire de la Soc. de phys. et d'histoire naturelle de Genève , t. VIII, 1re partie, page 1, pl. 1 , 2 , 3.)

L'existence d'une espèce d'Abeille domestique particulière an nouveau monde , dit M. Huber , est un fait dont nous devons la première notion au célèbre voyageur le capitaine Bazil Hall. L'auteur cite un passage de ce voyageur et dit ensuite qu'on lui a envoyé une ruche , mais qu'elle est arrivée en si mauvais état qu'il a été difficile de faire des observations complètes à son sujet. Il donne cependant une description et une figure satisfaisantes de cette Mélipone et de sa ruche.

DESCRIPTION d'un nouveau genre de LÉPIDOPTÈRES , par M. WESMAEL. (Bulletin de l'Académie royale des sciences de Bruxelles , année 1836 , t. III, p. 162.)

Ce singulier Lépidoptère, dit M. Wesmael , représenté figure 1 , m'a semblé pouvoir être placé provisoirement dans la tribu des Bombycites ; il n'a ni langue ni palpes visibles , et les ailes supérieures, soit pour la forme , soit pour la direction des nervures , ne manquent pas d'analogie avec celles de certaines espèces de Callimorphes et de Lithosies , mais il s'en éloigne considérablement par la forme linéaire des ailes postérieures. Ce caractère m'a paru assez important pour autoriser la création d'une nouvelle coupe générique sous le nom de *Himantopterus.*—Antennes filiformes , garnies au côté interne d'une rangée simple de dents en scie. Ailes postérieures très-longues , linéaires, Langue et palpes nuls.

Ce Lépidoptère fait partie de la riche collection de M. Robyns, il lui a été cédé comme venant de Java. (G.-M.)

DESCRIPTION d'un nouveau genre de *Névroptères*, famille des Planipennes, tribu des Hémérobins, par M. WESMAEL. (Bulletin de l'Académie royale des sciences de Bruxelles, 1836, t. III, p. 166, pl. 6, fig. 3.)

Dans un premier mémoire, M. Wesmael caractérise ainsi ce genre qu'il nomme MALACOMYZE, *Malacomyza.—Antennes* filiformes, à articles nombreux, subhémisphériques velus. *Mandibules* sans dents, aiguës à l'extrémité. *Ailes* grandes, non dilatées au bord extérieur, à nervures peu nombreuses, la plupart longitudinales. *Tarses* à cinq articles, le quatrième dilaté et inséré sous le cinquième. L'auteur fait ressortir ensuite les caractères qui distinguent son nouveau genre des Semblides et des Hémérobes, et il décrit ainsi la seule espèce connue.

Malacomyza lactea, Wesm. — *Pallida, pube albida brevissima obtecta ; alis lacteis.* — Long. : 1 ligne. Des environs de Bruxelles, figurée avec détails.

A la page 214 du même volume, M. Wesmael a publié une addition à la note précédente ; il a pu rectifier et compléter les caractères de ce genre, qu'il avait établi sur l'inspection de deux individus mal conservés. Il a pu se procurer d'autres individus et il décrit et figure les palpes, qu'il n'avait pu faire connaître. (G.-M.)

PRODROME D'UNE MONOGRAPHIE DES MÉDUSES, par M. R. P. LESSON. Extrait d'une histoire manuscrite des Méduses, en 3 vol. in-4° avec 200 planches coloriées, ouvrage entièrement terminé.

M. Lesson nous a adressé ce travail manuscrit, accompagné de 15 dessins coloriés, représentant des espèces nouvelles ; nous allions faire imprimer un extrait de ce mémoire dans notre section des travaux inédits, quand on nous l'a communiqué imprimé par le procédé de l'autographie : actuellement il vient se ranger dans les ouvrages publiés, et nous allons tâcher d'en donner brièvement une idée.

Le travail de M. Lesson est précédé d'un tableau montrant

les tribus rangées en rayonnant autour d'un cercle, et ayant de l'affinité les unes aux autres, par des genres qui semblent tenir quelquefois de tribus éloignées. Il divise ses Méduses en quatre groupes, ainsi qu'il suit.

Premier groupe : Les Méduses non proboscidées, nous y trouvons cinq tribus : les *Eudorées*, composées de sept genres; les *Caribdées*, 2 genres ; les *Marsupialées*, 7 genres ; les *Nucléifères*, 11 genres; et les *Bérénicidées*, 2 genres.

Second groupe : Les Océanides, il se compose des trois tribus suivantes : les *Thalassanthées*, 4 genres ; les *Equoridées*, 2 genres ; les *Océanidées*, 4 genres.

Troisième groupe : Les Agaricines. N'a pas de tribus, il se compose de 14 genres.

Quatrième groupe : Les Rhizostomées, ayant deux tribus, savoir : les *Médusidées*, divisées en deux sections et comprennent 12 genres, et les *Rhizostomidées*, n'ayant que 4 genres.

Tous les genres sont caractérisés d'une manière claire et précise, et les espèces sont décrites au moyen d'une phrase assez étendue et accompagnées de leur synonymie, quand elles ne sont pas nouvelles. Les figures qui accompagnent le manuscrit qui nous a été commuiqué, sont dessinées avec soin, elles offrent des espèces inédites ou encore mal figurées.

(G.–M.)

IV. NOUVELLES.

Larve du Clythra quadri-punctata. — M. Crémière, de Loudun, dont nous avons déjà fait mention dans ce Recueil, vient de constater que la larve dont M. Chevrolat a parlé dans son mémoire sur un Coléoptère tétramère de la famille des Xylophages (1) et qu'il dit être celle d'un *Clythra,* produit effectivement une espèce bien connue de ce genre, le *Clythra 4-punctata* des auteurs; M. Crémière en a trouvé des individus à l'état parfait dans diverses fourmillières, ils étaient encore renfermés dans leur coque et n'auraient pas tardé à sortir. (G.–M.)

(1) Revue Entomologique, par Silbermann, t. I , p. 832.

CARABIQUES SE NOURISSANT DE VÉGÉTAUX. — On sait que M. Zimmermann, dans sa Monographie des *Amara*, a dit que plusieurs espèces de ce genre de Carnassiers se nourrissent des jeunes grains de blé, qu'elles vont chercher dans l'épi en grimpant après la tige de cette graminée. M. Chevrolat en a observé une espèce (l'*Amara trivialis*) (1) qui mangeait la graine de l'*Anagallis sylvatica*, et nous avons été témoin de ce fait, nous trouvant avec lui dans cette excursion ; M. Rambur a vu, en Espagne, le *Zabrus inflatus* se nourrir de graminées, et il l'a souvent trouvé grimpé sur des épis, dans des lieux sablonneux où il n'y avait pas d'autres insectes pour servir à sa nourriture. M. Reiche cite quelques *Bembidions* comme ayant les mêmes habitudes, enfin M. Wesmael parle aussi d'un fait analogue (2).

Tous ces faits, déjà bien positifs et étudiés par des entomologistes connus, sont corroborés par l'observation que vient de faire M. Roussel, pharmacien en chef à Alger ; ce naturaliste, aussi instruit que modeste, a reconnu que le *Ditomus cornutus Dej.* ne se trouve abondamment que sur les ombelles de l'*Ammi majus*, plante qui ne croit que dans le midi de la France et en Afrique. Tous ceux qu'il a pris ainsi étaient occupés à manger les étamines et l'ovule ou la jeune graine de cette plante, il n'en a jamais trouvé à terre s'attaquant à d'autres insectes.   (G.-M.)

INSECTES NUISIBLES AUX GROSEILLERS.

A Monsieur le rédacteur de la *Revue Zoologique.*

En herborisant hier, 24 juin, sur les coteaux plantés d'arbres à fruits et de petite culture du canton de Bougival, sur la route Saint-Germain, je m'aperçus que les Groseilliers rouges et noirs ou cassis, *Ribes rubrum* et *Ribes nigrum*, particulièrement le premier, étaient dévastés, surtout dans les champs plus recouverts d'arbres, par un insecte qui avait dépouillé ces sous-arbrisseaux de leurs feuilles jusqu'au pétiole.

(1) Ann. Soc. Ent. de Fr., année 1837. Bullet. ent., p. LIV.
(2) Bulletin de l'Académie royale de Bruxelles, t. II, p. 340.

Ce dégat laissait les fruits à peine rougis exposés au soleil qui
devait les griller, et compromettait ainsi non seulement la ré-
colte actuelle, mais encore celle de l'année prochaine, en éner-
vant la plante, et même en la faisant périr. Je m'empressai de
rechercher l'insecte dévorateur, et je trouvai bientôt, sons le re-
vers des feuilles, quelques larves, (fausses chenilles) de la longueur de 6 lignes, vertes, sans poils, et qui, d'après leur fausses pattes nombreuses et leur queue contournée, m'ont paru
appartenir à des Hyménoptères. Mais comme mes connaissances spéciales en entomologie sont, je dois l'avouer, fort
bornées, j'ai dû me récuser et vous dénoncer cette larve,
dont je vous fais passer un individu. Il paraît, d'après des renseignemens, que le ravage cesse et que l'insecte est arrivé à
son second état, car on en trouve beaucoup moins depuis
quelques jours ; déjà l'an dernier ce fléau a dévasté les groseilliers de ce canton, et, autour de Paris, cette culture a au
moins l'importance de celle de la vigne ; je désire que vous
trouviez dans la série des dévoloppemens de cet insecte, une
circonstance favorable à son extermination, faisant remarquer
qu'ici il ne pourra être question des échalas coupables de
complicité, et ainsi envoyés au feu vengeur.

J'ai cru aussi avoir remarqué, en parcourant nos campagnes,
que malgré un hiver rigoureux, ou le thermomètre s'est tenu
avec constance au dessous de 12 et 15°. Jamais peut-être les
arbres fruitiers, rosiers, etc., nont été plus dévastés par les
larves de toute nature, par les pucerons. Il paraît donc
que les hivers rigoureux n'ont pas puissance de vie ou de mort
sur ces générations si habiles, si prévoyantes, pour mettre
à l'abri de la rigueur des hivers la génération qui va suivre,
qu'ainsi compter sur le froid pour faire périr les insectes nuisibles, c'est perdre un temps précieux. L'échenillage sur une
grande échelle est bien difficile... Le labour en temps convenable pourrait l'emporter, surtout si les œufs sont déposés dans
le sol... Telles sont les questions importantes pour la culture
du groseillier que soulève mon observation, je pense que vous
pourrez les résoudre, et ainsi mériter la reconnaissance des
bons villageois, ce qui est l'important, puis qu'ensuite ad-

vienne si faire se peut, les éloges et la palme académique.
Votre dévoué co-sociétaire.

Le docteur Al. Bourjot Saint-Hilaire,
prof. zool. Elem. Coll. Bourbon.

Les questions que nous adresse M. Bourjot ne sont pas si
faciles à résoudre, quand on veut le faire avec conscience,
aussi avouons-nous avec franchise qu'elles sont au dessus de
nos connaissances, et que nous ne pourrions, tout au plus, que
faire un mémoire sur les Tenthredines (car c'est une larve de
Tenthrède que M. Bourjot a observée sur les groseilliers) et
recueillir ce que Réaumur, Degéer, et récemment M. Hartig,
ont dit sur les mœurs (de ces insectes curieux. Nous n'avons
jamais eu le loisir d'aller habiter les campagnes pendant des
années, et de suivre les insectes destructeurs dans toutes les
périodes de leur existence, comme il faudrait le faire pour
oser proposer des moyens avec la conviction qu'ils seraient ef-
ficaces, et nous croyons que les agriculteurs pourront mieux
que personne arriver à de bons résultats, quand ils auront acquis des connaisances suffisantes sur l'histoire naturelle des
insectes en général, afin d'être en état de suivre leurs métamorphoses et de connaître le moment où l'on peut attaquer les
générations de ceux qui sont nuisibles.

Nous avons déjà dit, à l'occasion de la Pyrale de la vigne,
que les entomologistes ne peuvent rien pour détruire les races
nuisibles, mais qu'ils peuvent beaucoup indirectement en apprenant aux agriculteurs la manière d'étudier ces animaux ;
cet aperçu a été confirmé par la connaissance que nous avons
eue des efforts que fait le gouvernement en Allemagne, pour
propager cette étude parmi les forestiers, et nous nous sommes
décidé à proposer à M. le Ministre du commerce et de l'agriculture d'imiter cet exemple salutaire, en fondant en France
des chaires d'entomologie, pour initier les gardes forestiers et
les agriculteurs aux connaissances entomologiques à l'aide desquelles ils pourront rendre de grands services ; voici la lettre
que nous avons adressé à M. Martin du Nord (1).

(1) Nous avions d'abord eu l'intention d'adresser cette lettre à l'A-
cadémie des Sciences, mais l'un des honorables membres de cette

Monsieur le Ministre ,

Depuis quelque temps les agriculteurs et les gardes forestiers, frappés des dégâts causés par les insectes , sont obligés
de s'adresser à des entomologistes pour leur demander des
moyens de détruire les espèces nuisibles , et ceux-ci, qui n'ont
le plus souvent observé ces animaux que dans le cabinet, sont
réduits à avouer qu'ils ne connaissent aucun moyen efficace
pour s'opposer à ces ravages , ou bien ils font, à la hâte, quelques essais qui ne peuvent que témoigner de leur zèle , mais
qui sont , le plus souvent, inexécutables en grand.

Déjà, dans une note lue à l'Académie des sciences le 18
septembre dernier , j'ai cherché a démontrer que le naturaliste
ne peut , et ne doit pour le moment , apporter son tribut que
pour faire connaître à l'agriculteur l'histoire natnrelle des insectes en général , les mœurs de ceux qu'il redoute, la manière
dont ils se propagent et l'époque où il serait le plus à propos
de chercher à les détruire ou à s'en préserver. Si les agriculteurs et les gardes forestiers possédaient ces connaissances , ils
arriveraient bientôt à la découverte de bons moyens préserva-
tifs, moyens que des hommes pratiques peuvent seuls trouver,
parce qu'ils sont continuellement en présence du mal.

Je pense donc qu'il serait de la plus grande utilité que l'on
propageat les connaissances entomologiques parmi les agriculteurs et les gardes forestiers, comme on le fait depuis long-
temps en Allemagne, ou le gouvernement a établi des professeurs dans ce but, et je prends la liberté de vous proposer de
faire examiner, par une commission de l'Académie des sciences,
s'il ne serait pas utile de créer des chaires d'entomologie dans
les écoles forestières et les chefs-lieux de conservation et d'inspection des eaux et forêts , et de faire une ordonnance qui
obligerait les gardes forestiers de tous grades à fréquenter ces
cours et à subir des examen sur ce sujet. Les professeurs devraient , en outre , composer des manuels d'entomologie ap-
pliqués, que l'on ferait tirer à grand nombre , avec le secours

Académie nous a donné le conseil de l'envoyer directement au ministre, ce que nous avons fait de suite.

du ministère du commerce et de l'agriculture, pour qu'ils puissent être mis entre les mains de tous les agronomes.

J'espère que l'on ne verra pas dans ma démarche un but d'intérêt personnel, car l'on sait que je suis retenu à Paris par des travaux importans dont l'abandon ne pourrait être compensé par les avantages d'une de ces chaires; ma position est donc entièrement désintéressée et je n'ai que le désir d'être utile et de voir la science que je cultive depuis dix ans, concourir efficacement au bien général.

Je suis, etc.   Paris, 25 juin 1838.

P. S. Parmi les nombreux ouvrages publiés en Allemagne à l'usage des forestiers, on doit remarquer surtout les œuvres Ornithologiques et Entomologiques de Bechstein; les traités d'Entomologie de Muller (1829), de Rossmœssler (1834), de Desberger (1835), et de Ratzeburg (1837).

Au moment de donner le bon à tirer de cet article, nous recevons le *Journal de Saone-et-Loire* du 27 juin 1838, dans lequel nous trouvons une lettre de M. le docteur SAMBIN, sur la Pyrale de la vigne. L'auteur, après avoir montré l'insuffisance de quelques uns des moyens préconisés pour détruire cet insecte, et l'impossibilité d'appliquer en grand quelques autres des procédés qui ont été proposés, revient sur les mœurs de la Pyrale, sous ses trois états, et montre ainsi qu'il a parfaitement étudié cet insecte. Après un examen consciencieux des travaux entrepris pour détruire ce fléau des vignes, il indique pour atteindre ce but, une méthode très-rationnelle, peu coûteuse, applicable à un vaste territoire, et qui ne nécessitera point d'auxiliaires étrangers, puisque trois ou quatre personnes pourront aisément la mettre en pratique dans deux hectares au moins de vigne; en voici la formule :

1° On fera deux cueillettes de chrysalides; chacune d'elles devra durer de dix à quatorze jours.

2° On se livrera à cinq cueillettes successives des pontes; la durée de chaque devra être de cinq jours; elles ne seront d'ailleurs, après l'enlèvement des chrysalides, et on le comprend bien, que de simples opérations ambulatoires.

3° Enfin , comme complément , avant de repiquer les échalas qui auront servi, on les immergera , pendant une demi-
heure au plus, dans un lait de chaux concentré.

Maintenant, poursuit M. Sambin , ma tâche est terminée ;
que la législature agisse à son tour, car elle devra agir; qu'elle
adopte mes idées , qu'elle les mette en œuvre ; qu'elle éclaire
et dirige les volontés , qu'elles les force même par la sanction
pénale, et , je l'affirme , le monstre sera terrassé.

FAUNE ENTOMOLOGIQUE DE L'ÎLE MAURICE.

Notre ami , M. Jullien DESJARDIN , savant naturaliste de
l'île Maurice , bien connu par les observations qu'il fait journellement sur toutes les branches de cette belle science et par
la fondation d'une société d'histoire naturelle dans le pays qu'il
habite, s'est associé à nous pour la publication d'une Faune entomologique de cette île ; ce travail commencera à être mis sous
presse dans les premiers mois de 1839, époque où M. Desjardin viendra habiter Paris. Il s'est chargé de recueillir les
objets , de noter tout ce qu'il pourra savoir de leurs mœurs ,
et notre part de collaboration sera la partie zoologique descriptive et systématique. Dans une lettre que nous recevons à
l'instant , datée du 31 janvier 1838 , il nous apprend qu'il à
déjà reccueilli 130 espèces de *Crustacés* , 83 d'*Arachnides*,
280 de *Coléoptères* , 60 d'*Orthoptères* , 130 d'*Hémiptères* ,
33 de *Névroptères* , 56 d'*Hymènoptères* , 189 de *Lépidoptères*
et 104 de *Diptères*. On voit que ces récoltes offrent déjà des
résultats importans, ils seront encore augmentés par les recherches que M. Desjardin et ses amis font journellement. (G.-M.)

NÉCROLOGIE.

La Société Cuvierienne vient encore de faire une grande
perte dans la personne de l'un de ses membres fondateurs ; le
savant Anselme-Gaetan DESMAREST, si connu par ses excellens et consciencieux travaux et par sa grande modestie , a été
enlevé à la science et à ses amis , le 4 juin 1838.

M. Constant Prévost , ami d'enfance de Desmarest , a bien
voulu nous promettre une notice sur ce naturaliste , nous la
publierons dans notre prochain numéro.

REVUE ZOOLOGIQUE.

JUILLET 1838.

SOCIÉTÉS SAVANTES.

ACADÉMIE ROYALE DES SCIENCES DE PARIS.

Séance du 2 juillet 1838. — M. *Geoffroy Saint-Hilaire* adresse la lettre suivante sur les ossemens humains provenant des cavernes de Liége, et sur les modifications produites dans le pelage des chevaux par un séjour prolongé dans les profondeurs des mines.

« J'ai eu l'honneur de vous promettre quelques observations sur les fossiles de Liége, de feu le professeur Schermidt, qui sont célèbres, et dont ou parle dans l'Université de Liége, sous le nom d'*ossemens de l'homme antédiluvien.* Ce mot contient une théorie admise, ici à Liége, par une corporation universitaire de quarante-cinq membres. J'ai vu les faits, et avant de les rappeler et de les caractériser avec une rigoureuse précision, j'ai moins de penchant à les présenter dans une dissertation philosophique que je ne l'avais espéré d'abord. Il faut plus de calme et plus de méditation attentive pour cela que n'en permet le tumulte d'une position de voyageur.

» L'ouvrage philosophique sur ces découvertes est d'un savant que le doute philosophique animait principalement, et qui ne fut point assez bien servi par le dessinateur qu'il employait. Le crâne humain est un peu plus long que ne le fait connaître la figure de l'ouvrage. J'ai accepté de M. le professeur Morren qu'il le dessinerait de nouveau et qu'il m'adresserait son œuvre à mon retour à Paris. L'aspect des os humains diffère peu de celui des ossemens des cavernes que nous con—

Tom. I. Année 1838.
9

naissons, et dont il y a, dans le même local, une collection considérable : à l'égard de leurs formes spéciales, comparées à celles des variétés de crânes humains récens, il y a peu d'inductions *certaines* à produire ; car de beaucoup plus grandes différences existent entre les divers echantillons des variétés bien caracterisées, qu'entre le crâne fossile de Liége et celui d'une de ces variétés choisie pour terme de comparaison.

» Je me borne pour le moment à ces vagues documens.

» J'ai recueilli dans la même vallée où coule la Meuse, à trois lieues au dessous de Liége, une observation plus piquante par l'accessoire de ses relations que par sa nouveauté et son caractère philosophique. Admis à titre de faveur à visiter les prodigieux établissemens de Seraing, à voir en réalité les travaux sur-humains que les fables de la mythologie attribuaient à Vulcain et à ses forgerons, je n'ai appris qu'au moment de quitter l'immense manufacture de M. Cokerill, qu'il employait, pour le trait de ses charriots chargés, au fond de ses houillières, des chevaux, restés dans des galeries, à plus de mille pieds de profondeur, treize années sans sortir de la mine, et qu'il en était résulté une modification très-notable quant à la nature du poil de ces animaux.

» Je me rendis le lendemain aux houillières de Van Benoist, plus voisines de Liége, pour vérifier ces circonstances ; car il y avait là aussi des chevaux vivant sous terre. Je descendis dans cette houillère avec M. le professeur de métallurgie A. Lesoigne, interessé dans le travail de l'exploitation ; mais les chevaux n'avaient que deux à trois ans de séjour dans la mine, et quoiqu'il y eût manifestement des changemens analogues à ceux des chevaux de l'usine de Seraing, je ne puis rapporter l'observation concernant ces derniers que sur ouï-dire et sur le récit du savant manufacturier qui dirige l'exploitation. Or, les chevaux avaient leurs poils plus touffus, d'un noir partout uniforme, moelleux, et produisant au toucher la même sensation que ceux des peaux de taupe. On ajoutait : telle est l'influence de la localité s'exerçant incessamment. M. le professeur Morren suivra cette observation et m'adressera de ces poils.

» On ne devait point s'attendre à un effet aussi prompt de modifications épidermiques ; chez des chevaux introduits *adultes* dans les abimes souterrains des mines à charbon de terre ; et qui, à raison de cette circonstance ; devraient être plus ou moins réfractaires à ces modifications.

» Sans doute, c'est ce qu'on observe sur un fruit contrarié dans son développement, sur tous les végétaux qui sont ou rabougris ou démesurément agrandis : ce sont là , ajoute cha-que observateur isolé , des effets de circonstances locales. Mais, pourquoi pas cette généralité prononcée absolument ? Tout corps organisé obéit à son développement virtuel, qu'il tient de son essence originelle ; mais en même temps , il ne se développe que de la manière que le prescrit son *milieu ambiant.* C'est dans le volume XII des *Mémoires de l'Académie*, que je rédigeai une dissertation *sur l'action des milieux ambians comme modificatrice des corps organisés.* Alors c'était nouveau, c'était nécessaire pour combattre une loi générale, pré-tendue telle pour la zoologie, que l'espèce est d'une donnée immuable. Tout notre édifice zoologique est encore fondé uniquement sur ce *principe faux.* Aujourd'hui , le principe est abandonné ; mais il ne se présente personne pour porter la réforme dans tous les cas où elle est nécessaire. Attendons cela du *temps* , et , *jusque là* , recueillons les enseignemens de tous les faits comme dans l'exemple, ici rapporté, de chevaux qui , vivant sous quelques rapports à la manière de la taupe , s'empreignent de modifications analogues. »

Séance du 9 juillet. — M. *Savigny* adresse des observations ayant pour titre « Remarques sur les phosphènes ; fragmens du journal d'un observateur atteint d'une maladie des yeux. »

On sait que les yeux du célèbre académicien, atteints d'une forte névrose , sont tenus depuis quatorze ans dans une com-plète obscurité , mais que cette obscurité est aussi insensible pour eux que si elle n'existait pas , puisque les phénomènes éclairés et lumineux dont ils sont malheureusement le foyer, leur semblent remplir constamment tout l'espace ; ce sont ces phénomènes que M. Savigny a décrit dans ce travail. Il serait difficile, par une simple analyse, de bien suivre l'auteur dans ses observations , nous nous contenterons donc de signaler ce travail et d'y renvoyer nos lecteurs.

M. *Pouchet* envoie une note sur le développement de l'embryon des Lymnées, en annonçant qu'il s'occupe , en ce moment, de terminer les figures de son travail; il en présente d'avance les principaux résultats. Nous reviendrons sur ce mémoire quand il sera publié.

Séance du 16 *juillet.* — M. *de Blainville* lit un rapport sur l'importance des résultats obtenus par M. Lartet dans les fouilles qu'il a entreprises pour rechercher des ossemens fossiles ; ce rapport est fait en réponse aux questions adressées à ce sujet à l'académie par M. le ministre de l'instruction publique.

Les questions posées par M. le ministre sont les suivantes.

1° Les recherches auxquelles M. Lartet se livre depuis qua‑tre ans, ont‑elles procuré, en ce qui concerne la zoologie fossile, des résultats assez notables pour mériter d'autres encoura‑ragemens , afin de l'aider à entreprendre de nouvelles fouilles sur une plus grande échelle ?

2o Serait‑il convenable d'étendre aux départemens voisins les recherches qui, jusqu'à ce jour , avaient été limitées au département du Gers, et pourrait‑on espérer de compléter l'ensemble des êtres organisés dont les débris se trouvent disséminés dans le grand bassin du sud‑ouest de la France ?

Après avoir rapporté ces questions , le savant académicien se livre à des considérations de la plus haute portée sur l'importance de la paléontologie et sur les efforts qui ont été faits jusqu'ici pour avancer cette branche de la science ; il fait connaître tout ce qu'elle doit aux recherches de M. Lartet , il montre ce qu'elle peut attendre des recherches plus étendues auxquelles ce naturaliste désire se livrer , et il termine en proposant à l'Académie de répondre affirmativement aux deux questions adressées par le ministre.

M. *Amyot* présente une note sur la physiologie du système nerveux ganglionaire. MM. Magendie et Breschet sont chargés d'en rendre compte à l'Académie.

M. *Guyon* présente une note sur la présence de larves de la

mouche carnassière (*musca carnaria*), dans les plaies des sol-
dats qui avaient éprouvé des brûlures à la prise de Constan-
tine. Commissaires : *MM.* Duméril , Isidore Geoffroi Saint-
Hilaire et Audouin.

M. *Julien*, membre de l'Académie des inscriptions et belles
lettres , communique une note de M. *Favand*, missionnaire
en Chine, qui annonce que, pendant le long séjour qu'il a fait
en Chine , il a souvent vu manger et il a mangé lui-même des
chrysalides de vers à soie. Il assure que c'est un excellent sto-
machique, à la fois fortifiant et rafraîchissant, et dont les personnes faibles font surtout usage avec succès.

M. *Amyot* adresse des considérations sur un *nouveau système de nomenclature*, qu'il voudrait voir substituer , en histoire naturelle , au système de nomenclature binaire de Linné.

Séance des 23 *et* 30 *juillet.* — Rien sur la zoologie.

SOCIÉTÉ PHILOMATIQUE DE PARIS.

Séance du 2 *juin* 1838.—M. *Mandl* fait une communication sur une loi générale qui s'observe dans la structure des
tégumens et des tissus des animaux.

Séance du 9 *juin.* — M. *Deshayes* communique une observation sur la persévérance de certaines colorations dans les
coquilles fossiles. L'auteur a trouvé des traces manifestes de
coloration dans une Térébratule appartenant à l'étage du mus-
chelkalk.

Séance du 23 *juin.* — M. *Mandl* fait une communication
sur la structure intime des muscles, qu'il divise en deux classes : ceux qui sont en contact avec les liquides alcalins de
l'organisme (sang , salive , etc.), et ceux qui sont en contact
avec les liquides acides (urine , une partie des intestins , fond
de l'utérus). Les premiers consistent en faisceaux primitifs cylindriques, striés transversalement, qui eux-mêmes sont composés d'un grand nombre de fibres primitives. Les seconds ne
laissent voir que les fibres primitives.

II. TRAVAUX INÉDITS.

ESSAI d'une nouvelle méthode de grouper les genres et les familles de l'ordre des Passereaux, d'après leurs rapports de mœurs et d'habitat ; par M. DE LAFRESNAYE.

Ce travail va être publié dans les mémoires académiques de Falaise; M. de Lafresnaye nous en envoie l'extrait suivant qui suffit pour faire connaître sa méthode de classification de la famille des Fourmilliers, méthode qu'il a basée, autant que possible, sur les mœurs et sur les renseignemens qu'il a trouvés dans la Monographie de cette famille par M. Ménétrié, dans les renseignemens fournis par M. D'Orbigny et dans les ouvrages de Temminck et des auteurs anglais. M. de Lafresnaye divise cette famille ainsi :

1er groupe : *Fourmilliers buissonniers.* —Les genres *Batara*, Azara ; *Formicivora*, Swains ; *Myrmothera*, Vieill. ; *Malacorhynchus*, Ménétr. ; *Timalia*, Horsf.

2e groupe : *Fourmiliers grimpeurs.* — Le genre *Oxypiga*, Ménétr. (Fourmilier agripenne, Mag. zool.)

3e groupe : *Fourmiliers humicoles.* — Les genres *Myioturdus*, Boié ; *Eupetes*, Temm. ; *Pitta*, Cuv. ; *Conopophaga*, Vieill.

M. de Lafresnaye joint à cet extrait la description suivante d'une espèce de la même famille. Cette espèce, dit-il, est intéressante parce qu'elle fait partie de ce groupe des Fourmiliers, peu nombreux en espèces, désigné par Vieillot sous le nom de *Grallaria*, et aujourd'hui sous celui de *Myioturdus*, Boié, pr. Max., et adopté par M. Ménétrié dans sa Monographie des Fourmiliers. Elle est en quelque sorte, pour la forme et les couleurs du plumage supérieur, le diminutif du *Roi des fourmiliers*, mais son plumage inférieur a de grands rapports avec celui du *Fourmilier flambé*, Lesson, tr. 395, *Myiothera strigilata*, Cuv., ou *Myioturdus marginatus*, pr. Max, Ménétriés, Monog., p. 465, pl. C'est le bréve moucheté, *Pitta macularia*, Temm., qui devient pour nous le *Myioturdus macularius*; il a, comme le *Roi des fourmiliers*, le tarse très-allongé avec le bas de la jambe dénué de plumes, la queue et les ailes singulièrement courtes, et le bec fort. Le dessus de la tête et la nuque sont gris de plomb, les lorum et les sourcils roux, le dessus du corps et de la queue d'un olive

un peu roussâtre, les ailes brunes, les joues d'un blanc roussâtre
mouchetées de noir, la gorge, le milieu de la poitrine et du ventre
blancs, les flancs et les côtés de l'abdomen d'un roux vif. On voit
des bandes en forme de moustaches, sur les côtés de la gorge,
et des taches triangulaires sur la poitrine, ces taches et bandes
sont d'un noir profond. Du Brésil.

NOTE sur le genre de Coléoptères clavicornes, nommé par
Latreille *Globicornis*, et description d'une espèce nouvelle
de ce genre ; par M. GUÉRIN-MÉNEVILLE.

L'étude que nous avons faite des ouvrages de Latreille, relativement au genre Globicorne, nous a obligé à des recherches nombreuses qui nous ont fait reconnaître une erreur bien
singulière, commise par Latreille lui-même et par tous ceux
qui l'ont copié et qui ont voulu faire des ouvrages *rapidement*, pour suivre probablement l'exigeance des libraires, du
public et de leur intérêt pécuniaire, sans passser leur temps à
recourir péniblement aux sources. Pour nous qui avons la naïveté
de croire que nous devons traiter autrement l'explication raisonnée des planches de notre Iconographie du Règne animal (1),
voulant donner à nos souscripteurs un ouvrage utile, nous
n'avons reculé devant aucun sacrifice de temps et de travail
pour arriver à ce but, et quoique le retard que nous apportons
à la terminaison de notre explication des planches nous attire
des reproches de notre éditeur et de quelques uns des sou-
sripteurs et nous soit très-préjudiciable, en laissant avancer
d'autres publications qui marchent d'autant plus rapidement,
que leurs auteurs se sont affranchis de ce que quelques personnes appellent nos préjugés, nous n'avons pas hésité un instant
entre cet inconvénient, qui ne nuit qu'à nous seul, et celui de

(1) Iconographie du Règne animal ou représentation, d'après nature, de l'une des espèces les plus remarquables et souvent non encore figurée de chaque genre d'animaux, ouvrage pouvant servir
d'atlas à tous les Traités de Zoologie, dédié à Cuvier et à Latreille;
par M. F.-E. Guérin-Méneville. Ouvrage terminé et composé de 45
livraisons de 10 pl. chacune. — Paris, Baillière, rue de l'École de
Médecine, 13 bis, et à Londres, 219, Regent-Street.

Le Texte, qui formera un volume séparé des planches (que l'on
peut relier en 2 vol., *vertébrés* et *invertébrés*), est sous presse.

jetter encore dans la science un livre fait à la hâte et qui aurait continué de reproduire les erreurs des autres.

Nous avons donc voulu savoir sur quelles bases reposent les genres que nous avons figurés et ceux qui les avoisinent, nous avons évité de copier nos devanciers, et nous avons toujours remonté aux sources, quand cela nous a été possible, et malgré le temps que ces sortes de recherches prennent. Cette manière de travailler nous a fait relever un grand nombre d'erreurs, commises par des auteurs qui ont travaillé en conscience, nous nous plaisons à le croire, mais qui se sont laissés entraîner par le désir d'aller vite, de finir promptement un ouvrage.

Latreille distingue pour la première fois le Mégatome, type du genre qui nous occupe, dans son *Genera crustaceorum et Insectorum*, t. 2, p. 35 (1807), en le séparant des autres *Mégatoma*, pour en faire le type unique d'une division qu'il caractérise ainsi :

« III. *Corpus subovatum; antennæ clava subglobosa, illius articulis duobus inferis brevissimis.*

Spec. 3. MEGATOMA RUFITARSE. *Megatome rufitarse. M. nigrum, punctulatum; antennis clava subtomentosa, articulis mediis tarsisque pallido-rufescentibus.* — Long. : 1- 1/2, lineam.

Dermestes nigripes, fab. syst. eleuth. T. 1, p. 318 ?

Dermestes rufitarsis, Panzer. faun. ins. germ. fasc. 35 f. 6 ? — hab. in Gallia.

Annotatio. Hujus generis sectiones forsan totidem genera constituunt. »

Latreille paraît avoir eu sous les yeux un insecte bien différent de celui qu'offrent les figures des *Dermestes nigripes*, que nous avons vues dans Panzer, car elles représentent des espèces qui ont une massue antennaire composée de trois articles plus gros, comme chez les Mégatomes de la première division ; aussi Latreille a-t-il accompagné ces citations d'un point de doute.

A cette occasion, nous ferons remarquer que le nom de *Dermestes rufitarsis*, Panzer (fasc. 35, f. 6), ne se trouve pas dans tous les exemplaires de sa Faune germanique, nous l'avous bien trouvé ainsi dans un exemplaire de la bibliothèque de M. Chevrolat, mais dans celui du Muséum, qui doit provenir d'une édition postérieure, il paraît que l'auteur ayant reconnu que cet insecte était le *Dermestes nigripes* de Fabricius, a changé la lettre de sa planche et le texte, car on trouve la même figure (fasc. 35, f. 6), sous le nom de *Dermestes nigripes*, Fabricius, avec un texte différent. Dans tous les cas, Panzer parle de cette correction au fascicule 97, n° 5, car il représente encore le *Dermestes nigripes* de Fabricius, et dit en note : « *Quamvis* xxxv, 6 *faun. ins.*, *sub nomine* Dermest. rufitarsis. *Creutzeri hujus speciei jam occurrat figura*, *eam correctionem tamen hic loci repetendam curavi.* »

On voit donc que l'espèce avec laquelle Latreille a fondé sa troisième division des Mégatomes, n'est pas la même que le *Dermestes nigripes* de Fabricius, ou *D. rufitarsis* des premières éditions de Panzer, et comme ce dernier nom devient sans objet, puisque l'espèce qu'il désigne est rapportée au *D. nigripes* fab. Nous le laisserons à la véritable espèce de Latreille, que personne n'avait revue depuis ce naturaliste, et dont nous devons un individu à notre ami M. Chevrolat, individu que nous décrivons plus bas.

Le nom de GLOBICORNE est employé pour la première fois par Latreille, en 1825, dans ses Familles naturelles du Règne animal (pag. 162); mais il ne cite pas l'espèce type de son genre.

On le trouve ensuite dans la 2ᵉ édit. du Règne animal (1830), mais, dans cet ouvrage, Latreille commence à apporter moins d'attention à son travail, et il cite comme type du genre, sans y mettre le point de doute qui était au Genera, le *Dermestes rufitarsis* de Panzer, espèce qui n'existe pas, comme on vient de le voir, puisque c'est le même insecte que le *Dermestes nigripes*.

C'est cette erreur qui a entraîné MM. Brullé et de Castelnau, lesquels s'en sont entièrement rapportés à Latreille, car ils ont tous deux, l'un dans l'Histoire naturelle des Insectes, publiée par Pillot (Ins., t. v, col. 2; 4ᵉ livr., p. 379), et l'autre dans les Suites à Buffon, publiées par Dumesnil (Ins., t. 2, p. 37), donné les caractères du genre *Globicornis*, d'après le Règne animal, en citant comme type le *Dermestes rufitarsis* de Panzer , ce qui montre que ni l'un ni l'autre n'a vu les figures qu'il cite, car ils auraient aperçu que ces figures n'offrent nullement les caractères qu'ils assignent , d'après Latreille , à ce genre.

Suivant nous , le genre Globicorne doit se placer avant les Anthrènes, car la fossette qui reçoit les antennes est moins bien limitée , leurs pattes ne sont pas si contractiles , leur corps est plus allongé et plus ovalaire , comme celui des *Megatoma* qu'ils semblent lier aux *Anthrenus*. Les caractères que Latreille leur assigne , surtout dans le Genera, sont *très-exacts* , et nous n'y ajouterons rien. Nous allons donc décrire l'insecte qu'il paraît avoir étudié en faisant son Genera , et une autre espèce qui nous présente des caractères génériques parfaitement semblables.

1. *Globicornis rufitarsis*. Latr. , Genera Crust. et Ins., t. 2, p. 35 (moins la synonymie). — Long de 3 millim., large de près de 2 millim. Noir , peu luisant, finement ponctué et un peu velu, avec l'extrémité des élytres un peu brunâtre. Tête penchée. Antennes courtes , fauves , avec les trois premiers et les trois derniers articles noirs. Pattes d'un brun foncé avec les jambes et les tarses fauves , ces derniers un peu plus pâles ; dessous du corps noir. Trouvé par M. Chevrolat sur les troncs d'ormes qui bordent l'avenue de Saint-Cloud , en juin. Très-rare.

2. *Globicornis fulvipes*. Guér. — Long. de 2 1/2 à 3 mill., larg. 1 1/2 à 2 mill. Cette espèce a une forme un peu moins allongée ; tout son corps est noir, très-luisant, assez velu , très-finement ponctué. La tête est penchée, les antennes et les pattes sont entièrement d'un fauve vif. — Trouvé dans des boîtes venant du Brésil. Il paraît être sorti de la moelle d'Agave qui les garnissait. M. Chevrolat en a trouvé dans des boîtes venant de Cuba et de la Guadeloupe.

Nota. Le *Dermestes nigripes* de Fabricius est rangé, avec raison , dans le Catalogue de M. Dejean , dans son genre *Attagenus* qui correspond aux *Megatoma* de Herbst et La-

treille. Nous en avons vu des individus qui se rapportent parfaitement aux figures publiées par Panzer et qui ont la même
taille et le même faciès que le vrai *Globicornis rufitarsis* décrit
plus haut. Olivier décrit aussi un *Dermestes nigripes*, mais
c'est une autre espèce, à élytres ferrugineuses avec trois bandes
ondées noires, qui vient de la Chine.

ICHNEUMONIDARUM, ad faunam Daniæ pertinentium, genera
et species novæ. Descripsis Georgius SCHIODTE.

M. Schiodte nous a envoyé le mémoire dont le titre précède,
pour être inséré dans le Magasin de Zoologie, ce travail, accompagné de bonnes figures dessinées avec beaucoup de talent par l'auteur, sera bientôt publié dans son entier, nous
allons, en attendant, en donner l'extrait suivant.

I. MEGASTYLUS, n.-g.——Caput transversum vertice rotundato, hypostomate triangulari protuberante; clypeo magno
fornicato. Alarum areola cubitalis intermedia nulla. Pedes
mediocres : tertii paris elongati, coxis validis; unguiculi simplices. Abdomen spathulatum, segmento primo lagenæformi :
petiolo lineari, tuberculis lateralibus medio sitis. Terebra
abscondita, oviductu setaceo simplici.

Sp. 1. *Megastylus cruentator*, n. — Niger, pedibus rufis,
pectore scutelloque rubris. — Mas. et femina. — Long. lin.
3 1/3-3 1/2.

Sp. 2. *Megastylus mediator*, n. — Niger, pedibus rufis,
abdomine medio piceo.—Femina.—Long. lin. 2 1/2.

Sp. 3. *Megastylus impressor*, n.—Niger, pectore scutelloque rufis, abdomine medio, pedibus antennarumque basi
testaceis. — Femina. — Long. lin. 3 1/2.

Sp. 4. *Megastylus orbitator*, n. — Niger, prothorace,
abdomine medio pedibusque rufis; facie flava — Femina. —
Long. lin. 2.

Sp. 5. *Megastylus lineator*, n. — Niger, abdomine medio
pedibusque testaceis, capite et thorace albopictis. — Femina.
— Long. lin. 2 1/2.

II. MONOGRAPHIA POLYBLASTORUM DANIÆ. — *Polyblastus*,
Hartig., Tryphon, *p*, Gravenhorst.—Caput transversum, ver-

tice lato, facie quadrata. Thorax brevis gibbus, mesothorace æquato, metathorace brevi rotundato clathroso. Alarum areola cubitalis intermedia triangularis. Pedes mediocres, subæquales : ungriculis pectinatis. Abdomen ovatofusiforme, subpetiolatum, segmento primo apicem versus sensim latiore, lineis duabus elevatis. Terebra exserta brevis, ova petiolata ex oviductu deorsum pendentia gerens. Antennæ mediocres setaceæ. Palpi filiformes, inæquales. Lingua bilaciniata, laciniis triangularibus acutis.

Sp. 1. *Polyblastus pinguis*. Synon. *Tryphon pinguis* Gravenh., Icneumonologia Europaea, II, 15o, 97.—Pubescens, niger, pedibus anterioribus posticorumque trochanteribus et tibiis flavis. — Mas. — Long. lin. 3–4.

Sp. 2. *Polyblastus Palæmon*, n. — Niger, pedibus rufis, posticorum tarsis tibiisque nigris, his medio albis. — Femina. — Long. lin. 2 1/2-3 1/2.

Sp. 3. *Polyblastus Drewseni*, n. — Niger, tibiis anterioribus femoribusque rufis, abdomine segmentis secundo testioque castaneis. — Femina. — Long. lin. 4 1/6.

Sp. 4. *Polyblastus Boiei*, n. — Niger, tibiis anterioribus femoribusque rufis, horum posticis nigropictis; abdomine segmentis secundo tertioque fulvis. — Femina. — Long. lin. 3 3/4.

Sp. 5. *Polyblastus varitarsus*. Synon. *Tryphon varitarsus* Gravenh., Ichneumonologia Europaea, II, 222, 146.—Niger, abdomine medio, tibiis anterioribus femoribusque rufis, tibiis tarsisque posticis alboannulatis, — Femina. — Long. lin. 3 1/2-3 3/4.

Sp. 6. *Polyblastus alternans*, n. — Niger, pedibus fulvis, tibiis tarsisque posticis albis nigroannulatis; abdomine fuscostramineo nigronotato.—Femina.—Long. lin. 3.

III. CYLLOCERIA, n. g. — *Phytodictus*, p, Gravenhorst. — Caput transversum, vertice rotundato angusto. Thorax gibbulocylindricus, mesothorace lobato, metathorace subhorizontali, scabro carinatoque. Alarum areola cubitalis intermedia nulla. Pedes mediocres, unguiculis simplicibus; postici subelongati. Abdomen subsessile convexum, segmento petio-

lari basin versus sensim angustiore , scabro , tuberculis lateralibus ante medium sitis. Terebra extricata.

Sp. 1. *Cylioceria nigra.* Synon. *Phytodietus niger*, Gravenh. Ichneumonologia Europaea , II , 934 , 318 (femina).
? *Bassus affinis*, Zetterstedt Fauna insectorum Lapponica,
fasc. II , 382 , 23 (mas. , fem.) — Tibiis anterioribus femoribusque rufis. — Long. lin. 4 1/2.

Sp. 2. *Cylloceria marginator*, n. — Pedibus rufis , coxis
et trochanteribus nigris ; abdomine segmentis margine castaneis.—Femina.—Long. lin. 4 1/4.

Sp. 3. *Cylloceria caligata.* Synon. *Phytodietus caligatus* ,
Gravenh. Ichneumonologia Europaea , II , 936 , 319 (mas. ,
fem.) ? *Bassus nuntiator* , Zetterstedt Fauna insectorum Lapponica, fasc. II , 381 , 22.—Pedibus rufis , posticorum tibiis
tarsisque nigris. — Femina. — Long. lin. 3 1/2-3 2/3.

III. ANALYSES D'OUVRAGES NOUVEAUX.

BULLETINS de l'Académie royale des sciences de Bruxelles.
Année 1837. t. IV.

Voici ce qu'il y a de zoologique dans cette année 1837 des
bulletins.

1. M. *Cantraine* communique, dans la séance du 9 mai 1837,
page 220, une observation sur l'arrivée tardive du Martinet ,
(*Cypselus apus*). Cet oiseau ne fut de retour à Gand cette
année que le 1er mai , tandis qu'en 1831 , malgré la rigueur
de l'hiver , les Hirondelles étaient de retour à Cagliari le 28
février. Chacun sait que les Hirondelles devancent les Marti-
nets , dans leurs migrations , d'environ quinze jours.

2. Dans la séance du 5 août , page 361 , M. Dumortier dit
qu'on a tué un individu mâle et adulte du Merle Roselin
(*Acridotcres roseus* , *Pastor roseus*) dans les environs de
Tournay. C'est un fait très-rare que le passage de cet oiseau
dans une contrée septentrionale de l'Europe.

3. NOTE sur l'*Ibis olivacea* , par M. le chevalier Dubus.

(P. 103.)

L'auteur décrit ainsi cette nouvelle espèce : Ibis facia cum

fronte nudis nigris; occipite cristato; plumis cristæ longius-
culis, supra violaceis, subtus fuscis; regione parotica fusces-
centi-fulva; collo et pectore ex fuscescenti-olivaceis ; tergo et
scapularibus olivaceo-virescentibus ; abdomine obscure brun-
neo-olivaceo; uropygio tectricibusque caudæ obscure virescenti-
cupreis; cauda , remigibus tectricibusque alarum majoribus
nigro-violaceis; alarum tectricibus mediis minoribusque nitide
viridibus in violaceum vergentibus; rostro brunneo rubescenti;
pedibus lividis.—Cet oiseau a été trouve en Guinée, il est figuré en couleur dans une planche qui accompagne la notice.

4. DESCRIPTION d'une nouvelle espèce de *Héron*, par le chevalier
Dubus. (Page 39.)

HÉRON AUX PIEDS JAUNES , *Ardea calceolata*, Dubus. Ardea
corpore nigro ; crista occipitali sparsa, longa, pendula, collo
infimo et tergo plumis subulatis longis ornatis, cauda et remigibus nigro-ardesiaceis pulverulentis; tibiæ parte nuda, tarso,
unguibus, rostro lorisque nigris; digitis et podarthris flavo-
ochraceis.—Cet oiseau vient de la côte de Guinée, il est figuré
en couleur.

5. DESCRIPTION des coquilles fossiles de l'argile de Bazeele ,
Boom , Schelle, etc., par M. de Koninck. Mémoire présenté dans la séance du 4 février.

M. Dumortier fait un rapport favorable sur ce travail, dans
la séance du 7 octobre (p. 412) et conclut à son impression dans les mémoires de l'Académie. Ce mémoire comprend la description de 41 espèces appartenant à 21 genres
différens ; 17 de ces espèces sont indiquées comme inédites et
figurées.

6. NOTE sur trois *Limaces* nouvelles pour la Faune belge ,
par M. Kickx. (P. 137.)

Ces trois espèces sont les *Limax Sowerbii* , Férussac; *Marginatus* , Drap., et *Subfuscus*, Drap. L'auteur les décrit avec
soin.

7. ANATOMIE du *Pneumodermon violaceum* , D'Orb. , par
M. Van - Beneden. (Pag. 504.) Ce mémoire n'est pas
imprimé dans le t. IV. Nous l'analiserons quand il aura
paru.

8. **Description** du double système nerveux dans le *Lymneus glutinosus*, par M. Van-Beneden. (Page 15.) C'est une anatomie faite avec soin et accompagnée d'une bonne figure.

9. **Histoire** naturelle et anatomie du système nerveux du genre *Mytilina*, par F. Cantraine. (Page 106.) Ce genre est le même que celui établi par M. Van-Beneden sous le nom de *Dreissena*.

L'auteur dit l'avoir établi en 1834 dans une lettre écrite à M. Quetelet, il critique le mémoire de M. Van-Beneden, et termine en donnant une description, précédée d'une longue synonymie, de sa *Mytilina polymorpha* (*Dreissena polymorpha*, Van-Beneden, *Tichogonia Chemnitzii*, Rossmassler). Ce travail est accompagné d'une figure anatomique.

M. Van-Beneden, dans la séance suivante (p. 141) répond aux observations de M. Cantraine, celui-ci réplique p. 146.

10. **Description** d'une nouvelle espèce du genre *Dreissena*, par M. Van-Beneden. (P. 141.)

Nous avons déjà rendu compte de ce travail dans notre n° de février, p. 26.

11. **Mémoire** sur le *Cancer gamarellus pulex*, par M. Bavier. (Page 76.)

Dans leur rapport MM. Cantraine et Wesmael (p. 224) pensent que les résultats obtenus par M. Bavier ont besoin, pour être admis, d'être confirmés par de nouvelles observations.

12. **Notice** sur le *Théridion Malmignatte*, par M. Lambotte. (Page 433 et 488.)

M. Lambotte commence par faire connaître les travaux qui ont été faits sur cette araignée remarquable. Il signale ensuite sa présence à Volterra en Toscane, et étudie ses caractères zoologiques et ses glandes à venin qu'il figure dans une planche où est représentée l'araignée entière et les parties de sa bouche.

13. **Note** sur un insecte qui détruit les Scolytes, par M. Wesmael. (P. 320.)

M. Wesmael a reconnu que la larve du *Bracon initiator* de Fabricius vit aux dépens du *Scolytus destructor.*

14. Note de M. Wesmael sur la *Fulgore porte lanterne.*
(P. 136.)

Depuis les ouvrages de mademoiselle Mérian , dit l'auteur , on est généralement resté persuadé que la Fulgore porte lanterne , l'un des plus beaux insectes de l'Amérique méridionale, à la faculté de répandre dans les ténèbres une lumière phosphorescente , par le prolongement antérieur de la tête : ce fait a pourtant été contesté assez récemment, et on lit , dans la Revue entomologique de Silbermann , t. I , p. 122. « M. le comte de Hoffmansegg , s'appuyant des communications de Sieber , a , le premier , attaqué l'assertion de mademoiselle Mérian , et déclaré qu'elle était sans fondement. Le prince de Neuwied a ensuite confirmé ce démenti , en déclarant qu'il n'avait jamais remarqué la moindre trace de lueur sur le Fulgore du Brésil , qui n'est pas rare du tout dans ce pays. »

En présence de dénégations aussi formelles , poursuit M. Wesmael , j'ai cru devoir porter à la connaissance de l'Académie un récit tout contraire qui m'a été fait par un naturaliste belge récemment revenu du Brésil. M. Linden m'a assuré y avoir pris une Fulgore pendant une nuit obscure, et ne l'avoir aperçue qu'à cause de la vive lueur qu'elle répandait. J'attache d'autant plus d'importance à cette déclaration de notre compatriote , que je n'ai aucune raison pour douter de sa véracité.

15. Sur une difformité observée chez un *Lépidoptère* , par M. Wesmal. (Pag. 359.)

M. Wesmael a observé un *Nymphalis populi* qui est arrivé à l'état parfait en conservant sa tête de Chenille. Il donne la figure de cette singulière monstruosité.

16. Notice sur un *Lépidoptère* gynandromorphe, par M. Wesmael. (Pag. 11.)

C'est un *Argynnis paphia* qui a fourni le sujet de cette observation ; l'auteur décrit avec soin toutes les parties extérieures de cet hermaphrodite , et il en donne une figure coloriée.

17. Sur la *Vespa muraria* de Linné , par M. Wesmael.
(P. 389.)

Cette note est destinée a bien faire connaître la vraie *Vespa muraria* de Linné, qui forme le type du genre *Odynerus;* M. Wesmael avait exprimé de l'incertitude au sujet de cette espèce, dans sa Monographie des Odynères (p. 10-12). Il a pu lever tous ses doutes, grâce à l'obligeance de M. Westwood qui lui a envoyé des descriptions et dès dessins de l'espèce étiquetée par Linné lui-même, dont la collection est conservée à Londres. Ce petit travail est accompagné de figures, il est des plus intéressans pour les entomologistes et témoigne de la bonne direction des travaux de M. Wesmael.

18. Sur les larves d'un *Sarcophage*, par M. Wesmael.
(P. 319.)

Ces larves vivaient dans un *Melolontha fullo* mort, l'auteur n'a pu déterminer l'espèce.

19. Sur les métamorphoses des *Xylophagus*, par le même.

Il a trouvé des larves du *Xylophagus marginatus*, Meigen, entre l'écorce et le liber d'un peuplier abattu, il les décrit avec soin à la page 320.

20. Note sur là structure microscopique des *Hydatides* , par M. Gluge. (Pag. 454.) Ce mémoire est accompagné de figures.

Nous donnerons sous peu une analyse semblable des séances de 1838 de la même Académie.   (G.—M.)

Nouveaux élémens de zoologie, ou Etude du Règne animal , disposé en série , en marchant des espèces inférieures aux supérieures ; par M. H. Hollard.—Paris , 1838.

Le livre que M. Hollard vient de faire paraître possède à nos yeux un mérite bien réel , celui de l'à propos; il paraît que l'enseignement de l'histoire naturelle élémentaire doit être transporté , l'année scholaire prochaine , des basses classes en philosophie , et que les professeurs auront à développer le programme de bachelier es science pour la partie zoologique, botanique, tel qu'il a été arrêté par décision universitaire. L'on sait que c'est M. de Blainville qui a dressé cette partie du programme , et disons-le , le livre du docteur Hollard, ainsi que le cours que M. de Blainville vient de donner à la Faculté des sciences, sont des développemens de ce même programme.

M. Hollard, en prenant la série animale des animaux inférieurs vers les supérieurs, à consulté plutôt l'ordre logique que l'ordre usuel, il nous serait bien difficile de prendre cette marche dans l'enseignement universitaire, les organisations les plus *simples* étant pour nos jeunes auditeurs beaucoup moins connues que les plus *composées*, il nous sera toujours plus facile d'arriver à leur intelligence en commençant dans l'ordre de Cuvier d'un *vertébré* pour descendre à un *acalèphe*, que de remonter du *polype à l'oiseau.*

M. Hollard a pris la classification de M. de Blainville; certes la révision du Règne animal tel que Cuvier l'a laissé, est un besoin qui se fait déjà sentir, dans quelques parties (le 4e enbranchement) c'est un véritable chaos dans lequel il sera nécessaire d'apporter bientôt une investigation rigoureuse; mais pour l'enseignement élémentaire, la classification du *Règne animal* de Cuvier aura au moins pendant dix ans force de loi, et le livre de M. Hollard, très-bon à mettre aux mains des élèves des facultés, ne pourra être mis à celles des élèves des colléges royaux que par décision ministérielle, laquelle se fera sans doute long-temps attendre.

Nonobstant ces reproches qui ne portent que sur la classification et l'ordre didactique adopté, l'ouvrage de M. Hollard est important pour nous. Il fixe dans son introduction les opinions et les doctrines qu'il importe d'inculquer aux élèves sur des questions générales et spéciales du programme, et dans un sens que l'université, qui doit porter un œil sévère sur les doctrines et les opinions qu'il s'agit de développer à ses élèves de philosophie et des classes supérieures, ne peut manquer d'approuver hautement. En effet, M. H. Hollard appartient à cette école qui reconnaît aujourd'hui, à Paris, MM. de Blainville et Laurent de Toulon pour chefs; école qui continue celle toute religieuse ou spiritualiste de Ch. Bonnet et de Cuvier; école dont les doctrines, prises toutes dans l'observation et l'*à posteriori* des faits, consistent rarement en inductions à *priori*, et sont destinées à servir d'antidote aux doctrines panthéistiques que l'Allemagne a déversées sur nous, ou qui sont nées spontanément en France dans quelques cerveaux trop habitués à prendre pour des réalités de pures abstractions de la pensée.

Ces doctrines ont à nos yeux le tort immense d'investir la matière d'une puissance trop grande en elle-même, de lui reconnaître pour ainsi dire la faculté d'intelligence et d'élection des formes animales, végétales, minérales, par suite de certaines forces ambiantes qu'on ne saurait définir, et qui, si elles peuvent *modifier* dans des limites fort peu larges les choses créées, n'ont jamais pu rien *créer* d'elles mêmes. Ce système qui se rapproche un peu de celui de Spinosa, et qui veut bien accorder à Dieu l'impulsion primordiale, en lui retirant pour ainsi dire, avec la disposition de l'ensemble, la coordination des détails, est dangereux pour de jeunes esprits.

C'est ainsi que ce philosophisme se trouve entraîné à admettre comme un de ses dogmes fondamentaux, la transmutation des espèces animales les unes dans les autres, faisant passer avec le temps! et quel espace de temps! et le monde ambiant ou les circonstances physiques y aidant, l'éléphant ou la baleine, sans doute par de nombreux états intermédiaire, de la forme Monadaire ou du premier état de globuline vivante, à leur état présent; système qu'on ne pourrait atteindre que par l'arme du ridicule, si la raison humaine inscrite dans la légende biblique, qui n'est qu'une ancienne et respectable manifestation des idées généralement inculquées dans la pensée humaine, ne l'avait repoussé en adoptant comme fondement à toute genèse, le dessein, la forme et l'harmonie de l'espèce d'une manière incommutable, ou avec des *variations* très-faibles, sans cesse tendant à retourner au type, variations qui ne sont, quant à l'*espèce*, considérée comme unité zoologique, que des accidens de taille, de couleur, et qui n'entament que la superficie et non le fond des choses.

On comprend aussi que la doctrine des transmutations des espèces les unes dans les autres, et la théorie des arrêts de développemens qui en est la base, rendent facile la doctrine qn vient couronner l'édifice du panthéisme, celle de l'*uniformité absolue* selon les uns, de la *conformité seulement*, selon les autres, de tous les types de la série animale, de manière que le spectacle si varié de la nature, ne sera plus, en creusant la chose, qu'une monotone uniformité ; que toutes les formes s'emboîtent, (en ajoutant ou supprimant bon nombre de pièces pour avoir son compte, en retournant ici par *la pensée* en dehors ce qui là était en dedans) se retrouvent les unes dans les autres, de sorte qu'en supprimant, dans ce système, le signe $+$ quand il gêne, le signe $-$ quand il embarrasse, on arrive ainsi partout, toujours et commodément, au signe de l'équation ou de la parfaite ressemblance, fût-ce entre une écrevisse et un oiseau.

M. Hollard a pris, depuis long-temps et encore aujourd'hui, dans le livre qu'il publie, position contre ces doctrines fâcheuses dans ce qu'elles ont de trop absolu ; car, nous devons le reconnaître, l'analogisme modéré et suivi avec sagacité, aura rendu des services réels à la science de l'organisation. Pour la première fois dans cette note nous croyons convenable, après bien des années de silence, de dire, tout petit professeur de l'Université que nous sommes, n'avoir pu jamais plier nos convictions aux abstractions unitaires, et que nous partagions dès il y a long-temps (et il nous en a coûté cher), comme nous partageons encore aujourd'hui, les opinions de M. Hollard et de ses amis scientifiques.

Le Docteur Al. Bourjot ,
Prof. de zool. élém. coll. Bourbon.

Transactions de la Société Zoologique de Londres, in-4° ; avec planches. Londres, 1833 à 1836. (Mollusques.)

Nous allons donner, dans cet article, l'indication de tous les mémoires sur les Mollusques qui ont paru dans ce Recueil , depuis son origine jusqu'à ce jour ; nous en ferons successivement autant pour les autres branches de la Zoologie.

Dans le tome Ier, on trouve les mémoires suivans :

1° Mémoire sur l'organisation et les caractères des *Loligopsis* et détails sur une nouvelle espèce (*L. guttata*) des mers des Indes ; par R. E. Grant. (P. 21 , pl. 2, fig. 2 à 10.)

2° ANATOMIE de la *Sepia vulgaris*, et détails sur une nouvelle espèce de la côte de Maurice (*Stenodactyla*) ; par R. E. GRANT. (Pag. 77 , pl. 11.)

3° DESCRIPTIONS de quelques nouvelles espèces faisant partie de la famille des *Brachiopodes* de Cuvier ; par W. J. BRODERIP. (P. 141 , pl. 22 et 23.)

Terebratula chilensis.—Testa suborbiculari, gibba, albente, radiatim striata, striis latioribus, margine subcrenulato, subflexuoso.—Hab. Valparaiso.

Terebr. uva.—Testa ovato-oblonga, ventricosa, subglabra, subdiaphana, lineis concentricis substriata, valva, perforata subelongata.—Hab. sinu Tehuatepec.

Orbicula lamellosa.—Testa cornea, fusca, suborbiculari, subdepressa, lamellis concentricis elevatis rugosa. — Hab. ad Peruviæ oras.

Orbicula Cumingii.—Testa subconica, suborbiculari, crassiuscula, striis ab apice radiantibus numerosis; epidermide fusca.—Hab. ad Paytam.

Orbicula strigata. — Testa crassiuscula, subrotunda, substriata, radiatim castaneo-strigata; epidermide tenui, fusca. —Hab. ad Guatemalæ oras.

Lingula Audebardii.—Testa oblonga, glabra, cornea, pallide flava, viridi transversim picta, limbo-anteriore rotundato, viridi.—Hab. in ins. Punam, bay of Guayaquil.

Lingula semen.—Testa ovato-oblonga, crassiuscula, plana, albida, lævissima, polita, limbo anteriore rotundato.—Hab. in ins. Platam.

4° ANATOMIE des *Brachiopodes* de Cuvier et plus particulièrement des genres *Terebratula* et *Orbicula*; par Richard OWEN. (P. 145, pl. 22 et 23.)

Ces anatomies sont faites sur les espèces décrites dans le mémoire qui précède.

5° DESCRIPTIONS de quelques nouvelles espèces de *Calyptræidæ*; par W. J. BRODERIP. (P. 195, pl. 27, 28, 29.)

Après avoir donné une idée des divisions ou sous-genres établis dans le genre Calyptrée, par MM. Lesson et Deshayes, l'auteur décrit les espèces suivantes qui sont toutes très-bien figurées.

sub-genus Calyphtræa.—Testa subconica, subacuminata, cyathi basi adhærente, lateribus liberis.

A. Cyatho integro

C. rudis.—Testa fusca, subdepressa, suborbiculari, radiatim corrugata; limbo crenato; cyatho concentrice lineato, albido, suborbiculari; epidermide subfusca. — Hab. in Am. centrali (Panama and real Llejos).

B. Cyatho hemiconico, longitudinaliter quasi diviso (*Calyptræa*, Less.)

C. corrugata. — Testa subalbida, suborbiculari, subdepressa, corrugata, intus nitente; cyatho concentrice lineato, producto; epidermide fusca. — Hab. in Am. centrali (Guacomayo).

C. varia.—Testa albida, suborbiculari, crassiuscula, longitudinaliter creberrime striata; cyatho concentrice lineato, crassiusculo, producto. — Hab. in oceano Pacifico (Gallapagos, etc.)

C. cepacea.—Testa alba suborbiculari, subconcava, tenui, diaphana, striis numerosis subcorrugata, intus nitente; cyathi terminationibus lanceolatis.—Hab. in sinu Guayaquil.

C. cornea.—Testa suborbiculari, complanata, albida, subdiaphana, concentrice lineata, et radiatim striata, intus nitente.—Hab. ad Aricam Peruvæ.

Sub-gens Calypeopsis, Less.—Cyatho interno integro, lateraliter adhærente.

C. radiata.—Testa conico-orbiculari, a'bida fusco radiata, striis longitudinalibus crebris; limbo crenulato; apice acuto, subrecurvo; cyatho depresso.—Hab. in Amer. merid. (Bay of Caraccas.)

C. imbricata.—Testa albida, subconica, ovata, costis longitudinalibus et squamis transversis imbricata; apice subincurvo, acuto; limbo crenato; cyatho depresso.—Hab. ad Panamam.

C. lignaria.—Testa crassa, fusca, deformi, striis corrugata apice prominente, subadunco, acuto, posteriore.—Hab. Am. centrali. (Real Llejos.)

C. tenuis. — Testa irregulari, tenui, subdiaphana, creberrime striata, albida, interdum fusco pallide strigata.—Hab. ad Peruviæ oros.

C. hispida.—Testa subovata, subconica, alba, strigis maculisque subpurpureo-fuscis varia, striis frequentibus et spinis tubularibus erectis hispida; limbo crenulato; apice turbinato; cyatho subdepresso.—Hab. in sinu Guayaquil.

C. maculata. — Testa ovata, albida purpureo-fusco maculata, longitudinaliter rugosa; limbo serrato; apice subturbinato, subincurvo.—Hab. in sinu Guayaquil.

C. serrata. — Testa suborbiculari, alba, subpurpureo vel fusco interdum fucata vel strigata, costis longitudinalibus prominentibus rugosis; limbo serrato, apice subturbinato; cyatho valde depresso.—Hab. ad Real-Llejos et Muerte.

Sub-genus SYPHOPATELLA, Less. ? — Cyatho seu potius lamina interna subtrigona, subcirculari, latere dextro replicato.

C. sordida.—Testa subconica, sordide lutea, longitudinaliter subradiata; apice turbinato; cyatho depresso, subtrigono, haud profundo. — Hab. ad Panamam.

C. unguis.—Testa tenui, conica, corrugata, fusca; apice subturbinato; cyatho depresso, subtrigono. — Hab. Valparaiso.

C. lichen.—Testa albida, interdum pallide fusco sparsa, subdiaphana, subturbinata, orbiculata, complanata. — Hab. in sinu Guayaquil.

C. mamillaris.—Testa albida, subconica, apice subpurpureo, mamillari.—Hab. in sinu Gauyaqnil.

C. striata.—Testa sordide alba, suborbiculata, subconica, subturbinata, striis longitudinalibus elevatis, creberrimis corrugata, intus fusco-flavescente.—Hab. ad Valparaiso.

C. conica. — Testa conica, fusca albido maculata, subturbinata.—Hab. ad Xipixapi et ad Salango.

Sub-genus CREPIPATELLA, Less. — Lamina rotundata, apice laterali et subterminali.

C. foliacea. — Testa suborbiculari, albida, foliacea, intus castanea vel alba, castaneo-varia. — Hab. ad Aricam Peruvæ.

C. dorsata.—Testa subalbida, planiuscula, costis longitu-dinalibus irregularibus rugosa, intus medio fusco-violacea.—Hab. ad Sanctam-Helenam.

C. dilatata. Lam. (Var. intus nigro-castanea). — Testa sordide alba castaneo strigata intus nitide nigro-castanea, la-mina alba.—Hab. ad Valparaiso.

C. strigata.—Testa subcorrugata, sordide rubra alba varia, intus subrufa, interdum alba vel alba rubro castaneo varia.—Hab. ad Valparaiso.

C. echinus. — Testa albida violaceo maculata, interdum fusca, striis longitudinalibus creberrimis, spinis fornicatis horrida, intus flavente vel alba.—Hab. ad Peruviam.

C. hystrix.—Sordide alba vel fusca, complanata, longitu-dinaliter striata, spinis magnis fornicatis apertis seriatim dis-positis, intus albida interdum castaneo-maculata. — Hab. ad Peruviam.

C. pallida.—Testa sordide alba, ovata; apice prominente. — Hab. ad insulas Falkland dictas.

Sub-genus Crepidula, Less.—Lamina subrecta, apice pos-tico et submedio.

C. unguiformis, Lam. (Var. complanato recurva.) — Hab. ad ins. Chiloen et ad Panamam.

C. Lessonii.—Testa complanata, subconcentrice foliacea, foliis tenuibus, alba fusco longitudinaliter strigata, intus al-bida, limbo interno interdum fusco-strigato. — Hab. in sinu Guayaquil.

C. incurva.—Testa fusco-nigricante, tortuosa, corrugata, intus nigricante, septo albo; apice adunco.—Hab. ad Sanc-tam-Helenam et ad Xipixapi.

C. excavata.—Testa crassiuscula subtortuosa, lævi, albida vel subflava fusco punctata et strigata, intus alba, limbo in-terdum fusco ciliato-strigata.—Hab. ad Real Llejos.

C. arenata. — Testa subovata, albida rubro fusco creber-rime punctata, intus subrubra vel albida subrubro maculata, septo albo.—Hab. ad Sanctam-Helenam.

C. marginalis.—Testa subovata, sublævi vel vix corrugata,

subflava vel albida fusco strigata, intus nigricante vel flava fusco strigata, septo albo.—Hab. ad Panamam.

C. squama. — Testa suborbiculari, complanata, sublævi, subtenui, pallide flava vel albida fusco substrigata, intus subflava, vel subflava fusco strigata.—Hab. ad Panamrm.

6° ANATOMIE des *Calyptræidæ* ; par Richard OWEN. (P. 207, pl. 3o.)

Cette anatomie est faite sur la *Colyptræa byronensis* de Gray. Ce mémoire est accompagné de très-belles figures.

7° DESCRIPTION d'un nouveau genre de Mollusques de la classe des Gastéropodes pectinibranches ; par M. E. RUPPEL. (Pag. 259, pl. 35, fig. 9, 10.)

M. Ruppel a trouvé ce Mollusque dans des Polypiers, en-clavé dans leur masse calcaire et ne communiquant avec la mer que par une ouverture médiocre ; il lui donne le nom de *Leptoconchus*, et le caractérise ainsi :

Animal.—Tête à trompe allongée, mais qui est entière-ment rétractile, la bouche sans armure apparente ; deux ten-tacules aplatis, triangulaires, courts, réunis à leur base in-terne, portant les yeux à la moitié de leur longueur sur leur côté externe. Pied médiocre, musculeux, sans opercule. Man-teau à bord circulaire, sans aucun ornement, avec un faible prolongement du côté gauche. Cavité branchiale à ouverture assez large, la branchie composée d'un seul peigne formé de lames triangulaires serrées les unes contre les autres ; au fond de la cavité branchiale se trouve l'orifice des ovaires, dont les œufs sortent (au mois de juillet) par paquets nombreux, en-veloppés chacun dans un sac visqueux, aplati, et de forme elliptique, long de 3 lignes. Au milieu de la cavité branchiale, du côté droit, est l'orifice de l'anus. Sur le côté droit du cou, un peu en avant du tentacule droit, il y a un autre orifice qui pourrait être en relation avec les organes mâles de la généra-tion. La coquille est de forme subglobuleuse ; elle est mince, très-fragile, translucide, à spire basse, presque effacée par le surcroisement des lames du dernier tour. Ouverture grande, de forme subovale, les deux extrémités contournées en sens opposé, de sorte que l'ouverture a quelque ressemblance avec la lettre S retournée ; les deux bords non réunis , le bord droit mince à tout âge , et un peu évasé antérieurement, comme dans les *Janthines* adultes. La columelle nulle , sans ombilic , sa partie antérieure tronquée et contournée. Couleur d'un blanc de lait un peu sale.

M. Ruppel pense qu'il faut placer ce genre près des *Janthines ;* mais il n'émet cette opinion qu'avec beaucoup de réserve. La seule espèce connue de ce genre est le *Leptoconchus striatus ,* Ruppel. Il se trouve dans la mer Rouge.

8° Mémoire sur les *Clavagella*; par W. G. Broderip. (P. 261 , pl. 25.)

Après avoir fait une histoire complète de ce genre , l'auteur décrit les trois espèces suivantes , figurées dans la planche qui accompagne son mémoire.

C. elongata. — Camera elongato-ovata ; valva libera elongata , subtrigona , convexa , externe concentrice valde rugosa , intus nitente ; umbone acuto.—Hab. oceano Pacifico ?

C. lata. — Camera rotundato-ovata ; valva libera latiuscula , subtrigona, subconvexa, externe concentrice rugosa, intus nitente ; umbone subrotundato. — Hab. oceano Pacifico.

C. melitensis. — Testa subrotundata, rugosa , intus subnitente ; tubo longitudinaliter corrugato. — Hab. ad Melitam.

9° Anatomie de la *Clavagella* , Lam. ; par Richard Owen. (P. 269, pl. 30 , fig. 8 à 16.)

Cette anatomie a été faite sur la *Clavagella lata* , décrite dans le mémoire qui précède.

10° Quelques considérations sur le genre *Chama* , avec les descriptions de plusieurs espèces qui jusqu'à présent ne paraissent point avoir été caractérisées ; par W. G. Broderip. (Pag. 301 , pl. 38 et 39.)

Après une courte introduction, M. Broderip décrit les espèces suivantes qui sont toutes figurées dans ses deux planches.

C. frondosa.—Testa sublobata , lamellosa, lamellis sinuosis frondosis , frondibus longitudinaliter plicatis et in utraque valva cardinem versus biseriatis , maximis ; intus alba , limbo purpurescente , crenulato.—Hab. in ins. Platam.

C. pellucida. — Testa alba roseo seu rubro fucata vel strigata, lamellis frequentibus, frondibus elongatis pellucidis; intus alba, limbo crenulato.—Hab. in Peruvio.

C. lobata.—Testa alba, lobata, subrhomboidea, radiatim striata, lamellis creberrimis, fimbriatis, foliaceis, striatis; limbo interno crenato.—Hab. in ins. Nevis.

C. sinuosa.—Testa suborbiculari, portice sinuata, lamellis mediocribus, plicatis, subdepressis, alba rufo-spadiceo maculata; intus alba, limbo interno lœvi.—Hab. ad Brasiliam.

C. pacifica. — Testa rubra, purpurea vel lutea, lamellis creberrimis, foliis seu squamulis brevioribus interdum albidis; limbo interno crenato.—Hab. in oceano Pacifico.

C. imbricata.—Testa lamellosa, squamis imbricata, albida purpureo-fusco varia; valva superiore subdepressa, sinu ab umbone usque ad limbum currente; intus albida, limbo integro sœpissime nigro-purpureo.—Hab. in oceano Pacifico.

C. producta.—Testa subpurpurea, creberrime lamellosa, lamellis foliaceis, integris; valva inferiore enormiter producta; limbo integro, purpureo.—Hab. ad Mexico.

C. corrugata.—Testa corrugata, rubro purpurea albo varia; intus atro purpurea, limbo integro. — Hab. in Am. central[i] (Real Llepos).

C. echinata.—Testa albida purpureo varia, spinis fornicatis echinata; intus atro-purpurea vel subrubra, limbo integro; dente cardinali rubro. — Hab. in Am. centrali (Puerto-Portrero).

C. spinosa.—Testa alba interdum roseo vel purpureo umbonem versus valvæ superioris picta, spinis fornicatis creberrimis horrida; intus alba, limbo integro. — Hab. in oceano Pacifico.

C. sordida.—Testa albida, subroseo varia, vel tota subrosea, creberrime striata, hinc et hinc foliacea, intus alba, limbo crenulato.—Hab. in Am. centrali (Isle of Cuna).

Le premier cahier du tome 2e a paru, il n'y a rien sur les Mollusques. (G.–M.)

Exposé des résultats obtenus dans des recherches sur les œufs et le développement des Limaces et autres Mollusques , et considérations générales sur la zoogénie , par M. Laurent.

M. Laurent , qui continue la série de ses belles recherches sur le développement des Mollusques , ajoute à ce qu'il a déjà fait connaître sur l'ovologie des Limaces , plusieurs faits importans , dont l'exposé demanderait trop de détails pour que nous l'entreprenions; ce nouveau mémoire est accompagné de figures très-grossies et plus complètes que celles qu'on avait publiées jusqu'ici. Nous recommandons vivement le travail de M. Laurent , on le trouve dans le troisième cahier de 1838 des Annales françaises et étrangères d'anatomie et de physiologie , publiées par MM. Laurent, Bazin , Coste , Hollard , Gervais et Jacquemart.   (G.-M.)

Faune entomologique de l'Andalousie; par M. P. Rambur. 2 forts volumes in-8 , avec pl. col. Paris , Artus Bertrand. (Divisés en 10 livraisons. Prix de la livr. : 6 fr.)

Les productions naturelles du midi de l'Espagne sont moins connues que celles des pays les plus lointains , et cependant cette belle contrée , située sous un climat africain dans beaucoup de ses points , offre des lieux ou la température est plus douce , et enfin des montagnes couvertes de neiges éternelles, ce qui doit donner une grande variété à sa Faune entomologique. M. Rambur a consacré deux années a explorer ce pays et il en a rapporté près de trois mille espèces d'insectes de tous les ordres , qu'il entreprend de faire connaître dans l'ouvrage que nous annonçons et dont il a paru deux livraisons.

L'auteur établit d'abord les caractères généraux de la classe des insectes , qu'il divise en onze ordres. Il commence son travail par le deuxième ordre , celui des Coléoptères , et passe en revue tous les genres , en décrivant les espèces qui sont nouvelles ou en citant seulement celles qui sont déjà décrites ; à la suite de ces citations il donne toujours des renseignemens sur l'époque d'apparition , le lieu d'habitation, le plus ou moins de rareté , les allures , etc. , de l'insecte, il fait des rectifications de synonymie , enfin l'on voit qu'il a étudié son sujet avec soin et qu'il ne veut rien négliger de ce qu'il est

nécessaire de faire connaître à ses lecteurs. Les objets nouveaux que l'on trouve dans ses deux livraisons sont trop nombreux pour qu'il nous soit possible de reproduire ici leur description, nous allons seulement les mentionner en ne nous
arrêtant qu'aux genres inédits ou aux espèces les plus remarquables.

M. Rambur a trouvé 8 *Cicindèles* toutes décrites ; le genre
Drypta lui a offert une espèce nouvelle qu'il nomme *D. inter-
famedia*, *Rufa ; elytrorum sutura abbreviata, in medio con-
tracta, postice dilatata ; pectore abdomineque et macula antennarum obscure cyaneis*. Il décrit six *Cymendis* inédites,
ce sont les *C. bætica, affinis, alternans, cordata, truncata*
et *sulcata*. Le genre *Dromius* lui a offert le *D. andalusicus*,
Rambur. Il a formé un nouveau genre près des Lebies, sous le
nom de *Singilis*, ainsi caractérisé. « Tête peu rétrécie postérieurement ; dernier article des palpes maxillaires externes presque cylindrique, tronqué ; le même des labiaux sécuriforme
dans les deux sexes, plus fortement dans les mâles ; pénul-
tième article des tarses bilobé ; crochets dentelés ; corselet
subcordiforme; corps assez large. » Il en connaît deux espèces,
Singilis bicolor et *soror*. Dans les *Brachinus* il décrit les *B.
bæticus, hispalensis, andalusicus* et *testaceus*, Rambur. Il fait
connaître une belle espèce de *Siagona* que nous avions reçue
depuis deux ans de M. Webb, mais que nous n'avons pas eu
l'occasion de décrire; il donne à cette espèce le nom de *S. Dejeanii*. Les *Scarites* lui ont donné une espèce nouvelle, son
S. collinus. Sur 8 *Ditomus* un est nouveau (*D. bæticus*). Le
genre *Carterus* lui a offert les *C. rotundicollis, affinis, microcephalus* et *gracilis*, inédits. Il n'a que trois espèces, déjà connues, de *Carabus* proprement dits. Il décrit une *Nebria an-
dalusia*, Rambur, un *Chlaenius virens*, R., un *Dinodes
bæticus*, R., les *Pristonychus bæticus* et *polyphæmus*, R.,
et le *Calathus bæticus*, R. Cette livraison est accompagnée de
5 planches très-bien faites, dont deux offrent des figures de
Coléoptères carabiques et les trois autres des Lépidoptères.

Dans la 2ᵉ livraison 4 feuilles contiennent la description
des Coléoptères et la cinquième commence celle des Derma-

ptères. Voici les objets nouveaux décrits par M. Rambur : *Calathus Angustatus* ; *Pœcilus bœticus* ; *Argutor testaceus* ; *Zabrus rotundatus*, *rotundicollis*, *ambiguus* et *angustatus* ; *Amara distincta* ; *Harpalus longicollis*, *distinctus*, *hispanus semipunctatus*, *littoralis*, *punctatipennis* et *rufitarsis*. Le genre *Hispalis* de M. Rambur est formé avec l'*Acupalpus Mauritanicus*, Dej., spec. ; *Bembidium bifoveolatum*, *gracile et montanum*.

La cinquième feuille ne contient de nouveaux que les *Forficula Bœtica*, *Brevis*, *Analis* et la *Blatta subaptera*. 4 planches représentent des Orthoptères, la cinquième offre des Coléoptères du genre *Asida*.

Cet ouvrage est traité par son auteur avec tout le soin qu'on doit attendre de lui, les descriptions sont bien faites, assez étendues et comparatives, les figures sont très-exactes, accompagnées de détails spécifiques et génériques quant cela est nécessaire ; enfin, en disant que M. Artus-Bertrand est l'éditeur de ce livre, c'est donner au public la garantie d'une belle et bonne exécution pour tout ce qui à trait à la partie typographique et au soin du coloris et de la gravure des planches.

(G.-M.)

ÉNUMÉRATION des Buprestides et descriptions de quelques espèces nouvelles de cette tribu de la famille des Sternoxes, de la collection de M. le comte MANNERHEIM. — In-8° de 126 pages.

Tel est le titre d'une publication n'ayant pas de date, mais que l'on peut supposer avoir paru à la fin de 1837 ou au commencement de 1838. L'auteur annonce que son manuscrit était prêt depuis plus d'un an, lorsqu'il apprit qu'une Monographie des Buprestides (histoire naturelle et iconographie des Insectes Coléoptères, etc. Paris, Dumesnil) avait été entreprise par MM. Delaporte et Gory, ce qui l'engagea à retarder l'impression de son mémoire, pour pouvoir consulter ce travail ainsi que celui dont M. le marquis de Spinola avait annoncé la publication.

Le savant entomologiste russe établit la synonymie des genres, mais par des motifs qu'il explique, il n'a pas donné leurs

caractères. Ses espèces sont décrites en latin, d'une manière
très-précise, des notes en français et fort intéressantes, terminent souvent les descriptions; mais n'ayant reçu alors que
les sept premières livraisons de la Monographie de MM. Delaporte et Gory, sur les dix-huit qui ont paru aujourd'hui; il y
a doute pour savoir a qui accorder l'antériorité des noms. Ce
doute ne ponrra être levé que lorsque M. le comte de Mannerheim aura fait annoncer, dans une publication française,
l'époque de l'apparition de son travail. Dans tous les cas son
mémoire est indispensable à tous les entomologistes qui s'occupent de l'étude des Buprestides, car il donne la description
de beaucoup d'espèces nouvelles et relève des erreurs assez
nombreuses.   (CHEVR.).

IV. NOUVELLES.

Nous recevons à l'instant une lettre du docteur MITTRE,
chirurgien de la marine royale, embarqué sur le vaisseau
l'Hercule qui vient d'arriver à Brest. M. Mittre a fait, autant
que la rapidité du voyage le lui a permis, des recherches sur
la zoologie et la botanique, et il nous donne un aperçu des
résultats qu'il a obtenus ralativement à la première de ces
sciences. Nous publierons les objets nouveaux que M. Mittre
nous annonce dès qu'ils nous seront parvenus; en attendant
nous dirons que nous avons observé, parmi les objets contenus
dans un petit bocal qui accompagnait sa lettre, un reptile batracien pris à Hampton, en Virgine, voisin des salamandres
(*Rhynuperus erythronotus*, Dum. et Bibron), et qui paraît
appartenir au genre *Salamandrine* établi par Eschscholtz
(zoologister Atlas, etc., planche 21), et un crustacé macroure, trouvé à Rio-Janeiro dans la *Pinna nobilis*, lequel ne
semble différer en rien de la *Pontonia custos*, sur laquelle
nous avons publié un mémoire étendu, dans l'expédition
scientifique de Morée. La présence de ce crustacé dans les mers
du nouveau continent est un fait de géographie zoologique des
plus curieux, car on n'avait encore observé cette espèce, depuis
Aristote, que dans la Méditerranée.

—M. Deltil, peintre distingué, qui habite Fontainebleau ; dans une excursion qu'il faisait avec ses élèves près de Frauchart, a vu, dans les anfractuosités humides d'un grand arbre abattu, un reptile vert, taché de noir, qui s'est caché à son approche. Pensant bien que ce n'était pas le lézard commun, ces messieurs ont eu la complaisance de nous conduire à l'endroit où ils avaient observé ce reptile et nous avons trouvé, caché dans le détritus mouillé et entre le bois et l'écorce d'un tronc de hêtre, quatre individus du *Triton variegatum* des auteurs, espèce très-rare à Paris ; ces Batraciens sont d'un beau vert clair tachetés de noir, avec une ligne dorsale d'un orangé vif partant de derrière la tête et se terminant à l'extrémité de la queue. Ils n'ont pas de crête dorsale, mais leur queue est un peu aplatie, quoiqu'elle le soit bien moins que celle des *Triton marmoratum* et *punctatum*. Cette circonstance et la forme rectiligne du bord des lèvres, qui leur donnent beaucoup de ressemblance avec la Salamandre terrestre, nous portent à croire que cette espèce pourrait établir le passage des salamandres terrestres aux Tritons. Nous publierons sous peu une figure de ce joli reptile.

— M. Petibeau, médecin et naturaliste, vient de partir pour explorer l'île de Cuba, la plus grande et la plus riche des Antilles. Il se propose d'étudier les productions naturelles des trois règnes, et ne peut que rendre de grands services à la science. Nous publierons les résultats de ses recherches dès qu'il nous les aura fait parvenir.

NÉCROLOGIE.

Le deuil de la société Cuvérienne et de la science, vient d'être prolongé par la mort récente de M. Frédéric Cuvier. Ce savant vient d'être enlevé par une courte maladie pendant son séjour à Strasbourg. Nous devons, plus que personne, déplorer cette grande perte, car M. F. Cuvier, qui nous honorait de son amitié, avait bien voulu encourager les débuts de la Société qui porte le nom de son illustre frère. Nous publierons une notice nécrologique sur ce savant dans un de nos prochains numéros.

REVUE ZOOLOGIQUE.

AOUT 1838.

I. SOCIÉTÉS SAVANTES.

ACADÉMIE ROYALE DES SCIENCES DE PARIS.

Séance du 6 août 1838.—M. *Valenciennes* envoie un mémoire intitulé : *Description de l'animal de la Panopée australe*, et recherches sur les autres espèces de ce genre.

Dans ce mémoire, l'auteur fait connaître l'organisation externe et interne de la Panopée australe, et déduit de sa description les rapports qui existent entre ce mollusque et les familles voisines.

« Les ouvrages les plus récens sur les mollusques, dit M. Valenciennes, ne font mention que de *trois* espèces de Panopée. Je fais voir, dans ce mémoire, qu'en réunissant les matériaux épars dans les différentes collections, ou dans les auteurs, l'on connaît aujourd'hui *quinze* espèces de coquilles dans ce genre. Cinq d'entre elles sont vivantes dans les différentes mers du globe, et les dix autres, fossiles, appartiennent aux différentes couches du calcaire grossier, ou à la craie.

» Parmi les espèces vivantes, il y en a deux que l'on rencontre fossiles, mais complétement identiques, dans les formations récentes des marnes argileuses des environs de Palerme ; l'une est l'espèce de la Méditerranée ; l'autre est celle des mers de Norwége. »

Séance du 13 *août.*—Séance publique.

Séance du 20 *août.* — M. *De Blainville* lit un grand mémoire ayant pour titre : *Doutes sur le prétendu Didelphe fossile de Stonefield*, ou à quelle classe, à quelle famille, à quel genre doit-on rapporter l'animal auquel ont appartenu les ossemens fossiles, à Stonefield, désignés sous les noms de *Didelphis Prevostii* et *Didelphis Bucklandii*, par les palæontologistes.

Nous rendrons compte de cet important mémoire dans le numéro prochain.

Deux géologues de l'Auvergne, MM. *de Laizer* et *de Parieu* présentent une mâchoire inférieure fossile, qu'ils regardent comme le débri d'un animal intermédiaire entre le Didelphe carnivore, connu sous le nom de Thylacyne, et les Carnivores proprement dits, notamment l'Hyène du Cap. Ce serait en quelque sorte, d'après eux, un Didelphe de transition.

Voici une analyse de la notice étendue qu'il ont jointe à l'original fossile et aux figures lithographiques qui l'accompagnaient.

Cette mâchoire, trouvée à Cournon, dans le calcaire tertiaire et palæothérien, superposé immédiatement au granit sur lequel repose le Puy-de-Dôme, est à peu près pareille pour la grandeur à celle d'un Thylacyne. Elle paraît avoir été garnie de 6 incisives, 2 canines et 14 molaires, comme la mâchoire correspondante de ce remarquable Didelphe australien. Il est donc probable qu'elle appartenait à un genre voisin. Car, entre les Carnivores proprement dits, les Chiens qui ont la même formule dentaire pour la mâchoire inférieure, ont deux molaires tuberculeuses, à la partie postérieure de cette mâchoire ; au lieu que dans le fossile aucune des 7 molaires n'est tuberculeuse. Toutes ont un caractère commun d'instrumens carnivores, ainsi que chez le Thylacyne.

Un second point remarquable dans ce fossile est l'allongement considérable des os maxillaires, trait caractéristique des Sarigues, et qui est chez lui, non seulement reproduit, mais dépassé, puisque l'espace entre les premières avant molaires du fragment en question est seulement 1/12 de la longueur totale de la mâchoire. Dans le Thylacyne le même rapport est de 1/9.

Outre ces deux signes rapprochant le fossile de Cournon du

genre Sarigue, qui comprend le Thylacyne, comme sous-genre, d'après la classification de Temminck et G. Cuvier. MM. de Laizer et de Parieu considèrent dans la mâchoire dont il s'agit un repli interne de l'apophyse postérieure qui leur paraît le rudiment de l'apophyse en crochet des Didelphes.

Toutefois c'est cette apophyse surtout qui, par sa forme mixte entre celle des Didelphes et celle des Carnivores ordinaires, dénote à leurs yeux un genre *intermédiaire* et de *passage* entre ces ordres divers de Mammifères. Ils placent ce genre sur la limite extrême des Didelphes et présument qu'il ne participait que d'une manière imparfaite et relative à leur conformation ostéologique abdominale, et à leur mode particulier de génération et de gestation.

L'examen de l'apophyse coronoïde et surtout de la forme des molaires corrobore cette opinion des auteurs de la notice. Ainsi la comparaison des principales dents du Didelphe de Cournon avec celles du Thylacyne et de l'Hyène tachetée montre des analogies assez frappantes avec cette dernière. L'arrière mâchelière de l'animal nouveau est notamment une véritable carnassière sans talon tuberculeux.

Les auteurs de cette découverte intéressante établissent ainsi en définitive leur nouveau genre.

Ordre des MARSUPIAUX ou DIDELPHES.

Genre *Hyènodonte.*

Caractères.—Mâchoire inférieure composée de 6 incisives, 2 canines, 14 molaires, divisées de chaque côté en 3 groupes, analogues pour les principales aux molaires de l'Hyène tachetée. Apophyses et condyle intermédiaire entre ceux des Didelphes et des Carnivores proprement dits.

Seule espèce connue : *Hyænodon Leptorynchus* (de Laizer), Hyénodonte à museau effilé.

M. *Vallot* envoie une note intitulée : *Sur deux espèces de Ciones, confondues par les naturalistes (C. scrophulariæ et C. verbasci)*, et sur un autre Coléoptère Porte-bec (l'*Oxystoma pomonæ*). Cette note est renvoyée à l'examen de MM. Duméril et Audouin.

Séance du 27 août. — M. *Duméril* lit, en son nom et en

celui de M. Bibron, un mémoire sur la génération des *Batra-ciens*, extrait du huitième volume de l'Erpétologie générale, ou Histoire naturelle des Reptiles, que ces deux naturalistes publient actuellement dans les suites à Buffon de Roret. Nous rendrons compte de ce travail en annonçant le huitième volume de l'ouvrage dans lequel il entre.

M. le colonel *Bory de Saint-Vincent* annonce à l'Académie, que, grâce au zèle de M. Lherminier de la Guadeloupe, auquel nous devons plusieurs communications ornithologiques très-importantes, et à un autre français, M. Hautessier de Marie-Galande, l'histoire du Guacharo (*Steatornis Caripensis*) est maintenant complète. Cet oiseau, découvert par notre confrère M. de Humboldt, dans les ténèbres d'une grotte profonde de Caripe et retrouvé en un gite analogue par M. Roulin, était encore fort peu connu et passait pour habiter l'intérieur du continent de l'Amérique méridionale. M. Hautessier s'étant rendu à la Trinité, trouva sur le marché un oiseau salé qui se mange en carême, sous le nom de Diablotin, et il y reconnut le Guacharo, dont il demanda l'habitation. Conduit dans les cavernes maritimes du détroit qui sépare l'île, maintenant anglaise, de la chaîne de Cumana, il y prit l'oiseau dont il a envoyé à M. Bory de Saint-Vincent un magnifique individu, que ce savant s'est empressé de donner au Muséum. M. Lherminier à joint à cet individu empaillé, son nid fort singulier, ses œufs et une collection des graines dont il se nourrit, ou le savant académicien a reconnu deux espèces de palmier et une baie d'un laurier.

II. TRAVAUX INÉDITS.

NOTICE sur quelques oiseaux de Carthagène et de la partie du Mexique la plus voisine, rapportés par M. FERDINAND DE CANDÉ, officier de la marine royale ; par MM. de LA FRES-NAYE et D'ORBIGNY.

M. de Candé, dans un court séjour à Carthagène et sur les côtes du Mexique, a recueilli 17 espèces d'oiseaux, parmi lesquelles il s'en est trouvé quatre nouvelles que nous avons décrites avec détail. En attendant que ce travail puisse être inséré avec des figures coloriées dans le Magasin de Zoologie, nous allons en donner un court extrait.

1. *Tanagra episcopus*.—De Carthagène.

2. *Lanio cristatus*, Vieillot.

3. *Rhamphocelus dimidiatus*, La Fresn., Mag. Zoolog., 1837, cl. II, pl. 81.—Carthagène où il est commun.

4. *Embernagra albinucha*, D'Orb. et La Fresn. ; espèce nouvelle, voisine du *Tanagra silens* et de l'*Emberiza platensis* par ses formes et ses couleurs et probablement par ses mœurs. Il est en dessus d'un ardoisé foncé un peu olivâtre sur le croupion; la tête et la nuque sont noires avec une bande blanche longitudinale, depuis le vertex jusqu'à la nuque. Les ailes et la queue d'un noirâtre foncé. Tout le dessous jaune nuancé d'olivâtre aux côtés de la poitrine et l'anus. Le bec semblable à celui du *Tanagra silens*, quant à la forme et à la couleur noire.—Hab. Carthagène.

5. *Pipra pareolides, Manakin tijoïde*, D'Orb. et La Fr. Le *Manakin tijé* de la Trinité, Vieillot, gal. Espèce très-voisine du Manakin tijé, et que Vieillot semblait avoir distingué seulement comme race propre à l'île de la Trinité, mais en différant spécifiquement selon eux par les plumes médianes de la queue prolongées en filets, par celles des ailes de forme et de longueur fort différentes, par la coloration même et par la forme du bec effilé et un peu moins arqué en dessus.—Hab. Carthagène.

6. *Tamnophilus cirrhatus*, Vieill.—Hab. Carthagène.

7. *Synnalaxis Candei*, Synnalaxe de Candé, D'Orb. et La Fr., dédié au voyageur dont le premier essai de collection a fourni ces quatre espèces nouvelles et intéressantes. Celle-ci l'est d'autant plus que les Synnalaxes n'avaient été rapportés jusqu'ici que des parties centrales et méridionales de l'Amérique du sud, celle-ci vient de Carthagène, par conséquent de ses confins les plus nord.

Voisine de forme du *Synnalaxis ruficapilla*, Vieillot, gal. 174, sa queue est moins longue et ses pennes non pointues sont arrondies, le dessus est d'un roux vif, le dessus de la tête d'un cendré obscur. La queue rousse à sa base est noire dans le reste. Ce qui le distingue particulièrement, c'est que les joues, et une grande tache au bas de la gorge sont d'un noirâtre ardoisé et velouté et que le menton et le haut de la gorge sont d'un blanc à reflets soyeux qui se prolonge en forme de bande de chaque côté sur les maxillaires, le dessous est roux vif avec le milieu du ventre blanc.—Hab. Carthagène.

8. *Emberiza Brasiliensis*, L.—Hab. Carthagène.

9. *Emberiza Americana*, L.—Hab. Carthagène.

10. *Oriolus bonana*, Gmel.

11. *Ornismya glaucopis*, Lesson. *Tro. glaucopis*, Linn.— Hab. Mexique.

12. *Ornismya Maugei*, Lesson.

13. *Trochilus moschitus*, Junior.

14. *Tamatia gularis*, Tamatia à gorge fauve, D'Orb. et La Fr. Cette nouvelle espèce voisine par son bec noir fendu à l'extrémité et par les principales couleurs de son plumage du Tamatia, *Bucco tamatia*, l'est aussi du *Tamatia bicincta* (Gould, proceedings, 1836-80). Mais elle en diffère spécifiquement. Un de ses principaux caractères est d'avoir la poitrine traversée d'une aile à l'autre par une bande noire sur un fond roussâtre clair et les flancs tachés légèrement de noir. Le plumage, varié et difficile à décrire succintement, de cette espèce que nous figurerons et décrirons plus en détail dans le Magasin, ainsi que les trois autres nouvelles espèces qui précédent, fait que nous nous bornerons à dire qu'elle diffère du *Tamatia bicincta* de Gould en ce qu'elle n'a qu'une seule bande sur la poitrine, et du *Bucco tamatia*, Lin., par sa taille plus forte, sa gorge fauve s'éclaircissant vers la poitrine (c'est le contraire chez ce dernier), et par son ventre roux-clair, il est tout couvert de taches ou bandes noires, chez le *Bucco tamatia*.—Hab. Carthagène.

15. *Trogon curucui*, Geml.—Hab. Carthagène.

16. *Trogon collaris*, Vieillot, Vaillant, pl. 6.—Hab. Xalapa, Mexique.

17. *Crotophaga major*, Gmel.—Hab. Carthagène.

Note sur le Gros-bec père-noir, *Loxia haitii*, *Ricord*, par
M. Alexandre Ricord.

Le plumage de la femelle du Gros-bec père-noir est, pendant la première et la seconde année, d'un gris tacheté de roux feuille-morte et de noir, ce n'est qu'à la troisième mue qu'elle prend la livrée que je vais décrire.

Toute la partie supérieure est d'un roux feuille-morte ; la partie inférieure et le cou d'un gris cendré ; les plumes annales d'un roux clair ; bec : mandibule supérieure brune ; l'inférieure blanchâtre ; pieds gris ; taille du Moineau-franc.

Buffon, qui n'a pas connu la femelle du Père-noir ; dit : ses couleurs sont fort différentes de celles du mâle ; il a bien raison d'ajouter combien peu l'on doit compter sur la différence des couleurs pour constituer celles des espèces. Cette vérité est bien applicable à l'oiseau que nous décrivons ; la particularité qu'il offre pendant les deux premières années n'a pas pu être observée par les naturalistes-voyageurs, qui d'ordinaire ne séjournent pas assez dans les pays qu'ils visitent pour être à portée d'étudier les animaux dont ils font des collections en courant.

J'ai rencontré cet oiseau dans toutes les Indes occidentales où je l'ai étudié pendant les huit années que j'y ai séjourné ; je l'ai aussi observé à la Terre-Ferme de l'Amérique espagnole, sur les bords de l'Orénoque ; enfin je l'ai aussi vu au continent de l'Amérique du nord, en Virginie.

Ces oiseaux fréquentent le voisinage des habitations et vivent deux à deux. La femelle fait son nid très-grossièrement dans les halliers. Elle y pond de cinq à sept œufs, de la couleur des œufs de nos moineaux ; ils prennent tous deux soin des petits, avec lesquels ils passent plusieurs mois.

Bien que ce genre d'oiseaux soit de l'ordre des Granivores, il se nourrissent presque exclusivement de fruits et préfèrent la pomme-rose. Ce fruit sert de nourriture aux petits. La femelle du Père-noir à des mœurs douces, est très-attachée et fidelle à son mâle et ne s'en éloigne pas ; ces oiseaux ne sont point querelleurs. Leur chant monotone est un sifflement que l'on peut rendre par : pist-pist-pist..... pist.

Le vol est court, rapide et droit. Le mâle et la femelle vivent assez bien en captivité ; les petits noirs les prennent à la glue en profitant du moment où ils sont occupés à manger un fruit : une petite baguette très-fine enduite de glue est fixée à l'extrémité d'une longue gaule , on l'approche doucement de l'oiseau , on l'applique brusquement sur les ailes et l'oiseau en voulant les étendre, se trouve englué. Cette chasse demande une certaine dextérité très-commune aux petits noirs des habitations.

La chair de ces oiseaux est très-délicate et ne ressemble pas à celle de notre moineau, cela tient, sans doute, à la bonté des fruits dont ils se nourrissent.

C'est encore parce qu'il est très-commun que cet oiseau n'a pas été bien observé. La couleur du mâle avait frappé les habitans des Indes occidentales , et , croyant trouver dans ces couleurs une ressemblance avec le vêtement d'un prêtre, ils lui ont donné le nom de Père-noir.

A M. Guérin-Méneville, directeur de la *Revue Zoologique.*
    « Monsieur ,

» J'ai vu avec grand plaisir, chez mon ami M. Alex. Lefebvre, les dessins des insectes que vous avez observés dans l'ambre de la Sicile provenant de ma collection, et j'ai appris que vous aviez reconnu que ces insectes appartiennent à des genres de l'époque actuelle , quoique constituant des espèces différentes. A cette occasion, je crois devoir vous communiquer mes idées sur ces insectes et sur le terrain dans lequel gît l'ambre qui les renferme.

» L'ambre de la Sicile se trouve au bord de la mer , près de l'embouchure des rivières, il gît dans le terrain tertiare et quelquefois dans l'argile schistcuse du terrain diluvial, aussi voit-on se vérifier, dans les insectes de l'ambre , ce que l'on observe chez les autres animaux du terrain tertiare , savoir , que les espèces qu'il renferme diffèrent de celles qui existent actuellement , ou offrent des modifications plus ou moins tranchées.

» Ces modifications , que l'on observe dans les animaux des

époques antediluvienne, et qui sont plus marquées et plus classiques à proportion de l'antiquité du terrain dans lequel ils gîssent, pourraient nous faire croire que l'apparition des nouvelles espèces doit être attribuée à ces mêmes causes modificatrices, de même que la disparition des espèces perdues. Je ne crois point que la nature ait formé tout à coup une espèce parfaite comme nous la voyons, mais je crois plutôt que l'espèce s'est de temps en temps perfectionnée et diversifiée en vertu de changemens successifs qui, avec le temps, ont produit des variations très-notables, changé une espèce en une autre, et formé ainsi le passage à des animaux de genres très-différens.

» Vous avez vu l'échantillon d'ambre insectifère que j'ai donné à mon ami M. Lefebvre, et vous avez observé ensemble plusieurs espèces nouvelles très-bien caractérisées ; cette découverte, qui me paraît très-intéressante pour la géologie, ne l'est pas moins pour la zoologie ; en offrant à ceux qui cultivent cette science quelques insectes fort curieux ; à cette occasion, vous permettrez que je vous offre mes remercîmens pour avoir bien voulu me dédier une de ces espèces.

» J'ai l'honneur, etc.

» Paris, ce 25 août 1838.

» Le doct. MARAVIGNA,

» Prof. de chimie à l'Univ. de Catane, etc., etc. »

Nous n'avons pas à discuter ici les considérations géologiques contenues dans la lettre du savant professeur de Catane, c'est aux géologues à les apprécier, nous ne devons nous occuper que de la partie zoologique et nous allons présenter le résultat sommaire de l'examen que nous avons fait, avec M. Lefebvre, des insectes contenus dans les morceaux d'ambre qui nous ont été communiqués par M. Maravigna. Ces insectes sont, pour la plupart, très-bien conservés, et nous avons pu les rapporter presque tous à leurs genres, ou du moins indiquer les genres avec lesquels ils ont le plus d'affinités ; mais nous n'avons pas eu le temps d'étudier les espèces, qui nous ont paru cependant ne se rapporter à aucune de celles de l'époque actuelle. La position de ces insectes dans l'épaisseur de l'ambre, nous à souvent mis dans l'impossibilité d'en faire une description complète, nous allons donc nous borner à en donner la liste : dans un prochain numéro nous publierons les croquis que nous avons faits des espèces les mieux caractérisées.

COLÉOPTÈRES.

Staphylinus ? En très-mauvais état.

Anaspis. Espèce bien caractérisée (*A. antica*, Nob.).

Scraptia. Espèce bien caractérisée (*S. ovata*, Nob.). Pl. 1, fig. 6.

Platypus. Espèce bien caractérisée (*P. Maravignœ*, Nob.). Fig. 7.

ORTHOPTÈRES.

Blatta. Un insecte parfait et une larve.

HÉMIPTÈRES.

Psocus. Deux larves. Fig. 8.

HYMÉNOPTÈRES.

Bracon, ou un nouveau genre très-voisin.

Formica. Sept espèces de formes extraordinaires, dont quatre sont représentées fig. 9, 10, 11, 12.

LÉPIDOPTÈRES.

Cecidomyia. Deux espèces.

Simulium ou genre voisin, fig. 13.

Ryphus ou genre voisin, fig. 14.

Dasypogon. Deux espèces bien caractérisées, fig. 15 et 16.

Nouv. genre ? Ses antennes manquent. Peut-être est-ce un Hyménoptère ? très-extraordinaire par l'aplatissement de sa tête, fig. 17.

Deux petits Tipulaires en état d'accouplement, fig. 18, et quelques autres Diptères, Némocères et Muscides, difficiles à déterminer. (G.-M.)

NOTE sur les insectes Coléoptères du genre ANTHRÈNE, par M. GUÉRIN-MÉNEVILLE.

On se rappelle que M. Brullé a annoncé à la Société entomologique de France, dans sa séance du 6 décembre 1837 (tom. VI, Bulletin, p. LXXX), que dans ce genre, *les mâles ont les antennes terminées par un long article, comme*

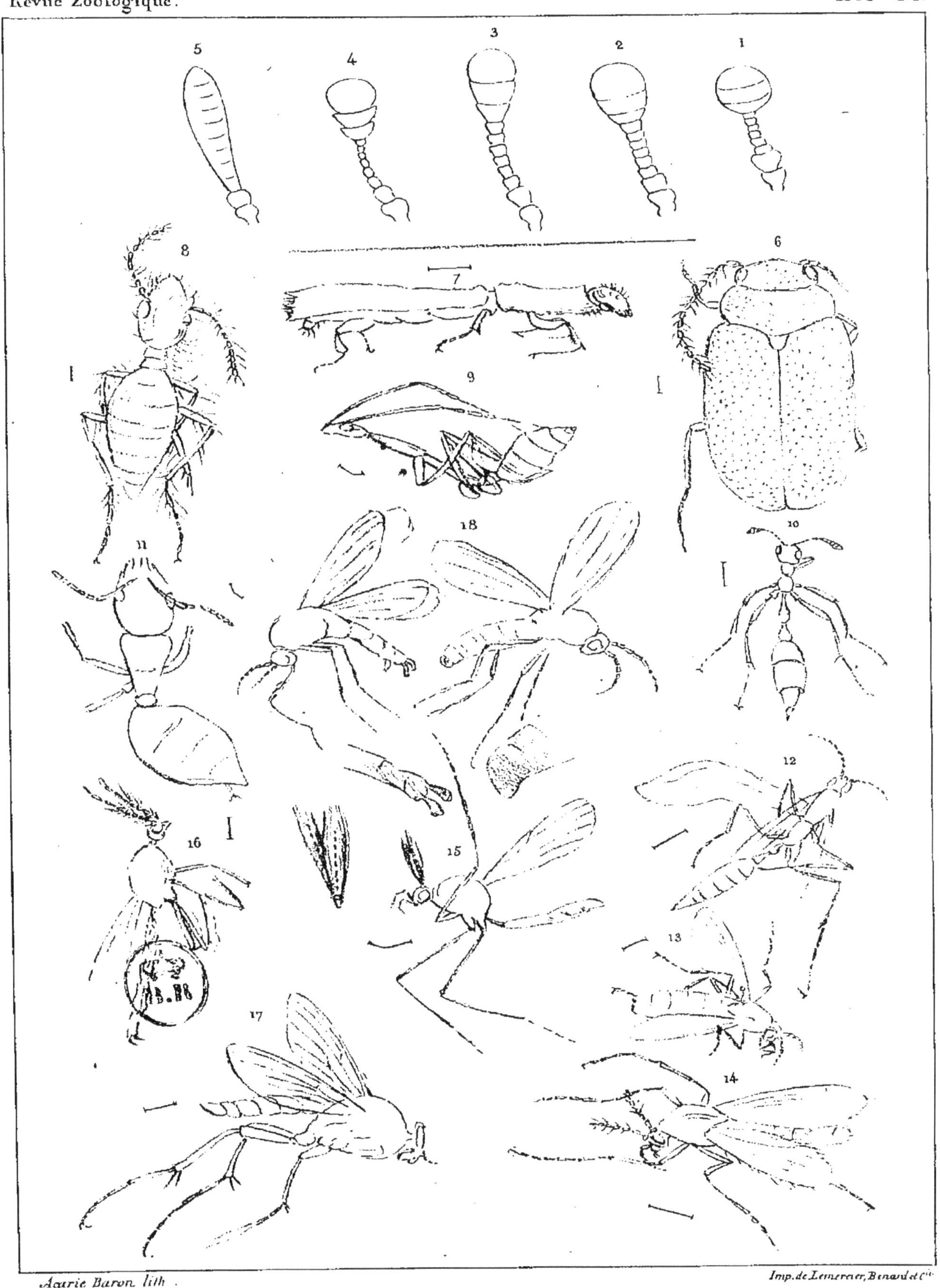

Pages 170 et 171.

on l'a observé dans les Mégatomes. Ayant voulu vérifier ce fait, avant de le citer dans le texte de notre Iconographie du Règne animal, nous n'avons pu voir d'antennes terminées par un long article, sur plus de 5o ou 6o individus de toutes tailles de l'*Anthrenus musæorum*, Gyll., espèce malheureusement si commune dans nos collections, ni sur 8 à 10 individus de l'*Anthrenus pimpinellæ*. Nous n'avons trouvé l'antenne terminée par une massue fort allongée, que chez les 5 à 6 individus de l'*Anthrenus varius*, Fab., (que nous possédons ; ce qui nous avait fait dire avec doute, que le caractère sexuel annoncé par M. Brullé, pourrait bien ne pas appartenir à toutes les espèces.

M. Aubé, a qui nous avions communiqué l'épreuve de notre texte de l'Iconographie, a bien voulu examiner les espèces de sa collection, et il a trouvé aussi que les antennes de l'*A. varius* seul étaient, chez tous les individus, terminées par une massue très-allongée, tandis que tous les individus des *A. musæorum, scrophulariæ, glabratus* et *pimpinellæ* avaient cette massue globuleuse et plus ou moins courte. Il en a conclu, avec raison, que la différence qui existe dans la massue des antennes n'est pas un caractère sexuel, mais bien un caractère spécifique, et il a été d'autant plus confirmé dans cette opinion, que nous partageons avec lui, qu'il a reconnu que Latreille avait observé ce fait depuis long-temps, puisqu'il se sert de ces différences dans la massue des antennes, pour diviser le genre Anthrène en quatre sections, dans son *Genera*.

On trouvera dans une planche au trait qui paraîtra à la fin du prochain numéro, les figures des cinq modifications observées par M. Aubé. La fig. 1 représente l'antenne de l'*Anthrenus pimpinellæ* ; la fig. 2, celle de l'*A. scrophulariæ* ; la fig. 3, celle de l'*A. musæorum*, la fig. 4, celle de l'*A. glabratus*, et la fig. 5, celle de l'*A. varius*.   (G.-M.)

III. ANALYSES D'OUVRAGES NOUVEAUX.

TRAITÉ de physiologie comparée de l'homme et des animaux, par Antoine DUGÈS, professeur à la Faculté de Montpellier. — Paris, Baillière, 1838.

Avant d'émettre notre opinion sur l'ouvrage du savant professeur que la science regrette, nous déclarons qu'il est bien difficile, pour ne pas dire impossible, de donner l'analyse complète d'un ouvrage de discussion et de faits (car il faudrait reprendre ces faits et les discuter un à un), surtout lorsque le livre est un résumé de l'état de la science, et est riche, en outre, des observations fécondes et consciencieuses de l'auteur. Car telle est, disons-le, de prime-abord, la portée et la valeur intrinsèque du livre que M. Dugès vient de léguer comme un enfant posthume à la physiologie générale. Ce livre a pour titre : *Traité de physiologie comparée de l'homme et des animaux :* c'est la vie étudiée en travail, c'est la machine humaine et les machines animales, en tout degré de complications et d'engrenage , examinées dans leurs fonctions ; ce livre n'est point un de ceux qui ne contiennent autre chose qu'un long et lourd numérotage de toutes les pièces dont se composent les différens types animaux.

Il était temps que des hommes pénétrés du besoin de conclure , vinssent enfin mettre en œuvre tant de matériaux péniblement équarris et emmagasinés sous étiquette dans les réceptacles scientifiques , et voulussent chercher le dernier mot..... de la vie, cet incompréhensible mystère dont nous sentons en nous l'effort agir , se tendre , fléchir , puis céder tout à coup, sans jamais en pouvoir saisir le *pourquoi,* sans jamais en comprendre tout-à-fait bien le *comment.*

Il faut le dire , dans cette nouvelle escalade du ciel pour lui dérober ses secrets , plus d'un Titan sera terrassé, et plus d'un Empédocle laissera sur les bords du cratère, qu'il ne pourra définir, son bâton , ses sandales d'airain , et, il faut en gémir , quelquefois sa raison... M. Dugès ne s'y est point exposé ; il reste dans la sphère des faits abordables par les lumières réunies de l'observation et du raisonnement, et s'il lui arrive quelquefois de marcher par induction , ce n'est jamais , au moins , par pure abstraction. Son esprit s'effraie à la simple pensée de confondre , comme dans l'idée allemande , devenue depuis française chez quelques uns , une vaste et collective animation dans tout notre monde planétaire, et par ex-

tension dans tout ce qui *est*. Il n'ose admettre d'explication universelle du fait de la vie, il ne peut croire qu'une force unique, agissant selon une seule règle ou loi, jetée à travers le chaos, ait mis partout l'ordre et le mouvement à la fois, sans que plus se mêlât des détails secondaires le suprême agent de l'impulsion première, qu'une certaine philosophie de nos jours veut bien placer au point culminant de l'édifice ou du système, sans lui permettre d'en occuper également le milieu, la base et les points intermédiaires. Le témoignage opposé de M. Dugès est trop précieux, surtout si l'on considère qu'il a conservé une noble indépendance, tout en dédiant son livre au chef trop avancé selon nous de cette école, pour que nous ne citions pas toute la conclusion de ce livre. C'est un hommage rendu à la *loi de finalité*, emprunté, dit M. Dugès lui-même, à M. Edwards l'aîné, *loi de finalité* qui domine tout, non seulement la coordination première ou sommaire des choses, mais encore le *détail du monde*, jusqu'à l'infiniment petit. Dugès, après avoir parlé des instincts et surtout de celui qu'il appelle encéphalique ou le principe des idées innées qu'il admet avec raison, selon nous, comme coexistantes avec l'apparition de l'*espèce*, et ne pouvant naître qu'avec elle, ajoute : « On
» peut considérer l'esprit qui a présidé à ces ouvrages (ceux
» de l'Abeille maçonne) et la prévoyance de certains insectes
» pour assurer à leur progéniture qu'ils ne verront pas plus
» qu'ils n'ont vu leurs parens, des circonstances utiles à leur
» développement, comme quelque chose de plus qu'un
» aveugle mécanisme automatique, c'est une habitude en-
» céphalique bien certainement *innée*, et qui plus est *pri-*
» *mordiale*, en ce sens qu'elle n'a pu commencer qu'avec
» l'*espèce* et doit remonter en conséquence, jusqu'à sa créa-
» tion ; on a pu regarder cela comme une disposition par-
» ticulière de l'encéphale de ces animaux ; mais l'explica-
» tion qu'on en donne ne rend pas le fait moins admirable,
» et nous fait conclure en faveur de l'existence d'une intel-
» ligence créatrice : n'est-ce pas, en effet, une preuve frap-
» pante de la sagesse qui a *tout* dispensé dans l'univers que de
» voir des *espèces* trop faibles et trop peu raisonnables pour

» se conserver par elles-mêmes, être préservées d'une des-
» truction inévitable par le don de quelques prérogatives
» toutes spéciales, tendant toutes au seul but de leur con-
» servation et portant le cachet d'une méditation profonde,
» d'une appréciation lumineuse des effets et des causes. »

Certes, quand on pense qu'aujourd'hui que nous pouvons
lire ce passage, Dugès n'est plus], que sa pensée, cette par-
ticule de l'essence divine, comme l'a dit le poète philosophe,
est retournée au foyer dont elle émana, le cœur et l'esprit se
reposent avec complaisance sur cette profession de foi dernière
du naturaliste, qui ne trouve rien de mieux que de voir le
Dieu créateur et ordonnateur dans l'organisation des sphères
célestes, comme dans la construction du plus faible animal-
cule, et qui l'admire jusque dans la fin préconçue et coordon-
née de ses moyens de vie et de perpétuation.

Certes, il y a loin de cette confession simple et grande à la
fois, au dogme beaucoup plus sublime, en apparence, de
De Lamarck et de ceux qui ont marché avec ou après lui, qui
consiste à reculer la difficulté en accordant à la matière une
fois mise en état de produire, une sorte d'intelligence d'action,
aux circonstances ambiantes une force modificatrice capable
d'opérer d'incessantes métamorphoses. M. Dugès n'a pu adopter
ces rêveries grandioses, il prend le monde et les *espèces* animales telles qu'elles sont, mais non pas telles qu'elles ont pu
être, par delà tous les âges ; cependant quoiqu'il fut bien en
garde contre ce système de transfigurations des espèces, par
le temps et le monde ambiant, M. Dugès a sacrifié aussi un
peu à l'esprit de système, vous le trouverez dans tout son
livre non pas *unitaire* absolu en connexion, en nombre, mais,
ce qui est beaucoup moins et ce qui est encore trop, au *confor-
misme* s'arrêtant, raisonnant sur les *intrà* et les *extrà* sque-
lettes. Parmi les animaux, il trouve très-bien des segmenta-
tions qui représentent ses zoonites ou anneaux vertébraux...,
je lui passe le tour de force, lorsqu'il s'agit des articulés, mais
ou les retrouver ces zoonites segmentés, dans les mollusques
Acéphaliens, dans les *Acaléphiens*, et dans tous les types

animaux purement hypocratiformes, comme les *Actiniaires*, et les *Monadaires* de l'auteur.....

M. Dugès a partout cherché avec persévérance le conformité organique ; il admet dans les articulés les deux systèmes nerveux, adoptant l'idée de Gall qui voit, dans la double ou simple chaîne noueuse, la moelle épinière des vertébrés, et dans le nerf récurrent, le système nerveux splanchique. Il adopte la culbute des crustacés, obligés par leur nature, d'après Geoffroy, Ampère, de marcher le dos en bas et d'avoir le ventre en l'air, enfin il se montre spécieusement bon et loyal *conformiste.....*, qu'à cela ne tienne, il y avait bien jadis un vieux professeur de grec qui retrouvait le dialecte dorien, ionien ou attique, l'un dans l'autre, en changeant, il est vrai, à sa commodité les lettres non concordantes, et en les transposant à sa guise. Pourquoi avec quelques changemens et transpositions d'organes, ajoutés ou retranchés, n'arriverionsnous pas à cette belle et transcendante unité que nous regardons seulement comme un très-utile commentaire, qui à fait creuser, pour pouvoir l'établir, le champ de l'observation, a fondé de belles et bien réelles analogies, à certainement frayé la route à ces ressemblances, après qu'on avait enregistré toutes les différences, système très-important, s'il n'est pas poussé jusqu'aux plus extrêmes conséquences, sous peine alors de devenir un grimoire, ou l'on ne pourra plus rien reconnaître, tant cette prétendue *simplification* aura embrouillé la science, et l'aura rendue ardue et difficile.

M. Dugès a traité des sens avec un soin particulier, nous avons examiné ce qu'il a dit de la vision sur laquelle il a écrit une sorte de Monographie : les opinions de l'auteur sur la contractilité du cristallin, qu'il s'obstine à regarder comme musculaire, et ayant en lui la propriété de se contracter pour s'accommoder aux besoins de la réfraction selon les distances (chose qui n'est pas nécessaire), sur le cristallin pouvant être porté en avant ou en arrière par des organes tracteurs, le peigne des oiseaux, les procès ciliaires des quadrupèdes, le corps fongoïde des poissons ont déjà été combattus par nous. Quand à l'examen minutieux de tous les faits compris dans le

traité de la vision , nous laissons cette tache difficile à M. E.
Monès , de Lavernase.

Espérons qne l'ouvrage de Dugès , tout entier dans les car-
tons , pourra paraître sans sa coopération , s'il ne devait pas
en être ainsi , si nous devions nous en tenir à ce volume , nous
aurions toujours fait une bonne acquisition et l'éditeur encore
une meilleure. Il manquait un bon traité des sens observés
dans toute la série animale. Il y a loin du traité de Lecat jusqu'à nous, cette lacune , l'ouvrage de M. Dugès la remplit
complétement.

L'ouvrage est dédié au professeur Et. Geoffroy St-Hilaire ,
nous avons vu que M. Dugès en rendant cet hommage à l'auteur
profondément sagace de la philosophie anatomique, a eu le cou-
rage de penser et de dire au maître qu'il honore : « *N'aurions-
nous pas été trop loin?* » Cette dernière manifestation de M. Dugès, si consciencieuse et si pure, ennoblit son caractère; il n'aura
pas à se reprocher d'avoir , par une condescendance outrée ,
ajouté des éloges dangereux aux fumées d'encens qui auront
fatigué la vieillesse d'un savant , à nos yeux bien des fois respectable, et que d'imprudens sectateurs voudraient user à leur
profit.   Al. Bourjot Saint-Hilaire ,
                              prof. zool. Elem. Coll. Bourbon.

Essai d'une nouvelle manière de grouper les genres et les es-
    pèces de l'ordre des Passereaux , d'après leurs rapports de
    mœurs et d'habitation , par F. de La Fresnaye.—Paris ,
    1838, chez Meilhac, libraire , cloître Saint-Benoît , n° 10 ,
    et au bureau de la *Revue zoologique.*

Tel est le titre d'une notice ornithologique qui vient d'être
publiée dans le dernier numéro des mémoires de la Société
académique de Falaise. L'auteur annonce, dans une courte préface, qu'il est loin de prétendre offrir au public une classification complète de l'ordre des Passereaux basée sur les mœurs
et les habitat , qu'il s'écoulera peut-être plus d'un siècle avant
qu'on puisse former un pareil tableau avec exactitude, mais
qu'ayant recueilli çà et là , tant chez les voyageurs modernes
que chez quelques uns plus anciens dont on avait négligé ces
détails, un certain nombre de faits sur les mœurs, il a cru pou-

voir en les rapprochant et les combinant former dans les fa—
milles et les genres , des groupes basés sur la similitude des
mœurs des espèces déjà connues , pouvant même servir de
cadres pour y intercaller par la suite les espèces nouvelles à
mesure que l'on acquérra des notions certaines sur leurs
mœurs.

L'excellent ouvrage de Azara sur les espèces du Paraguay
et de la Plata, les oiseaux d'Afrique de Levaillant , cet ornithologiste chasseur et bon observateur des mœurs , les observations récentes et nombreuses de M. d'Orbigny sur les oiseaux
d'une grande partie du continent américain méridional ,
quelques publications des auteurs anglais Swainson , Vigors et
Gould , d'après les renseignemens de leurs compatriotes correspondans dans les Indes et la Nouvelle-Hollande, celles de
Temminck dans son Manuel et ses planches coloriées, la Monographie des Fourmiliers de Ménétriés , telles sont les sources
où l'auteur a puisé ses principales notions de mœurs et d'habitat.

Le mode de subdivision des Bec-fins de Temminck en Bec—
fins sylvains, riverains et muscivores, lui a paru pouvoir s'appliquer naturellement, mais avec de nouvelles additions et
modifications , à la plupart des genres, qui, chaque jour, s'ac-
croissent tellement en espèces qu'ils deviennent de vraies fa—
milles et souvent des plus nombreuses, renfermant des groupes
naturels à former d'après la diversité de mœurs des espèces ;
tels sont les genres *Turdus, Sylvia, Muscicapa*. Il indique
d'avance les termes qu'il emploiera pour ses différentes subdivisions et l'acception positive qu'il leur donnera. Ainsi il
désigne par le nom d'espèces sylvicoles (*sylvicolæ*), celles qui
se tiennent habituellement dans les forêts et les grands bois et
ne se rencontrent pas dans les plaines ni sur les halliers et les
buissons ; par celui d'espèces sylvaines (*sylvanæ*) , celles qui
se rencontrent indifféremment sur les grands arbres isolés, les
buissons , dans les taillis , descendant souvent à terre pour y
saisir des insectes ou toute autre nourriture. Ces deux groupes
voisins et qui sembleraient devoir se confondre en un seul pour
nos espèces européennes , offrent , au contraire , en Amérique

des différences marquées, et c'est surtout pour les espèces de cette contrée qu'il a cru devoir les établir. Il nomme espèces buissonnières (*dumicolæ*), celles qui ne quittent guère les buissons et halliers et se rencontrent habituellement dans les plaines et non dans les forêts ; espèces riveraines (*ripariæ*), celles qui habitent le bord des eaux ; espèces de roseaux (*arundinicolæ*), celles qui ne quittent pas l'intérieur des roseaux. Parmi les espèces marcheuses, il distingue sous le nom d'espèces humicoles (*humicolæ*), celles qui se tiennent toujours sur le sol et ne se perchent jamais ; sous celui simplement de marcheuses (*ambulatoriæ*) , celles qui se tenant souvent à terre , se perchent néanmoins aussi ; sous celui de marcheuses des herbes (*graminicolæ*), celles qui se tiennent souvent sur les tiges des herbes ou parcourent habituellement les prairies et les terrains herbus ; sous celui de saxicoles (*saxicolinæ*) , les espèces qui recherchent les terrains pierreux ; et enfin sous celui de rupi-côles (*rupicolinæ*), celles qui se plaisent sur les rochers et y nichent ordinairement.

Pour se conformer à la classification du Règne animal de Cuvier, si facile et si généralement adoptée en France, l'auteur suit sa division en *Dentirostres*, *Fissirostres* , *Conirostres* et *Tenuirostres*, en faisant toutefois, dans chacune de ces quatre divisions et sans avoir égard à l'échancrure ou la non échan-crure du bec , les permutations de genres qui lui ont paru indispensables pour les rétablir dans des groupes plus naturels d'après leurs mœurs. Il partage la première division , celle des *Dentirostres* en deux sections , les Dentirostres à bec com-primé (*Dentirostres compressi*) , et les Dentirostres à bec déprimé (*Dentirostres depressi*) , d'après la forme générale du bec des différentes familles qui la composent , parce que cette forme , souvent si peu importante dans certain cas , le devient ici , quant à ces deux sortes de modifications qui se trouvent en rapport avec le genre de nourriture de toutes les espèces qui en font partie. Celles à bec comprimé effectivement , se nourrissent ou de jeunes oiseaux et de petits mammifères ou de coléoptères, de fourmis et d'insectes marcheurs qu'elles saisis-sent à terre, ou de baies qu'elles recueillent sur les arbres et les buissons; celles à bec déprimé, au contraire, se nourrissent en général de diptères ou hyménoptères, d'insectes plus mous enfin qu'elles saisissent au vol, ne descendant presque jamais à terre, ou de fruits mous qu'elles trouvent sur les grands arbres. Par suite de ces deux différens modes de nourriture, les espèces de la première sous-division, telles que les *Pie-grièches*, *Merles*, *Bec-fins*, *Furmiliers*, *Tangaras* ont des pattes ou très-longues ou de longueur moyenne et plus ou moins conformées pour la marche, tandis que celles de la se-conde section, telles que *Gobe-mouches*, *Moucherolles*, *Drongos*, *Bécardes*, *Echenilleurs*, *Hirondelles* et *Engoule-vents*, *Cotingas*, *Piauhaus*, *Averanos*, *Coracines*, *Loriots*, *Rolles* et *Rolliers*, toutes beaucoup mieux conformées pour le vol ont les pattes courtes ou très-courtes, et disposées particu-lièrement pour une station habituelle sur les branches. C'est d'après ces considérations qu'il a cru devoir rapprocher de cette seconde section et particulièrement des Muscicapidées, les Fissirostres de Cuvier à bec si large et si déprimé et si émi-nemment muscivores.

L'auteur présente un tableau de chaque famille divisée en autant de groupes qu'il a reconnu de différences marquées dans les mœurs et l'habitat des genres et espèces qui la com-posent, mais il fait précéder chacun de ces tableaux d'une revue de la famille, des différens genres anciens et modernes qui en font partie et indique les motifs qui les lui ont fait pla-cer dans telle ou telle catégorie.

Cette revue, d'après le grand nombre d'observations et de critiques raisonnées qu'elle renferme, n'étant pas susceptible d'être analysée, nous nous bornerons à présenter les ta-bleaux des quatre premières familles; ils sont le résumé de ces observations.

Tableau des genres du second ordre de la classe des Oi-seaux, ou les Passereaux, *Passeres*, Lin., groupés au-tant que possible d'après leurs rapports de mœurs.

Ire section : les Dentirostres, *Dentirostres*, Cuvier.

Ire sous-section : les Dentirostres a bec comprimé, *Den-tirostres compressi*, Nob.

Ire famille : les PIES-GRIÈCHES , *Lanidæ*.

I. PIES-GRIÈCHES SYLVAINES , *Lanidæ sylvanæ* , Nob.

Le genre *Lanius* proprement dit , modifié par Vieillot, ou Pies-grièches carnivores , Nob.

II. PIES-GRIÈCHES BUISSONNIÈRES OU TURDOIDES , *Lanidæ dumicolæ* , Nob.

Les genres *Crocias*, Temminck , pl. coloriées.—*Laniarius*, Vieill., ou *Malaconotus*, Vigors.—(1) * *Colluricincla*, Vig.— * *Pachycephala* , Swainson.

III. PIES - GRIÈCHES LANGRAYENS , *Lanidæ ocypteroides* , Nob.

Les genres **Hypsipetes* , Vig. — **Artamia* , Isid. Geoffroy Saint-Hilaire.

IV. PIES-GRIÈCHEF SYLVICOLES , *Lanidæ sylvicolæ* , Nob.

Les genres *Brubru* ou Pies-grièches insectivores , Nob. — *Laniagra* , Nob. et d'Orbigny.—**Falcunculus* , Vieillot , ou Pies-grièches-Mésanges , Cuvier.—*Vireo* , Vieillot , ou Pies-grièches-Fauvettes , Nob.

V. PIES-GRIÈCHES CORVINES , *Lanidæ corvinæ* , Nob.

Les genres *Barita* , Cuv. et Temm. , ou *Cracticus* , Vieill. —**Calibæus* , Cuv. , ou *Phonygama* , Lesson.

Genres dont la place est incertaine et les mœurs inconnues.

Les genres *Ramphocænus* , Vieillot.—**Pardalotus* , Vieill. ou Pies-grièches-Roitelets , Cuvier , tous deux modifiés par nous.

Tableau des groupes de la seconde famille.

Les FOURMILIERS , *Myiotheridæ*.

I. Les FOURMILIERS BUISSONNIERS , *Myiotheridæ dumicolæ* , Nob.

Les genres *Thamnophilus* , Vieillot.—*Formicivora*, Swainson , Ménétriés. — *Myrmothera* , Viellot, Ménétriés.—*Malacorhynchus*, Ménét.—**Timalia* , Horsfield , Temminck.

II. FOURMILIERS GRIMPEURS , *Myiotheridæ scansoriæ* , Nob.

Le genre *Oxypyga* , Ménétriés , *Thamnophilus* , Vieillot. *Tinactor* , Prince Max.

(1) L'astérique en tête d'un genre indique que l'auteur en ignore les mœurs.

III. FOURMILIERS HUMICOLES , *Myiotheridæ humicolæ*, Nob.

Les genres *Myioturdus* , Boié , Pr. Max. , Ménétriés. — *Grallaria* , Viellot. — *Eupetes* , Temm. , pl. col. — *Pitta* , Cuv.— *Conopophaga* , Vieillot , Ménét.

Tableau des groupes de la troisième famille.

Les RHINOMYDÉES , *Rhynomydæ* , Nob. Tous buissonniers et marcheurs.

Les genres *Rhinomya* , Isid. Geoffroy.—*Pteroptochos*, Kittlitz , ou *Mégalonyx* , Lesson.

Tableau des groupes de la quatrième famille.

Les MERLES , *Turdidæ*.

I. MERLES BUISSONNIERS , *Turdidæ dumicolæ* , Nob.

Les genres *Ixos* , Temm. , ou Merles-Pies grièches, Cuvier.—*Brachypus* , Swainson.—*Tricophorus*, Temminck. — Les Merles philédons , Lesson , modifiés par nous. — Les Merles latirostres , Nob. — *Orpheus* , Swainson , ou Merles moqueurs.

II. MERLES SYLVAINS , ou Merles proprement dits , *Turdidæ sylvanæ* , Nob.

Les genres *Turdus.* —*Kittacincla*, Gould.—Les Merles rubiettes , *Turdidæ phœnicuroides* , Nob. — *Sericulus*, Swains.—*Myiophonus* , Temm. , ou Merles corvins , Nob.

III. MERLES RIVERAINS , *Turdidæ ripariæ* , Nob.

A. Merles pipis , *Turdidæ anthoides* , Nob.

Ce genre *Seiurus* , Swainson.

B. Merles macropodes ou babillards, *Turdidæ macropodinæ,* Swaison.

Les genres *Crateropus* , Swainson. — *Garrulaxis* , Lesson , ou *Ianthocincla* , Gould.—*Malacocircus*, Swainson. — *Cinclosoma* , Vigors et Hors.—*Psophodes* , Swainson.—*Mégalurus* , Vigors.

IV. MERLES DE ROSEAUX , *Turdidæ arundinicolæ* , Nob.

Le genre *Donacobius* , Swainson.

V. MERLES PLONGEURS , *Turdidæ urinatoriæ* , Nob.

Le genre *Cinclus* , Bechst.

VI. MERLES MARCHEURS , *Turdidæ ambulatoriæ* , Nob.

A. Merles marcheurs en troupe , *Turdidæ gregariæ*, Nob.

Le genre *Lamprotornis*, Temminck.

B. Merles marcheurs solitaires, *Turdidæ solitariæ*, Nob.

Les genres *Gryllivora*, Swainson.—*Argya*, Lesson, modifié par nous, ou Merles mérions, *Turdidæ maluroides*, Nob. —Merles traquets, *Turdidæ œnanthoides*, Nob.—*Petrocincla*, Vigors, ou Merles de roche, *Turdidæ rupicolæ*, Nob. , Merles saxicoles, Temm.

VII. MERLES HUMICOLES, *Turdidæ humicolæ*, Nob.

Le genre *Grallina*, Vieillot, *Tanipus*, Oppel. , ou Merles bergeronettes, *Turdidæ motacilloides*, Nob.

Ici finit le travail de M. de La Fresnaye sur les quatre premières familles de l'ordre des Passereaux. La suite paraîtra dans la prochaine publication des mémoires de la Société académique de Falaise; il y passera en revue la famille des Traquets, celle des Bec-fins et celle des Tangaras , qui terminera ses *Dentirostres à bec comprimé*, et il commencera ses *Dentirostres à bec déprimé*, par la famille des Cotingas, celle des Coracines , etc. , la terminant par celle des Muscicapidées et les Fissirostres de Cuvier. Nous rendrons compte de ses travaux à mesure qu'ils paraîtront.

Depuis la publication de cette notice , M. de La Fresnaye nous à fait connaître que dans son prochain travail , il compte grouper les Merles de roche, ou le genre *Petrocincla*, avec le genre *Saxicola* dans une même famille , convaincu que dans un ordre naturel ces deux genres ne peuvent être séparés, vu la grande analogie de leurs mœurs. Il en résultera donc une petite rectification à son premier travail , c'est-à-dire la transposition des Merles de roche de la quatrième à la cinquième famille.

Il nous a communiqué de plus, qu'ayant demandé à M. Verreaux fils qui est resté long-temps au Cap, quelques renseignemens sur le *Mérion bridé* de Temminck, qu'il avait cru, d'après l'inspection de ses pattes, devoir retirer du genre *Mérion* et placer dans ses merles marcheurs solitaires, ces renseignemens avaient pleinement justifié ses prévisions , car M. Verreaux n'a jamais rencontré cet oiseau qu'à terre, dans une localité particulière et rocheuse, où il faisait en marchant la guerre aux insectes, se perchant souvent sur les roches elle-mêmes à la manière des Merles de roche. Il lui a dit également que les œufs du Merle rocar d'Afrique étaient bleus clairs comme ceux de nos Merles de roche d'Europe, et de nos motteux, ce qui, joint à tant d'autres rapports, l'a fortifié encore dans la persuasion que ces deux genres doivent être réunis dans une même famille. (G.–M.)

CATALOGUE d'Insectes recueillis entre Constantinople et le Balkan (lu le 16 juin 1837), par M. MÉNÉTRIÉS.—Extrait des Mémoires de l'Académie impériale des sciences de St-Pétersbourg, tome V. — Saint-Pétersbourg, 1838, in-4° de 52 pages.

L'auteur, en parlant de l'Orient, dit que de nos jours il paraît fixer plus particulièrement l'attention des voyageurs et notamment des naturalistes, et qu'il offre des formes, quant aux rapports zoologiques, qui contrastent d'une manière assez prononcée avec celles de notre vieille Europe, pour nous engager à les étudier avec soin.

Les insectes renfermés audit catalogue ont été ramassés par le docteur Wiedemann, qui a fait en Turquie un séjour de plusieurs années. M. Ménétriés annonce avoir fait connaître (le 2 septembre 1836) les diagnoses des nouvelles espèces, publiées par l'Acad. des sciences de St-Pétersbourg, 1re année, p. 149.

La plupart de ces insectes, ou sont les mêmes ou ont beaucoup d'affinités avec plusieurs espèces des contrées limitrophes du vaste empire de Russie. Cet entomologiste les considéra d'abord comme des espèces identiques avec celles d'Europe, et ce ne fut qu'en les examinant avec plus d'attention qu'il reconnut qu'un quart étaient nouvelles. M. Ménétriés dresse un catalogue raisonné de ces insectes et décrit avec soin ceux qui lui ont paru nouveaux, des figures accompagnent ces descriptions, dont suit la liste.

1. *Procrustes vicinus*, Friwaldsky.—2. *Carabus Wiedemanni* (*Geoffroyi*; Dej. cat).—3. *C. acuminatus.*—4. *C. Bonplandii.*—5. *Abax turcica.*—6. *Harpalus euchlorus.*—7. *H. metallinus.*—8. *Zabrus sublævis.* — 9. *Zab. rotundicollis.*—

10. *Colaphotia suturalis.*—11. *Cantharis annularis (pupillata*, Friw.).—12. *Onthophagus mundus*, Helfer.—13. *Ont. orcas*, Hel. — 14. *Rhizotrogus Friwaldskyi (carbonarius*, Dej.).—15. *Amphicoma ciliata.*—16. *Glaphyrus festivus.*—17. *G. varians.*—18. *G. globulicollis.*—19. *Cetonia venusta.*— 20. *C. thoracica*, Dejean. — 21. *Pimelia timarchoïdes (interstincta*, Fischer).—22. *P. varicosa (coordinata*, Fischer).—23. *Blaps abbreviata*, Friwaldsky.—24. *Akis terricola.* — 25. *Cephalostenus orbicollis (elegans*, Dej.). — 26. *Heliodromus Wiedemanni*, Fischer.—27. *Pedinus sulcatus.* —28. *Dorcadion ferruginipes (thoracicum*, Dej.) — 29. *Clythra ruficollis*, F.—30. *Clythra unifasciata.*—31. *Cryptocephalus limbatus (maculatus*, Parreys.).—32. *Cassida seraphina (Deloyala Bohemannii*, Christofori). — 33. *Zygæna Wiedemannii.* CHEVROLAT.

MÉMOIRE sur la découverte de l'organe du cri dans le PAPILLON A TÊTE DE MORT, *Sphinx* ou *Acherontia atropos*, par M. NORDMANN.

Dans la séance du 8 décembre 1837 de l'Académie des sciences de Saint-Pétersbourg, M. Alex. Nordmann a lu un mémoire sur la découverte de l'organe du cri dans le Papillon à tête de mort, *Sphinx* ou *Acherontia atropos*. Nous allons donner un extrait de ce travail.

« Parmi les problèmes physiologiques qui n'ont point encore été résolus, il faut ranger aujourd'hui celui de l'explication du cri ou son flûté que fait entendre le Sphinx tête de mort, Lépidoptère plus ou moins commun dans toute l'Europe. Ce cri ou son flûté est d'autant plus curieux qu'il est encore unique dans cette classe d'animaux, et que parmi des milliers de Lépidoptères qu'on connaît aujourd'hui, il n'en est pas un seul chez lequel on ait encore reconnu cette même faculté.

» L'on trouve dans le Manuel d'entomologie de M. H. Burmeister (Berlin, 1832), le résumé de tous les travaux des entomologistes étrangers, aussi bien que ceux de ce physiologiste lui-même sur les appareils qui produisent des sons chez les insectes. M. Carus dans sa Zootomie, M. R. Wagners dans sa Physiologie, ainsi que l'auteur du Manuel cité plus haut rappellent, que déjà Réaumur et Rossi connaissaient parfaitement bien le cri que produit le Lépidoptère en question et l'attribuaient au frottement de la trompe contre les palpes. Plus tard, Passerini, suivant M. Duponchel (Ann. des sciences nat., tom. XIII, p. 332, année 1828), a fait a ce sujet quelques observations intéressantes ; il en résulterait que l'organe qui excite le bruit à son siége dans l'intérieur de la tête. Passerini assure, en effet, avoir trouvé dans la tête une cavité qui communique au moyen d'une espèce de faux canal avec la trompe. A l'ouverture de ce canal se trouveraient selon lui des muscles qui en s'élevant et s'abaissant successivement permettraient tour à tour l'introduction et l'expulsion de l'air et mettraient par conséquent ce fluide en vibration sonore. Pour rendre encore plus sensible le bruit produit par cet organe, Passerini assure qu'il existe, en outre, une membrane mince entre les yeux et la base de la trompe, dont Burmeister a fait mention et qui remplirait les fonctions de tambour, parce qu'elle est tendue devant la cavité en question, et vibre par suite de l'introduction et de l'expulsion successive de l'air dans cette dernière.

» Suivant M. Duponchel cette membrane se trouve aussi chez le *Sphinx convolvuli*, qui néanmoins est muet.

» Ainsi, d'après l'opinion des entomologistes et des physiologistes actuels, il résulterait que le Papillon tête de mort fait entendre un cri particulier, et que ce cri est produit par un organe spécial renfermé dans la tête. Tel est aujourd'hui l'état de la question, et si l'explication qu'on donne du phénomène n'est pas complétement satisfaisante, c'est au moins actuellement la plus répandue.

» Comme Passerini n'a pas publié, au moins autant que je sache, ses observations sur ce sujet, j'ai, dit M. Nordmann, profité de mon séjour à Suchumkalé où ce Papillon est trèscommun, pour faire quelques recherches sur ce problème physiologique. Dans l'espoir qu'une dissection soignée jetterait quelque lumière sur les assertions de Passerini, j'ai donné toute mon attention à la recherche du canal de la trompe et de la cavité annoncée ; mes recherches ont été vaines. Le véritable canal de la trompe conduit dans l'œsophage et dans l'estomac. Dans tous les cas, je ne conçois pas ce que Passerini a voulu dire avec son faux canal, et j'ignore le rôle que l'air peut jouer dans ce conduit. Si les observations de ce naturaliste étaient exactes, il s'en suivrait que l'organe de la respiration chez ce Lépidoptère serait double, car l'introduction et l'expulsion de l'air dans un organe est une véritable respiration, et dans ce cas à quoi serviraient les trachées.

» Quoi qu'il en soit, voici le résultat de mes observations.

» L'organe au moyen duquel le Sphinx à tête de mort produit le bruit ou son flûté que l'on connaît n'a son siége ni dans la tête ni dans la trompe, mais sur les deux côtes inférieures de l'extrémité postérieure du corps.

» Sur le premier segment abdominal, immédiatement au dessous du premier stigmate, on observe un repli de quatre lignes environ de longueur, plus large supérieurement, allant en se rétrécissant vers la partie postérieure et formé par les bords du premier stigmate et surtout du second. Ce repli ou enfoncement développé ou étendu mécaniquement, a dans sa plus grande largeur environ une demi-ligne. Du côté de la partie dorsale de l'insecte, il est recouvert par une membrane longue, fine, ovale et blanche, véritable peau de tambour, qui possède à la hauteur du premier segment, au moins autant que j'aipu l'observer, une échancrure. La face interne de cette membrane est parfaitement unie, mais la face externe ou apparente à l'intérieur est, à l'exception d'une petite portion de son bord, revêtue par les poils qui couvrent le corps du Lépidoptère.

» Le point d'insertion supérieur de cette membrane se prolonge au-delà de la longueur du repli et se termine au-delà de la cavité où sont insérées les dernières pattes par un petit prolongement libre et arrondi. La cavité interne du repli, comme portion de l'enveloppe extérieure du corps de l'animal est tapissée par une peau fine, blanche, unie, élastique, qui fonctionne par conséquent comme un corps résonant lorsque l'air s'échappe du stigmate, les mouvemens de la membrane vibrante lui étant communiqués aussitôt qu'ils ont lieu.

» Au dessus de la profondeur du repli, près de l'échan-crure, est fixé un gros pinceau de poils longs et jaunes. Lorsque l'insecte n'est soumis à aucune excitation, et que la respiration suit la marche ordinaire, ces poils restent en paquet, pressés les uns contre les autres sur le repli membraneux et recouverts par la membrane vibrante. Dans cet état ils échappent à l'œil de l'observateur. Mais quand on saisit ce Lépidoptère et qu'on le maintient fortement par les ailes, ou quand on l'inquiète d'une manière quelconque, par suite des efforts qu'il fait pour se dégager, les muscles du segment ou anneau postérieur du corps tendent le repli membraneux, et relèvent les gros poils du fond de la cavité où ils étaient cachés; ces poils se hérissent et se mettent en vibration sous l'influence de l'air qui s'écoule et forment à la surface du segment deux pinceaux saillans en forme d'entonnoir. Au même moment on voit aussi entrer en vibration la membrane qui se trouve tendue et on entend aussitôt le son flûté ou le cri qui est propre à l'insecte. L'animal suspend-il sa respiration, le bruit cesse aussitôt; les pinceaux de poils s'abaissent, se replient régulièrement, puis sont enfin recouverts par les bords du repli membraneux qui les cache alors entièrement à la vue.

» Si l'on dissèque attentivement la partie postérieure du corps du Sphinx, on trouve deux vésicules aériennes tapissées par une membrane très-fine. Chacune de ces vésicules est située immédiatement au côté interne du stigmate et elles remplissent la majeure partie de la capacité des deux premiers anneaux.

» Ces vésicules aériennes servent très-probablement à renforcer le son, au moins l'analogie porte à le croire. »

Ainsi le Sphinx à tête de mort est pourvu d'un appareil sonore qui se rapproche beaucoup de celui des Cigales chanteuses ou Tettigones et nous croyons qu'on ne peut plus désormais attribuer la cause des sons que rend ce Lépidoptère à un prétendu frottement de la trompe ou aller en chercher les organes à la base de cette trompe. On voit ainsi disparaître une anomalie apparente qu'on croyait avoir remarqué dans la classe des invertébrés.   (F. MALEPEYRE.)

IV. NOUVELLES.

Depuis les belles recherches de MM. Grant et Dutrochet sur les Eponges et la Spongille, on sait que le tissu animal des Eponges était considéré comme entièrement dépourvu d'irritabilité. Des observations suivies et des expériences diverses et toutes récentes de M. Laurent, démontrent d'une manière évidente que le tube des jeunes Spongilles fluviatiles est irritable, c'est-à-dire susceptible de se contracter sous l'influence d'irritans mécaniques. Nous devons à la complaisance de M. Laurent d'avoir été témoin de ce fait important, que ce savant va publier dans un mémoire étendu, accompagné de figures détaillées; ce travail sera inséré dans le prochain numéro des Annales françaises et étrangères d'anatomie et de physiologie.

ERRATUM. — Il s'est glissé une faute d'impression dans le n° 6 de la présente *Revue*, à la page 102, ligne 12, lisez : *tubes intérieurs*, au lieu de *tubes inférieurs*. M. de Saulcy nous apprend que Philippi a très-bien figuré l'animal de la Solémie, mais il n'en a donné qu'une simple description, sans entrer dans aucun détail sur les mœurs.

A la page 160, ligne 9, lisez : *marmoratum*, au lieu de *variegatum*, et à la ligne 15, *cristatum*, au lieu de *marmoratum*.

Le nombre des amis des sciences et des savans qui ont voulu contribuer à la réussite de la *Société Cuvierienne*, s'est accru si rapidement, que leur liste ne pourrait tenir dans les deux pages que nous avions réservées à la fin du Prospectus ; nous nous décidons à placer cette liste à la fin de ce huitième numéro, et dorénavant nous aurons soin de tenir nos confrères au courant de l'accroissement de la Société, en inscrivant le nom des nouveaux membres à la fin de chaque mois.

LISTE DES PREMIERS FONDATEURS

DE

LA SOCIÉTÉ CUVIERIENNE,

Association universelle

Pour l'avancement de la Zoologie, de l'Anatomie comparée et de la Palœontologie.

Nos

1. S. A. R. Mgr le duc D'ORLÉANS, à Paris.
2. S. A. R. Mgr le prince CHRISTIAN-FRÉDÉRIC de Dane-marck, à Stockholm.
3. Le prince Charles-Lucien BONAPARTE, à Rome.
4. Le prince d'ESSLING, duc de Rivoli, à Paris.

MM.

5. AGUILLON, propriétaire, à Toulon.
6. ALFONSO, propriétaire, à Paris.
7. ARTHUS BERTRAND, libraire, à Paris.
8. ARNAUD DE VILLENEUVE, membre de diverses sociétés savantes, à Paris.
9. BADHAM, doct. méd., memb. de div. soc. sav., à Paris.
10. BASSI (le chevalier de), à Milan.
11. DE BAZOCHES, propriétaire, à Falaise.
12. BIBRON, aide naturaliste au Muséum royal, à Paris.
13. BLUTEL, directeur des douanes, à La Rochelle.
14. BERTHELOT, memb. de div. soc. sav., à Paris.
15. BOHEMAN, memb. de l'Acad. royale, à Stockholm.
16. BORY DE SAINT-VINCENT (le baron), memb. de l'Institut royal de France, etc., à Paris.
17. BOURJOT, doct.-méd., etc., à Paris.
18. BRANDT, professeur de zoologie, à Saint-Pétersbourg.
19. DE BRÈME (marquis de), memb. de div. soc. sav., à Paris.
20. BRETON, homme de lettres, à Paris.
21. CARON DU VILLARDS, docteur-médecin, à Paris.
22. CERISY (de), ingénieur de la marine royale, etc., à Toulon.
23. CHAUDOIR (le baron de), memb. de div. soc. sav., à St-Pétersbourg.
24. CHEVROLAT, membre de div. soc. sav., à Paris.
25. COMTE (Achille), chef de bur. au min. de l'inst. publique, à Paris.
26. COSENTINO, membre de l'acad. Gioenienne, à Catane.

MM.

Nos 27. CRÈMIÈRE, propriétaire, à Loudun.
28. DAHLBOM, adm. du Mus. roy. d'hist. nat., à Lund.
29. DAUBE, memb. de div. soc. sav., etc., à Montpellier.
30. DE LA LUZ, memb. de div. soc. sav., etc., à La Havanne.
31. DELLECHIAYE, professeur, à Naples.
32. DESHAYES, membre de div. soc. sav., à Paris.
33. DESJARDINS, sec. de la soc. d'Hist. nat., etc., à Maurice.
34. D'ORBIGNY (Alcide), memb. de div. soc. sav., etc., à Paris.
35. D'ORBIGNY (Charles), aide naturaliste de géologie au Muséum royal d'histoier naturelle, à Paris.
36. DRAPIEZ, membre de div. soc. sav., à Bruxelles.
37. DUJARDIN, membre de div. soc. sav., à Paris.
38. DUMÉRIL, membre de l'Institut, etc., à Paris.
39. DUPLAY, docteur-médecin, à Paris.
40. DUPONCHEL, membre de div. soc. sav., à Paris.
41. DUVERNOY, doyen de la faculté des sciences, à Strasbourg.
42. EHREMBERG, corresp. de l'Inst. de France, etc., à Berlin.
43. FAHRÆUS, membre de div. soc. sav., à Lund.
44. FERNANDINA (le comte de la), à La Havanne.
45. FISCHER DE WALDHEIM, cons. d'état, etc., à Moscou.
46. FRIÈS, professeur de zoologie, à Stockholm.
47. GARNOT, docteur-médecin, etc., à Paris.
48. GÉNÉ, professeur de zoologie, etc., à Turin.
49. GERBE, membre de div. soc. sav., etc., à Paris.
50. GIACOMO (de), membre de l'acad. Gioenienne, à Catane.
51. GIUDICE (lo), membre de l'acad. Gioenienne, à Catane.
52. GORY, membre de div. soc. sav., à Paris.
53. GRASSET, membre de div. soc. sav., etc., à La Charité.
54. GRIMAUD DE CAUX, docteur-médecin, à Paris.
55. GUÉRIN-MÉNEVILLE, memb. de div soc. sav., à Paris.
56. GYLLENAHLL, membre de div. soc. sav., à Stockholm.
57. HOPE (le révérend), présid. de la soc. entomol. de Londres,
58. HUMBOLDT (le baron de), à Berlin.
59. JACQUEMIN, membre de div. soc. sav., à Paris.
60. JOANNIS (de), offic. de la marine royale, à Toulon.
61. JOBARD, dir.-gérant du *Courrier belge*, à Bruxelles.
62. JORRIN, docteur-médecin, à La Havanne.
63. JULLIAN, cap. au 2e rég. de la marine, au Sénégal.
64. KLUG, directeur du Muséum royal, à Berlin.
65. KRINICKI, professeur de zoologie, etc., à Charcow.
66. LA FRESNAYE (le baron de), propriétaire, à Falaise.
67. LAMOTTE-BARACÈ (le vicomte de), propr., au Coudray.
68. LANIER, ingénieur-géographe, à La Havanne.

MM.

Nos 69. LA VIA , membre de l'acad. Gioenienne , à Catane.
 70. LEFEBVRE, membre de div. soc. sav. , etc. , à Paris.
 71. LEMAIRE , membre de div. soc. sav. , etc. , à Paris.
 72. LESBAZEILLES , docteur-médecin , etc., à Paris.
 73. LESSON, méd. en chef de la mar. roy. , etc. , à Rochefort.
 74. LESUEUR , membre de div. soc. sav. , etc. , à Paris.
 75. L'HERMINIER , docteur-médecin, etc. , à La Guadeloupe.
 76. MACHADO (da Gama) , membre de div. soc. sav. , à Paris.
 77. MALEPEYRE , memb. de div. soc. sav. , à Paris.
 78. MANNERRHEIM (le comte de) , à Wibourg.
 79. MANNI (le chev. de), prof. de méd. à l'Univ. , à Rome.
 80. MARC , nég. , membre de div. soc. sav. , etc. , au Havre.
 81. MARAVIGNA , proff. de chim. et de minéral. , à Catane.
 82. MARTIN SAINT-ANGE , docteur-médecin , à Paris.
 83. MEISSER , docteur-médecin , etc. , etc. , à Bruxelles.
 84. MELLY , négociant , à Manchester.
 85. MÉNÉTRIÉS , membre de div. soc. sav. , à St-Pétersbourg.
 86. METAXA , professeur d'histoire naturelle , à Rome.
 87. MEUNIER , membre de div. soc. sav. , à Paris.
 88. MICHELIN , membre de div. soc. sav. , à Paris.
 89. MITTRE , chirurg. de la marine royale , etc. , à Toulon.
 90. MOJOU, docteur-médecin , etc. , à Paris.
 91. MORICEAU , avocat , à Paris.
 92. NIBLOEUS , membre de div. soc. sav. , etc. , à Lund.
 93. OCSKO D'OCSKAY (le baron de), chambellan, à Œdemburg.
 94. OKEN , directeur de l'*Isis* , à Zurich.
 95. PAULINIER , avocat, etc. , au Sénégal.
 96. PERBOSC , chirurgien de la marine royale , à Toulon.
 97. PERCHERON , membre de div. soc. sav. , à Paris.
 98. PETIT DE LA SAUSSAYE , comm. de marine , à Paris.
 99. POEY , avocat, membre de div. soc. sav. , à La Havanne.
100. PORTAL , membre de l'acad. Gioenienne, etc., à Biancaville.
101. PRESTANDREA , prof. de chimie , etc. , à Messine.
102. REICH . doct.-méd. , prof. de zoologie , à Berlin.
103. REICHE , doct.-méd. , membre de div. soc. sav. , à Paris.
104. REQUIEN , admin. du musée Calvet , etc. , à Avignon.
105. RICORD , doct.-médecin , naturaliste , membre de div. soc.
         sav. , à Paris.
106. RIVIÈRE , membre de div. soc. sav. , etc. , à Paris.
107. ROBERT , chirugien de la marine royale , à Paris.
108. ROBERTON , doct.-méd., memb. de div. soc. sav. , à Paris.
109. ROISSY (de) , membre de div. soc. sav. , etc., à Paris.
110. ROMAND (de), membre de div. soc. sav., à Tours,

MM.

Nos 111. ROUSSEAU, chef des trav. anat. au Mus. de Paris.

112. RUPPEL, naturaliste voyageur, etc., à Francfort.

113. SAGRA (Ramon de la), membre de l'Institut, etc., à Paris.

114. SAHLBERG, membre de div. soc. sav., à Abo.

115. SAULCY (de), capit. d'artill., prof. de mécanique, à Metz.

116. SAULCY (de), officier de la marine royale, à Brest.

117. SELYS-LONGCHAMPS (de), membre de div.soc.sav.,à Liége.

118. SCHLEGEL, membre de div. soc. sav., à Leyde.

119. SCHONNHERR, membre de div. soc. sav., à Sparesater.

120. SCOT, docteur-médecin, etc., à Londres.

121. SCUDÉRI, membre de l'acad. Giœnienne, etc., à Catane.

122. SERVILLE, membre de div. sav., etc., à Paris.

123. SKHIODTE, membre de div. soc. sav., etc., à Copenhague.

124. SILBERMANN, direct. de la *Revue entomol.*, à Strasbourg.

125. SOMMER, négociant, à Altona.

126. SPARRE (le duc de), à Paris.

127. SPENCE, membre de div. soc. sav., etc., à Londres.

128. SPINOLA (le marquis de), membre de div. soc. savantes, à Gênes.

129. THILLAYÉ, docteur-médecin, à Paris.

130. TEMMINCK, directeur du Musée royal, à Leyde.

131. TURPIN, membre de l'Institut de France, à Paris.

132. VAN BENEDEN, professeur de zoologie, à Louvain.

133. VANDER-HOEVEN, membre de div. soc. sav., à Leyde.

134. VASQUEZ, docteur-médecin, etc., à La Havanne.

135. VILLA, membre de div. soc. sav., à Milan.

136. WAGA (de), professeur de zoologie, à Varsovie.

137. WESTERMANN, membre de div. soc. sav., à Copenhague.

138. WETSWOOD, secrétaire de la soc. ent. de Londres.

139. ZETTERSTEDT, professeur de zoologie, etc., à Lund.

140. ZOUBKOFF, secrétaire de la Société impériale des naturalistes de Moscou.

Nota. Pour se faire admettre dans de la Société Cuvierienne, il suffit d'être présenté par un membre et de s'engager à payer la cotisation annuelle qui est fixée à 18 fr.

Ecrire (*franco*) à M. Guérin-Méneville, rue de Seine-Saint Germain, no 13.

REVUE ZOOLOGIQUE.

SEPTEMBRE 1838.

I. SOCIÉTÉS SAVANTES.

ACADÉMIE ROYALE DES SCIENCES DE PARIS.

Séance du 3 septembre 1838. — M. *Magendie* présente le quatrième volume de ses *Leçons sur les phénomènes physique de la vie.*

M. *Turpin*, à la suite d'une note de M. Elie de Beaumont sur le tripoli de Bilin, en Bohème, annonce que ce tripoli, pulvérisé et examiné au microscope, renferme beaucoup de corps organisés, tels que des *Protococcus*, une patte d'*Acarus*, etc.

M. d'*Hombres Firmas* rend compte dans une note, des résultats de l'éducation qu'il a faite de Vers à soie du Bengale, provenant d'œufs rapportés par *la Bonite.* Le principal résultat de ces observations c'est que les cocons obtenus de ces œufs paraissent inférieurs à ceux de nos vers à soie ordinaires.

M. *Léon Dufour* adresse un travail intitulé : *Mémoire pour servir à l'histoire de l'industrie et des métamorphoses des Odynères, et description de quelques nouvelles espèces de ce genre d'insectes.* — Renvoyé à l'examen de MM. Duméril et Audouin.

M. *Milne Edwards* lit un mémoire intitulé : *Sur la distribution géographique des Crustacés.* L'auteur annonce qu'il a passé en revue plusieurs milliers de Crustacés, mais que, cependant, les résultats généraux qu'il a pu en déduire sont certainement très-incomplets. Il a reconnu que les Crustacés habitent des régions bien distinctes, que les individus d'une même espèce sont presque toujours rassemblés dans des mers voisines et qu'une grande étendue de haute mer est un obstacle qui arrête leur dissémination, à moins que ce ne soient des espèces nageuses et pélagiennes, qui peuvent se transporter à de grandes distances. Une loi bien remarquable et bien neuve établie par l'auteur, c'est que *les formes et les modes d'organisation de ces animaux tendent à devenir de plus en plus variés à mesure que l'on s'éloigne des mers polaires pour se rapprocher de l'équateur.* L'auteur est encore arrivé à la manifestation de plusieurs vérités aussi importantes ; ainsi, il a reconnu que *les différences de formes et d'organisation ne sont pas seulement plus nombreuses dans les régions chaudes que dans les régions froides du globe, qu'elles y sont aussi plus importantes ;* il a reconnu encore que *non seulement les Crustacés les plus élevés dans l'échelle manquent dans les régious polaires, mais leur nombre portionnel augmente rapidement à mesure qu'òn descend du nord vers l'équateur,* etc., etc. Ce qui prouve une grande vérité, savoir : que les Crustacés, comme tous les animaux, sont plus nombreux en espèces, plus beaux, plus compliqués, plus élevés dans l'échelle, etc., dans les pays chauds que dans les pays froids.

M. *de Humboldt* lit une lettre de **M.** Meyen, professeur à l'université de Berlin, *sur les animaux spermatiques des végétaux inférieurs.* **M.** Meyen a reconnu ces petits animaux dans les cellules du fil pollinique du *Chara vulgaris,* dans le *Marchantia polymorpha,* le *Sphagnum acutifolium* et l'*Hypnum argenteum.* Ces animalcules, dont **M.** Meyen a donné des figures, sont semblables à ceux des Animaux, ils sont contenus et roulés dans des cellules mucilagineuses que l'action de l'eau fait crever ; ces petits animaux se déroulent et s'agitent très-vivement dans l'eau.

M. *Agassiz,* à l'occasion d'une communication récente de **M.** de Blainville, écrit que dès l'année 1835, il a émis, dans le journal de MM. Leonhard et Bronn, pag. 186, sur ces prétendus Didelphes, une opinion qui est parfaitement d'accord avec celle de **M.** De Blainville. Le nom qu'il avait proposé pour désigner les animaux dont il s'agit, est celui d'*Amphigonus.*

Séance du 10 *septembre* 1838.—M. *Geoffroy Saint-Hilaire* lit une note sur la répulsion , considérée comme caractéristique de l'essence des choses. Les observations du savant académicien lui ont été inspirées par les faits contenus dans la communication faite par M. Magendie à la précédente séance, quand il a présenté le quatrième volume de ses Leçons sur les phénomènes physiques de la vie. Nous reviendrons sur cette communication importante.

M. *Flourens* présente, au nom du docteur *Procter*, une collection nombreuse de fossiles du calcaire de transition de Dudley et de Wenlock , en invitant 'l'Académie à en disposer pour le Muséum ou autrement. M. le président nomme une commission composée de deux membres , professeurs au Muséum , pour faire un rapport sur l'emploi que l'Académie fera de cette belle collection. M. Magendie demande qu'au moins l'un des deux commissaires soit étranger au Muséum ; cette demande, qui excite l'hilarité générale , est accueillie.

M. *Turpin* lit un rapport sur une note de M. Dujardin, relative à l'animalité des Spongilles.

Après avoir rappelé les travaux des divers naturalistes qui se sont occupés de cette question , le savant académicien , arrivant aux observations de M. Dujardin , reconnaît avec lui que les Spongilles sont des productions vraiment animales; il a vérifié tous les faits annoncés par M. Dujardin et en donne des figures détaillées.

M. Laurent est aussi arrivé à constater l'animalité de ces productions et il nous à rendu témoin des contractions du tube des jeunes Spongiles. (*Voy.* notre n° 8 , p. 188.)

M. *Alcide D'Orbigny* lit un mémoire intitulé : *l'Homme américain* (de l'Amérique méridionale) , *considéré sous ses rapports physiologiques et moraux.* La lecture de M. D'Orbigny n'est qu'un court extrait d'un ouvrage spécial sur l'homme américain, dans lequel , après quelques explications préliminaires sur la manière dont il a envisagé la question, il annonce que, pour ne donner que des faits , il s'est déterminé à ne comprendre dans son travail que ses observations personnelles, sans s'étendre en dehors des limites occupées par les nations qu'il a observées, ayant seulement relevé, comme complément indispensable, tout ce qui a été écrit sur les premiers temps de la découverte du nouveau monde, afin de comparer l'état primitif avec l'état actuel.

Son travail est divisé en deux parties : la première consacrée aux généralités déduites des faits, la seconde à la partie descriptive spéciale.

Dans le premier chapitre de la première partie, l'auteur fait connaître l'étendue du continent américain qu'il a étudié, le nombre des nations qu'il a observées, celles-ci réduites à 39 par ses observations, tandis que les auteurs en citent près de mille sur la même surface ; la répartition de ces nations avant la conquête, comparée à leur état actuel (toutes occupent aujourd'hui les mêmes lieux qu'elles habitaient jadis) ; leur ordre suivant l'extension de terrain qu'elles occupent; les grandes migrations des peuples retrouvées par les langues, ce qui lui démontre que la même nation, les *Guaranis*, les *Galibis* ou *Caribes*, s'étendent depuis les Antilles jusqu'à La Plata, depuis le pieds des Andes jusqu'à l'océan Atlantique, limites non signalées avant lui; le nombre actuel des Américains purs de race qu'il trouve s'élever encore à plus de deux millions. Il termine par des recherches statistiques d'autant plus neuves qu'elles ont lieu sur des Américains sans mélange, dont aucun membre n'est inutile à l'augmentation de la population; aussi, en France, comptons nous une naissance pour 32 habitans, tandis qu'à Moxos et Chiquitos, la proportion est une naissance sur 14. En France encore, on à un mariage pour 131 habitans ; à Moxos, on compte un mariage pour 41. Tous les autres résultats sont aussi curieux, ainsi que le rapprochement des influences locales.

Dans le second chapitre consacré aux *caractères physiologiques*, M. D'Orbigny examine d'abord la couleur de la peau dans son intensité relative suivant ses divisions; il discute les influences de latitude, d'élévation du lieu d'habitation sur la couleur, et croit reconnaître que la sécheresse de l'atmosphère à plus de part à son intensité que la chaleur. Ses observations sur la taille sont aussi très-étendues : les considérant sous les mêmes points de vue que la couleur de la peau'; pour la taille propre à la race , et celle qui est déterminée par des influences locales , qu'il croît reconnaître plus marquées dans l'habitation des montagnes où sont les plus petits hommes. Le rapport de la taille des hommes et des femmes, ainsi que la taille moyenne comparée à la taille extrême , ne lui donnent pas des résultats moins neufs. Les formes générales du corps , de la tête , occupent encore successivement l'auteur ; mais il regarde les caractères des traits, la physionomie , comme devant, surtout , servir de base à la classification de l'homme américain. Il donne toutes les modifications suivant les rameaux, des parties composant les traits, toujours on ne peut mieux tranchés entre les diverses divisions : le nez long , saillant, fortement aquilin et recourbé à son extrémité chez les Péruviens , est court, légèrement épaté chez les Araucanos , les Moxos , les Chiquitos; très-court, très-épaté , très-large chez les Patagons ; court , étroit chez les Guaranis. Il cherche l'influence de la position sociale sur la physionomie des Américains. Le Péruvien, de tous temps soumis à la plus étroite servitude , l'a grave , réfléchie , triste même : on dirait qu'il renferme en lui toutes ses pensées, qu'il cache aussi soigneusement ses plaisirs que ses peines, sous une apparence d'insensibilité qui n'est rien moins que réelle. L'Araucano libre , mais toujours en guerre , est aussi réfléchi et froid, mais ce n'est plus de la tristesse , c'est du mépris pour tout homme étranger à sa nation. Le Chiquito, au contraire , à la physionomie la plus ouverte, la plus franche, la plus gaie , etc. Après avoir parlé de la longivité des Américains, de leur complexion robuste , l'auteur termine ce chapitre par des considérations sur l'inégalité étonante qui existe entre le mélange des Espagnols avec telle ou telle race américaine ; avec les Guaranis, les métis sont de belle taille , presque blancs, leurs traits sont beaux dès la première génération, tandis qu'avec les Quichuas, les traits Américains sont plus tenaces et ne disparaissent qu'après plusieurs générations.

Dans le troisième chapitre consacré aux *considérations morales*, complément indispensable des caractères physiologiques, l'auteur s'occupe d'abord des langues, dont il décrit les

caractères , la richesse , la poésie ; il les compare au genre de
vie , à la civilisation , il s'en sert comme moyen de reconnaître
les migrations et en donne un tableau comparatif. Les facultés intellectuelles des Américains suivent , ainsi que les considérations sur le caractère moral, qui offre des résultats curieux :
il est purement national et tient évidemment à des dispositions
prédominantes particulières à chaque nation. Les Espagnols
n'ont mis ni moins de bravoure , ni moins de persévérance
dans leurs luttes guerrières ou religieuses contre les Araucanos , contre les peuples des Pampas et du Grand-Chaco, qu'ils
n'en avaient mis contre les Péruviens , contre les Guaranis, et
cependant depuis trois siècles , ni le fer , ni la persuasion n'ont
pu rien obtenir de ces premiers peuples : ils sont aujourd'hui
ce qu'ils étaient avant la conquête. M. D'Orbigny cherche ensuite à démontrer que les mœurs sont déterminées par les ressources locales ; qu'elles sont les influences des animaux domestiques , de la culture sur les sociétés, et les rapports des
coutumes et des usages aux mœurs, qu'il décrit dans tous leurs
détails. L'état de l'industrie , des arts est passé successivement
en revue, ainsi que les modifications y apportées par la civilisation. L'auteur établit, d'après ses recherches sur les monumens , les traditions , les langues , quels ont été les premiers
centres de civilisation. Il croit que la civilisation péruvienne
a commencé sur les rives du lac de Titicaca , au sein de la
nation Aymara qui en serait la souche première sur les plateaux
des Andes , le point central ou la vie agricole et pastorale paraît s'être développée ou les idées sociales ont germé , ou à une
époque perdue dans la nuit des temps, elle était parvenue à une
civilisation avancée, ce que prouvent les monumens. M. D'Orbigny compare entre eux les différens modes de gouvernement
et termine par les religions, leur rapport avec l'état de civilisation , avec le caractère moral , avec la température du lieu
d'habitation , ainsi que les modifications qu'elles ont subies
par suite de l'état actuel.

Dans la seconde partie ou *partie descriptive* , l'auteur parle
avec détails de chaque nation isolément, sous les mêmes points
de vue physiologiques et moraux, sous lesquels il envisage les

généralités qui en sont déduites : le tableau suivant fera con—
naître les divisions et les caractères qu'il leur assigne.

Ire Race. — ANDO-PÉRUVIENNE.

Couleur brun olivâtre, plus ou moins foncée. Taille petite.
Front peu élevé ou fuyant. Yeux horizontaux, jamais bridés à
leur angle extérieur.

Rameau PÉRUVIEN, composé des nations *Quichua* ou *Inca*,
Aymara, *Chango* et *Atacama.*

Rameau ANTISIEN. — Nations *Yuracarès*, *Mocéténès*, *Ta-
caaa*, *Maropa* et *Apolista.*

Rameau ARAUCANIEN. — Nations *Aucas* ou *Araucano* et
Fuégien.

IIe Race. — PAMPÉENNE.

Couleur brun olivâtre. Taille souvent très-élevée. Front
bombé non fuyant. Yeux horizontaux, quelquefois bridés à
leur angle extérieur.

Rameau PAMPÉEN.—Nation *Patagone*, *Puelche*, *Charrua*,
Mbocobis ou *Toba*, *Mataguayo*, *Abipones* et *Lengua.*

Rameau CHIQUITÉEN. — Nations *Samucu*, *Chiquito*, *Sa-
raveca*, *Otuké*, *Curuminacas*, *Covarcca*, *Curaves*, *Tapüs*,
Curucaneca, *Paiconeca* et *Corabeca.*

Rameau MOXÉEN.—Nations *Moxos*, *Chapacura*, *Itonama*,
Canichana, *Movima*, *Cayuvava*, *Pagaguaras* et *Iténès.*

IIIe Race. — BRASILIO-GUARANIENNE.

Couleur jaunâtre. Taille moyenne. Front peu bombé. Yeux
obliques, relevés à l'angle extérieur.

Rameau unique. — Nations *Guarani*, *Botocudo.*

M. *Valenciennes* lit un mémoire intitulé : *Observations sur
les mâchoires fossiles des schistes de Stonesfield*, nommées
Didelphis Prevostii et *Didelphis Bucklandii.*

On se rappelle que M. de Blainville lût à l'Académie une
très-longue dissertation sur les animaux fossiles de Stonesfield.
Ce zoologiste, sans connaître le travail de M. Agassiz, regardait ces restes d'animaux comme provenant de vertébrés d'une
nature ambiguë ; ainsi, M. de Blainville, après M. Agassiz qui

avait proposé le nom générique d'*Amphigonus*, avait voulu introduire celui d'*Amphiterium* ou d'*Heterotherium*. D'un autre côté, M. Valenciennes critiquant les déterminations et les noms donnés par ces deux savans, et adoptant l'opinion de G. Cuvier, ne manque point, comme on doit le penser, de chercher un nouveau nom, et celui de *Thylacotherium* lui semble être le meilleur.

Ces ossemens, qui ont acquis une aussi grande célébrité, avaient d'abord été reconnus par Cuvier pour être du genre des Didelphes, ou du moins pour être très-voisins de ce genre de Mammifères, aussi en créa-t-il deux espèces et les nomma-t-il, l'une *Didelphis Prevostii*, et l'autre *Didelphis Bucklandii*. Plus tard, M. Grant éleva des doutes sur ces déterminations et son exemple fut suivi par divers zoologistes ; néanmoins la majorité des naturalistes se rangea du côté de Cuvier, il était donc admis dans la science que des Mammifères d'un genre assez élevé se trouvaient dans les schistes du groupe oolitique de Stonesfield, et que ces mammifères étaient des Didelphes ou du moins très-voisins de ces derniers : les géologues eux-mêmes avaient classé les couches de Stonesfield, et s'appuyant sur les assertions des zoologistes, regardaient comme résolue cette grande question ; savoir : des mammifères terrestres existaient déjà à la surface du globe, pendant la formation du terrain oolitique, c'était, en effet, une grande question aux yeux du naturaliste philosophe, celui qui voit autre chose que des dents, des vertèbres, etc., mais qui voit des créations soumises à des lois, qui veut pénétrer ces lois, et enfin qui cherche à découvrir le plan merveilleux de la nature. Les choses en étaient là, lorsque MM. Agassiz et de Blainville ont encore éveillé l'attention du monde savant sur les Didelphes de Stonesfield.

Or, M. de Blainville dit : 1° qu'il n'est pas probable que les deux seuls fragmens de Stonesfield soient du genre *Didelphis*, ni d'un carnassier voisin des insectivores ; 2° que si l'on devait les considérer comme de la classe des mammifères, leur système dentaire molaire les rapprocherait de la famille des Phoques plus que de tout autre ; qu'il croit plus que probable qu'ils doivent être rapportés à un genre du sous-ordre des Sauriens.

M. Agassiz semb'e établir, dans une note publiée depuis 1835, que les animaux de Stonesfield sont bien certainement des mammifères, mais que leur affinité avec les animaux à bourse n'est pas pour lui aussi certaine; que les dents se rapprochent d'avantage de celles des insectivores, ou qu'elles ont aussi quelque ressemblance avec celles des Phoques. Cependant, à l'occasion du mémoire de M. de Blainville, il écrit qu'il est parfaitement d'accord avec ce savant. Enfin, M. Valenciennes soutient que les ossemens de Stonesfield, qu'il a eu entre les mains, ont appartenu à des mammifères voisins des Didelphes, qu'ils sont d'un genre distinct, et qu'il n'y rien vu d'une nature ambiguë ou hétérogène.

Tel est le resumé des diverses communications de ces naturalistes, dès-lors les géologues ne doivent-ils pas s'affliger en voyant autant d'incertitude ou de divergence d'opinion chez des zoologistes, dont les travaux devraient leur servir pour faire l'histoire de la terre, comme les médailles servent aux publicistes pour retracer l'histoire des peuples. Alors ne convient-il pas de dire : des deux choses l'une, ou les ossemens fossiles en question sont réellement indéterminables dans l'état actuel de nos connaissances, ou bien des anatomistes s'ils sont habiles ne peuvent voir différemment, car ici il ne peut y avoir d'opinion. Dans le premier cas des hommes sages et placés au premier rang dans la science doivent s'abstenir ou savoir douter; dans le second, ils doivent être unanimes dans le but de faire avancer la science. Reste ensuite la tâche du géologue; il s'empare des découvertes des zoologistes, et certes pour qu'il n'erre point, il importe qu'on lui fournisse des documens positifs; autrement il est toujours dubitatif, comme nous le sommes aujourd'hui à l'égard des déterminations des fossiles de Stonesfield. En effet, parmi ces savans lequel croire dans une question aussi capitale? C'est alors que le géologue, assez sujet malgré lui à rendre élastiques les faits et les opinions, adopte les idées qui sont le plus en harmonie avec les siennes propres. Maintenant, depuis cette polémique, et dans le vague où elle nous laisse, nous préférerions la détermination de M. Blainville, si nous pouvions nous prononcer, car elle flatte davantage les [systèmes géogéniques que nous professons. L'avenir prouvera-il mieux ? il faut l'espérer.

Quant aux noms proposés par tous les savans dont nous avons parlé , selon nous , ni les uns ni les autres ne doivent être adoptés , car il vaudrait infiniment mieux, jusqu'à la véritable démonstration de la vérité, dire les animaux de Stonesfield , que de donner des noms peut-être impropres , et qui seront multipliés ou rayés plus tard.   (RIVIÈRE.)

Séance du 17 *septembre* 1838. — M. *Duvernoy* lit un mémoire important intitulé : *Sur quelques points de l'organisation [des Limules,* et description plus particulière de leurs branchies , suivie d'une esquisse des principales différences que présentent ces organes dans les Crustacés , et d'un essai de classification de ces animaux , d'après cette considération.

Ce beau mémoire, en tous points digne du savant collaborateur de notre grand Cuvier, est divisé en trois parties; dans la première , la partie historique, le savant professeur donne une idée complète de ce que l'on savait sur les Limules ; il montre que , jusqu'à ce jour on n'a fait que répéter, au sujet de leurs branchies , la description erronée donnée de ces organes par Latreille, dans le Buffon de Sonnini , mais il en excepte Desmarest, qui est sorti de l'ornière si bien suivie et qui a décrit exactement ces organes , d'après la nature , dans ses *Considérations générales sur les Crustacés.*

Dans la partie descriptive de son travail , M. Duvernoy s'attache a bien faire connaître les branchies du Limule ; mais il commence par donner une idée générale des appendices qui se détachent du corps des Limules, pour remplir les diverses fonctions d'appendices préhensiles, masticateurs et ambulatoires , natateurs et respirateurs.

Enfin , dans la partie théorique, l'auteur déduit les conséquences que l'on peut tirer des faits qu'il a observés, tant pour l'anatomie comparée , que pour conduire à une distribution zoologique naturelle de la classe des Crustacés ; cette partie du travail de M. Duvernoy montre ses connaissances profondes

et son talent de généralisation des faits de la science, car il a
dû étudier anatomiquement un grand nombre de Crustacés,
et connaître tous les travaux qui ont été faits sur ce sujet;
il arrive à conclure que la classe des Crustacés peut être
naturellement sous-divisée en trois groupes principaux, d'a-
près la structure et la disposition du mécanisme des branchies : ainsi son premier groupe comprend les *Crustacés nudibranches*,et renferme les Stomapodes, Amphipodes, Lophyro-
pes, Phyllopes, moins les *Apus*, et Siphonostomes. Le second
groupe , comprenant les *Cryptobranches à branchies frangées*,
est composé des Décapodes macroures, sauf la section des
Anomaux et les Porcellanes. Enfin le troisième groupe ,
celui des *Crustacés Lamellibranches*, réunirait les Décapodes
Brachyures, les Macroures Anomaux , les Porcellanes, les
Isopodes , les Hétéropes ou Xiphosures, et les Multirames ou
Apus.

M. Duvernoy, avec une modestie qui caractérise le véritable
savant , ne donne cette classification qu'avec réserve et comme
un essai. Il montre ensuite les affinités du genre Limule et
termine ainsi. Je sais bien que cette classification est loin de
faire sentir toutes les ressemblances des Limules avec les
autres articulés, surtout avec les Arachnides; mais à cette
occasion je rappellerai une grande pensée de Cuvier , par laquelle je terminerai.

« Nos méthodes de classification , a dit ce maître de la
science, n'envisagent que les rapports les plus prochains ; elles
ne veulent placer un être qu'entre deux autres, et elles se
trouvent sans cesse en défaut. La véritable méthode voit
chaque être au milieu de tous les autres , elle montre toutes
les irradiations par lesquelles il s'enchaîne plus ou moins
étroitement dans cet immense réseau, qui constitue la nature
organisée , et c'est elle seulement qui nous donne des idées
grandes , vraies et dignes d'elle et de son auteur ; mais dix ou
vingt rayons ne suffisent pas souvent pour exprimer ces in-
nombrables rapports. »

M. *Laurent* présente un ouvrage intitulé : *Recherches sur
la Spongille fluviatile.* Ce mémoire contient le développe-

ment des observations dont nous avons parlé dans le précédent numéro de la *Revue*, page 188, observations dont M. Laurent nous a rendu témoin ; l'auteur en donne une analyse rapide. Il résulte de ses recherches, que les Spongilles fluviatiles sont de véritables animaux doués de mouvemens de contraction, que ces mouvemens ne se manifestent pas brusquement, mais qu'on les voit se produire lorsque l'on soumet le tube des jeunes Spongiles à des frottemens légers et réitérés, en les laissant tomber à plusieurs reprises dans un vase contenant de l'eau, ou en percutant avec le doigt la plaque du porte objet du microscope : toutes ces actions mécaniques font retirer graduellement le tube le plus distendu, qui est alors transparent et à ouverture très-béante, jusqu'à ce qu'il ne paraisse plus que sous la forme d'un petit tubercule ou mamelon opaque, qui se distend de nouveau, et ouvre son ouverture si on le laisse quelques temps en repos.

M. Laurent compare ensuite le tissu animal d'une jeune Spongille au tissu plastique rudimentaire des embryons, tel qu'il l'a décrit d'après ses observations et celles de M. Dujardin ; il fait connaître les élémens de l'organisation de ces êtres, il présente quelques observations sur leurs œufs, et termine en rapportant quelques expériences qu'il a faites sur ces animaux. Ce mémoire est renvoyé à l'examen de MM. Duméril et De Blainville.

M. *Dujardin* présente un nouvel appareil pour éclairer les objets vus au microscope par transparence. Cet appareil, très-ingénieux, est adapté au microscope de MM. Trécourt et Oberhausen, et il a pour but de concentrer sur l'objet soumis au microscope, la lumière illuminante, de telle sorte, qu'elle semble sortir de l'objet lui-même. Cet appareil est renvoyé à l'examen de MM. de Mirbel, Arago et Turpin.

M. *Duvernoy* communique un travail de M. Wagner intitulé : *Note sur les mœurs du Macroscélide de Rozet.*

On sait que ce curieux Mammifère a été découvert en Algérie par M. Rozet, et décrit pour la première fois par M. Duvernoy ; M. Wagner, qui a fait un assez long séjour dans ce pays, pour y recueillir des objets d'histoire naturelle,

a eu l'occasion d'observer le Macroscélide, et il a pu donner
des détails très-intéressans sur ses mœurs à l'état de liberté et
en domesticité. Le Macroscélide se tient dans les crevasses de
grandes roches détachées, sur une montagne rocailleuse située
au bord de la mer près d'Oran. Il ne creuse pas de trous profonds,
mais il fait pour ses petits une espèce de lit dans les broussailles
les plus épaisses du Palmier nain (*Chamærops humilis*). Il se
nourrit de larves d'insectes, de sauterelles et de mollusques
terrestres. Incapable de casser la coquille de l'Hélice lactée,
il introduit sa trompe dans cette coquille et ne laisse pas à l'a-
nimal le temps de se retirer, etc., etc. Cet animal est très-
doux, il ne pousse qu'un très-petit cri ou sifflement quand il
est poursuivi. Les Macroscélides marchent toujours sur leurs
quatre pattes, mais ils se servent de leurs longues jambes de
derrière pour sauter sur leur proie.

M. *Roberton* présente la note suivante : *Sur la respiration
et la déglutition du Boa constrictor.*

« Pendant la déglutition, bien lente, d'un objet très-volu-
mineux, comme d'une poule entière, toute communication
est interceptée entre les narines et les poumons ; voilà comment, par une prévision admirable de la nature, le *Boa* continue à respirer : il pousse la glotte tout-à-fait en dehors de
la bouche, au moins de trois pouces en avant de sa position
ordinaire, et toute compression qui pourrait gêner la respiration est empêchée de tous côtés, en dessus, par l'objet même
avalé, en dessous par les tégumens flexibles et élastiques du
gosier, et latéralement par les deux branches de la mâchoire
inférieure. Pour faire l'expiration il ouvre l'orifice de la glotte,
qui offre alors une étendue suffisante pour admettre un doigt,
et le souffle de son expiration est fort comme celui d'un souf-
flet ; l'inspiration a lieu sans aucun changement dans la position de la glotte, alors elle est fermée par des Sphyncters ; l'air
est retenu dans les poumons à peu près une demi-minute.

M. *Duméril* dit qu'il a aussi observé ce fait, et que la glotte
se place alors dans l'intervalle des deux branches écartées de
la mâchoire inférieure.

Nous [ne pensons pas que cette observation intéressante ait été encore publiée.

Séance du 24 septembre 1838. — M. *Geoffroy Saint-Hilaire* lit un mémoire sur divers animaux contemporains des êtres Crocodiliens et des âges antediluviens.

Ce sont, pour ce célèbre naturaliste, des animaux qui appartiennent au groupe des Marsupiaux et des Monotrèmes, groupe qui passait avant lui pour un ordre de Mammifères, et qui, selon les nouvelles idées de M. Geoffroy Saint-Hilaire, ne doit être placé sur le rang des Mammifères, ni pour son âge dans la série des siècles, ni pour sa qualité d'organisation.

Aussi, poursuit le savant académicien, si des animaux Marsupiaux ont été trouvés dans les terrains de seconde formation, rien n'est changé dans les conditions générales qui dominent ces faits, et ainsi *point de Mammifères* proprement dits *dans les terrains secondaires.* Les *Cheirotherium*, ou les êtres connus par la considération d'empreintes de pieds sur du grès rouge (en Angleterre) sur du grès bigarré (en Allemagne), sont des espèces Marsupiales ; si celles-ci sont attribuées, comme le prétend l'auteur, à une autre CLASSE, ces nouvelles découvertes ne modifient en rien l'ancienne généralisation. Il en est de même des prétendus *Didelphes* trouvés dans les terrains oolitiques des environs d'Oxfort, et que M. Valenciennes nomme génériquement *Thylacotherium.* Au moyen de ces rectifications il y a toujours accord des âges, des terrains et des développemens de l'animalité. On doit voir là un merveilleux accord, un retour remarquable à la généralisation : *point de Mammifères fossiles dans les terrains secondaires* ; car ce que l'on croyait avoir observé touchant les espèces à bourse, est rapporté à une classe nouvelle à fonder sous le nom de *Marsupiaires.*

Et la dernière condition de cette réforme pour la nouvelle classification amènerait cette pensée toute théorique, que dans l'ordre des temps au sujet de l'animalité, les reptiles, et nommément les Crocodiliens fossiles, vivaient contemporainement avec les Marsupiaux : car tous ont donné leurs os fossiles aux terrains secondaires. Enfin à la suite les Mammifères entreraient dans l'arrangcmement du globe, car, devenus débris fossiles dans les entrailles de la terre, ils sont gissans dans les terrains tertiaires.

La plus haute conséquence du mémoire de M. Geoffroy St-Hilaire serait celle-ci : il y aurait eu, entre l'apparition des êtres classiques nouvellement nommés *Marsupiaires* et les êtres classiques anciennement nommés *Mammifères*, entre leur apparition successive et leur ensevelissement dans les terrains des deux natures, il y aurait eu pour la transition des faits, sommeil dans l'activité du développement des choses, cessation de la vie ou du cours de phénomènes, qui plus tard, lors d'un jour providentiel, auront recommencé avec une influence progressive, dans la raison de l'animalité : la classe des *Mammifères* serait ainsi venue habiter la terre, quand', auparavant, la classe des Marsupiaux existait sans véritables Mammifères.

M. Geoffroy Saint-Hilaire dit, en terminant, que ce qui lui a suggéré de telles pensées *à priori*, tient à un système logique et philosophique, duquel il déduit la justification de l'existence de son mémoire.

Nous regrettons que les limites de la *Revue* ne nous aient pas permis d'insérer tout le travail du savant académicien : on aurait mieux pu apprécier les vues de haute philosophie qui y sont développées; l'on aurait vu aussi quelle éclatante justice M. Geoffroy Saint-Hilaire a rendu à son illustre rival, Cuvier, en parlant de la détermination des mâchoires fossiles de Stonesfield et en disant que, s'il n'avait jamais pu voir les objets et s'assurer de la justesse des déterminations de Cuvier, il aurait soutenu qu'elles étaient exactes ; tant il a la conviction de la profonde connaissance que Cuvier avait de ces choses. Une telle manifestation d'estime de notre plus célèbre naturaliste vivant, pour le grand homme contre lequel il a soutenu une lutte scientifique pendant plus de vingt ans, les honore tous deux ; elle est un grand et noble enseignement pour ceux qui ont l'ambition de suivre leurs traces.

M. *Breschet* lit un rapport sur un mémoire de M. Milnes

Edwards intitulé : *Recherches pour servir à l'histoire de la circulation du sang dans les Annélides*.

M. Breschet dit que pour faire de bonnes recherches en anatomie et en zoologie , il faut aller voir les animaux dans les lieux qu'ils habitent , les étudier vivans et les disséquer à l'état frais ; c'est ce qu'a fait M. Edwards dans le cours de diverses excursions sur nos côtes ou à Alger. Le savant rapporteur expose ensuite les observations contenues dans le mémoire qu'il analyse , il rapporte les principales et termine en proposant l'insertion dans le Recueil des savans étrangers.

M. *Dujardin* adresse un travail sur les Annélides ; nous le ferons connaître sous peu.

Le prince Charles *Bonaparte* de Musignano adresse à l'Académie, par l'entremise de M. Is. Geoffroy St-Hilaire, plusieurs fragmens de la nouvelle classification des animaux vertébrés , qui est le fruit des assidus travaux auxquels il s'est voué entièrement depuis plusieurs années. Un de ces fragmens est relatif aux Reptiles, un autre aux Poissons, deux autres aux mammifères. Dans la pensée que nos lecteurs seraient flattés de connaître à l'avance les résultats encore inédits de ces travaux d'un zoologiste aussi distingué , nous avons cherché et nous avons réussi à nous les procurer, et nous publions aujourd'hui en entier ceux qui se rapportent à la classe des Mammifères.

SYNOPSIS ORDINUM.

SERIES PRIMA. — PLACENTALIA.

Generationis organa ab uno exterius discreta : vulva uniforis : fœta matura : mammæ conspicuæ : ossula ad pubem accessoria nulla : scrotum peni postpositum.

SUBCLASSIS 1. — QUADRUPEDIA.

Artus quatuor manifesti : collo caput distinctum a trunco.

SECTIO I. — UNGUICULATA.

Ungues digitorum tantum apices obtegentes.

I. Primates. Triplex dentium qualitas, serie continua ; incisivi superiores 2 vel 4 ; molares tritorii ; mammæ pectorales : penis liber, pensilis : artus antici manibus terminati.

II. Chiroptera. Triplex dentium qualitas, serie continua, incisivi superiores 0-2-4 mammæ duo pectorales : penis liber, pensilis : artus antici, digitis longissimis, junctis (dempto brevissimo pollice) membrana nuda, ad pedes usque producta, aliformi. — *Nocturna.*

III. Bestiæ. Triplex dentium qualitas, serie continua ; molares dimorphi ; antici spurii, postici tuberculis acutis pluribus coronati, supra subtusque hinc inde quatuor : incisivi 2-6 : mammæ plures, abdominales : penis vagina abdomini adhærenti inclusus : artus liberi.

IV. Feræ. Triplex dentium qualitas, serie continua : molares trimorphi ; antici sectorii, feriniis utrinque saltem unus, postici non cuspidati sine tuberculis acutis ; laniarii duo, validi, et incisivi sex in utraque maxilla : mammæ plures, abdominales : penis vagini abdomini abdhœrenti inclusus : artus liberi, exporrecti, distincti, gradientes.

V. Pinnipedia. Triplex dentium qualitas, serie continua : mammæ abdominales : penis vagina abdomini ahærenti inclusus : artus brevissimi, retracti, obvoluti, pinniformes.

VI. Glires. Duplex dentium qualitas, laniariis nullis series interrupta ; incisivi infra supraqne duo, elongati, superioribus sæpe duo accessorii additi, molares ad summum 24, tritorii : mandibulis horizontaliter promotis rasores.

VII. Bruta. Dentes aut duplicis aut unicæ qualitatis, ant nulli ; incisivi nulli, ubi molares, 14-98 ungue digitorum extrmitates obvolventes, conici, fere sculponei.

SECTIO II. — UNGULATA.

Ungues sculponei, digitorum phalanges extremos obvolventes : clavicula nulla : antibrachium constantes pronum.

VIII. Pecora. Dentium qualitas raro triplex : pedes bisulci : ossa metacarpi et metatarsi connata : ventriculis quatuor ruminantia.

IX. Belluæ. Dentium qualitas sæpius triplex : stomachus simplex , aut licet compositus ruminationis impotens.

Subclassis ii. — Cete.

Artus posteriores extus nulli : anteriores pinniformes caput deficiente collo indistinctum a trunco.

Corpus pisciforme , cauda cartilaginea horizontali pinniformi terminatum. — *Aquatica*, *auriculis pilisque destituta*.

X. Sirenia. Mammæ pectorales : spiracula nulla. — *Phytophaga*.

XI. Hydraula. Mammæ inguinales : spiracula. — *Zoophaga*.

SERIES SECUNDA. — OVOVIVIPARA.

Generationis organa ab ano exterius haud discreta : vulva interne bifaris : fœta abortiva, extra uterum maturanda : mammæ inconspicuæ : ossula ad pubem duo accessoria : scrotum præpositum peni retroverso.

Subclassis iii. — Didelphia.

Artus quatuor manisfesti : collo caput distinctum a trunco.

XII Marsupialia. Fæminarum mammæ marsupio abdominali (mastotheca) vel ejus rudimentali plica occultæ : dentes alveolares, duplicis aut triplicis qualitatis : pedes ambulatorii, postici sæpe desinentes in manns

XIII. Monotremata. Cloaca excretionis et generationis organa intra se continens ! mastotheca nulla : dentes alveolares nulli : pedes aut natatores aut fossores.

CONSPECTUS FAMILIARUM.

Ordo i.—Primates.

I. Hominidæ. Artuum tantum antici in manus desinentes, pollice cuique digito opponibili.

1. *Hominina.* Corpus erectum , plantigradum , ecaudatum.

II. Simidæ. Artus singuli in manus desinentes, pollice, saltem in posticis, cuique digito opponibili : dentes incisivi plus minus erecti infra supraque quatuor : vultus denudatus. — *Anthropomorpha.*

2. *Simina.* Manus singulæ pollice cuique digito opponibili : dentes molares utrinque infra supraque quinque, tuberculati : nares approximatæ : ungues breves, depressi.

3. *Cebina.* Manus singulæ, anticis interdum imperfectis, pollice cuique digito opponibili : dentes molares utrinque infra supraque sex, tuberculati : nares inter se remotæ : ungues breves, depressi.

4. *Hapalina.* Manus tantum posticæ pollice cuique digito opponibili : dentes molares utrinque infra supraque quinque, cuspidati : nares inter se remotæ : ungues longissimi, arcuati, compressi, acuti.

III. Lemuridæ. Artus singuli in manus desinentes pollice cuique digito opponibili : dentes incisivi procumbentes aut supra vel infra plus quam quatuor; molares cuspidati : vultus pilosus : nares terminales, sinuosa. — *Feriformia.*

5. *Lemurina.* Artus caudaque liberi.

6. *Galeopithecina.* Artus antici membrana villosa cum posterioribus caudaque conjuncti.

Ordo ii. — Chiroptera.

IV. Pteropodidæ. Dentes molares aut obtuse tuberculati aut læves; incisivi parvi, inanes, inter validos laniarios stipati : digitus index omnium phalangium numero absolutus, unguiculatus. — *Frugivora. Gregaria.*

7. *Pteropodina.* Nasus simplex : caput conicum, elongatum; nares tubulosæ; labia tenuia, tragus nullus : unguis digiti indicis plerumque acutus : membrana interfemoralis brevissima : cauda vel brevissima vel nulla.

V. Vespertilionidæ. Dentes molares tuberculis acutis coronati : nullus alaris digitus numero omni phalangium absolutus; index ex unguiculatus. — *Insectivora.*

VI. Vampyridæ. Dentes molares tuberculis acutis coronati : tertius tantum alaris digitus numero omni phalangium absolutus : index exunguiculatus. — *Insectivora.*

12. *Vampyrina.* Nasus appendice foliacea simplici : tragus distinctus.

8. *Noctilionina.* Nasus simplex : labia magna, prolapsa : cauda brevis, crassa, apice libera.

9. *Vespertilionina.* Nasus simplex : labia congrua : cauda longa, membrana interfemorali ampla obvoluta.

10. *Rhinolophina.* Nasus appendice foliacea complicata : tragus nullus.

11. *Rhinopomina.* Nasus appendice foliaceo simplici : tragus distinctus.

ORDO III. — BESTIÆ.

VII. TALPIDÆ. Artus antici fossores.

13. *Talpina.* Rostrum productum.

VIII. SORICIDÆ. Artus omnes vel ambulatores, vel natatores : cutis pilosa.

14. *Soricina* Pedes fissi.

15. *Myogalina.* Pedes palmati.

IX. ERINACEIDÆ. Artus. omnes ambulatores : cutis spinosa.

16. *Erinaceina.* Corpus conglobabile : cauda brevissima.

ORDO IV. — FERÆ.

X. CERCOLEPTIDIDÆ. Mammæ duo tantum, inguinales : lingua longissima, extensilis : cauda prehendens, tota hirsuta.

17. *Cercoleptidina.* Dentes 36, sex nempe incisivi, duo laniarii, molares decem (spuriis 4), in utraque maxilla. *Anomala.* **Primates frugivoros cum Bertiis conjungit.**

XI. URSIDÆ. Dentes molares posteriores tritores : pedes plantigradi plantis denudatis : ungues obtusiusculi.

18. *Ursina.* Dentes incisivi mandibulæ ad lineam collocati.

19. *Melina.* Dentes incisivi mandibulæ extra lineam collocati.

XII. FELIDÆ. Dentes molares posteriores, dentis postremis minoribus, sectores : pedes plerumque digitigradi, plantis pilosis : ungues acutissimi.

20. *Viverrina.* Dentes molares tuberculati utrinque bini post carnivorum supra, infra unus : lingua aspera : folliculus glandulosus pone anum.

21. *Canina.* Dentes molares tuberculati utrinque bini post carnivorum infra supraque : lingua lævis.

22. *Felina.* Dentes molares tuberculati nulli in mandibula : lingua aspera. — *Sanguinaria.*

23. *Mustelina.* Dentes molares tuberculati in utraque maxilla; unus post carnivorum utraque supra : lingua lævis. — *Corpus elongatum, gracile, ductile : pedes breves.*

ORDO V.— PINNIPEDIA.

XIII. PHOCIDÆ. Dentes laniarii mediocres, inclusi.

24. *Latacina.* Artus posteriores anterioribus longiores, inter se distantes.

25. *Phocina.* Artus posteriores reversi, invicem proximi.

XIV. TRICHECHIDÆ. Dentes laniarii longissimi, producti, validi, in maxilla tantum.

26. *Trichechina.* Artus posteriores reversi, invicem proximi. — *Corpus obesum.*

ORDO VI.— CETE.

XV. MANATIDÆ. Dentes molares compositi aut semi-compositi corona plana aut sulcata. — 27. *Manatina.* Artus fere brachiiformes, plerumque unguiculati.

XVI. DELPHINIDÆ. Dentes corona non plana : artus prorsus pinniformes, exunguiculati : caput vel mediocre vel parvum.

28. *Delphinina.* Dentes, conici, sæpius numerosi, infra supraque.

29. *Monodontina.* Dentes tantum duo, prælongi, acuti, ex tortili fabrica spiratim incisi, osse maxillari infixi (uno sæpius abortivo).

XVII. BALÆNIDÆ. Dentes numerosi corona non plana : artus prorsus pinniformes, exunguiculati : caput immane.

30. *Physeterina.* Dentes inferiores conici a totidem maxillæ foveis excipiendis; superiores parvuli, absconditi.

31. *Balænina.* Dentes inferius nulli : laminæ corneæ binæ in maxilla inæqualiter pectinatæ os hinc inde occludentes.

ORDO VII. — BELLUÆ.

XVIII. ELEPHANTIDÆ. Digiti sub tegumentis reconditi, ungue tantum dignoscendi.

32. *Hippopotamina.* Pedes tetradactyli.

33. *Rhinocerontina.* Pedes tridactyli.

34. *Elephantina.* Pedes pentadactyli.

XIX. Suidæ. Digiti ad apicem saltem fissi.

35. *Tapirina.* Pedes anteriores tetradactyli, posteriores tridactyli : digiti cute obvoluti, ad apicem fissi.

36. *Suina.* Pedes tetradactyli, posteriores interdum tridactyli : digiti insessores constanter duo.

37. *Anoplotherina.* Pedes didactyli.

XX. Hyracidæ. Digiti artuum anteriorum quatuor, posteriorum tres, cute obvoluti, apice fissi : ungues lamellares.

38. *Hyracina.* Digitus artuum posteriorum internus ungue curvo munitus! cutis dense pilosa : dentes incisivi supra duo. — *Gliribus accedentia.*

XXI. Equidæ. |Pedes tridactyli duobus digitis abortivis lateralibus absconditis; principalis solida ungula convallatus.

39. *Equina.* Corpus dense pilosum, collo caudaque longe crinitum : dentes incisivi infra supraque sex.

Ordo viii. — Pecora.

XXII. Camelidæ. Dentes laniarii infra supraque : duo incisivi supra, infra sex : cornua nulla.

40. *Camelina.* Rostrum productum : sinus lacrymales nulli : pedes subtus callosi, digitis cute obvolutis solo apice bisulci.

XXIII. Cervidæ. Dentes laniarii infra nulli : incisivi supra nulli, infra octo : cornua in maribus fere ordinaria, rarissima in fœminis, caduca, solida, pedunculata, ramosa, cuticula villosa temporaria saltem, induta.

41. *Moschina.* Dentes laniarii duo, producti, supra in maribus : sinus lacrymales nulli : cornua nulla : folliculus præputialis moschifer !

42. *Cervina.* Dentes laniarii plerumque nulli : sinus lacrymales sæpius magni : cornubus mares instructi.

XXIV. Camelopardalidæ. Dentes laniarii nulli : incisivi supra nulli, infra octo : cornua in utroque sexu perennia, solida, brevia, simplicia, cuticula villosa induta.

43. *Camelopardalina.* Dentes molares utrinque sex contigui : pedes prorsus bisulci.

XXV. Bovidæ. Dentes laniarii nulli : incisivi supra nulli,

infra octo : cornua sæpius in utroque sexu, perennia, ex osse frontali producta, elastico tegumento vaginata.

44. *Antilopina.* Cornua solida.

45. *Bovina.* Cornua cavernosa.

ORDO IX. — BRUTA.

XXVI. MYRMECOPHAGIDÆ. Dentes nulli : os perexiguum : lingua angusta, emissilis.

46. *Manidina.* Corpus squamosum.

47. *Myrmecophagina.* Corpus pilosum : ungues anteriores validi, margine acuto.

XXVII. DASYPODIDÆ. Dentes : laniarii nulli : molares 26—98 : rostrum productum.

48. *Orycteropodina.* Corpus pilosum : dentes molares fibrosi cylindracei, radicibus destituti.

49. *Dasypodina.* Corpus cataphractum : dentes vel cylindracei, vel lamelliformes, radicibus destituti.

XXVIII. BRADYPODIDÆ. Dentes : incisivi nulli : molares non ultra 18 : rostrum breve : artus antici longiores.

50. *Bradypodina.* Corpus villosum : dentes laniarii acuti ; molares cylindrici, radicibus destituti? mammæ duo, pectorales ! digiti cute juncti : ungues maximi, falculares.

ORDO X. — GLIRES.

XXIX. CHIROMYDIDÆ. Claviculæ perfectæ : mammæ duo : inguinales : cauda longissima.

51. *Chiromydina.* Pedes pentadactyli, digito medio elongato, gracillimo, nudo : postici in manus pollice cuique digito opponibili desinentes.

XXX. CAVIDÆ. Claviculæ imperfectæ : corpus pilosum : dentes incisivi duo supra ; molares sexdecim : pedes posteriores vel tridactyli, vel pentadactyli, utroque digito laterali minimo.

52. *Cavina.* Dentes molares radicibus destituti, lamellosi.

53. *Dasyproctina.* Dentes molares compositi.

XXXI. Claviculæ imperfectæ : corpus pilosum : dentes incisivi supra quatuor duplicati (in junioribus sex) : pedes anteriores tetradactyli, posteriores pentadactyli.

54. *Leporina.* Corpus plantæque pilosæ : dentes molares lamellosi.

XXXII. Hystricidæ. Claviculæ imperfectæ, exiguæ : corpus spinosum : dentes incisivi duo supra : pedes anteriores tetradactyli, posteriores pentadactyli.

55. *Hystricina.* Dentes molares corona plana lamellosi? lingua hispida.

XXXIII. Muridæ. Claviculæ perfectæ : dentes molares simplices.

56. *Murina.* Cauda squamata : vellus setis aculeisve mixtum.

57. *Dipodina.* Cauda longissima, apice floccifera : pedes saltatatorii, antici breves, postici longissimi.

58. *Arctomydina.* Cauda vel brevis, vel nulla : vellus molle, subuniforme : pedes æquilongi.

59. *Sciurina.* Cauda longa, villosa : vellus molle, uniforme : pedes æquilongi.

60? *Lagostomurina ?* Cauda pectinata : vellus delicatissime molle, uniforme : pedes antici breves, postici elongati : — *Dentes incisivi inferiores canaliculati*

XXXIV. Castoridæ. Claviculæ perfectæ : dentes molares compositi.

61. *Arvicolina.* Dentes molares radicibus destituti, lamellosi : — *Herbivora.*

62. *Castorina.* Dentes molares radicibus instructi.

ORDO XI.—MARSUPIALIA.

XXXV. Halmaturidæ. Dentes, in modum, plus minus *glirum* incisivi elongati, carnivori nulli; molares tuberculis coronati.

63. *Phascolomidina.* Dentes in modum penitus *Glirum*; incisivi elongati infra supraque duo; laniarii nulli, vel tantum supra, exigui; molares tuberculis transversis duobus : caput grande, depressum : artus breves : ungues fossores : cauda nulla.

64. *Halmaturina.* Dentes incisivi duo infra, longi, lati, acuti; sex supra : laniarii, infra saltem, nulli : artus ante-

riores brevissimi, posteriores longissimi digitis duobus conjunctis, pollice nullo : cauda fulciens.

65. *Petaurina.* Dentes incisivi duo infra, longi, lati,
acuti ; sex supra : laniarii longi, acuti supra, latentes infra
vel nulli : artus æquilongi digitis duobus conjunctis pollice
grandi, exungui, fere retroverso : cauda prehendens.

XXXVI. Didelphidæ Dentes in modum *Bestiarum* : carnivori nulli : molares tuberculis acutis coronati utrinque tres.

66. *Didelphina.* Artus postici in manus pollice cuique digito opponibili desinentes : cauda prehendens, partim nuda :
dentes incisivi decem supra, infra octo : lingua hispida.

XXXVII. Thylacinidæ. Dentes in modum *Ferarum :* infra
supraque carnivori quatuor !

67. *Thylacinina.* Artus postici pollice nullo : cauda pilosa :
dentes 46.

*Omnium Ferarum ipsissiarum magnis carnivora ratione
dentium.*

Ordo XII. — Monotremata.

XXXIX. Echidnidæ. Corpus spinosum : rostrum cylin-
draceum, attenuatum : pedes fossores.

68. *Echidnina.* Aculei parvi, palato affixi loco dentium :
lingua emissilis.

XXXVIV. Ornithorhynchidæ. Corpus pilosum : rostrum
valde depressum, latum (*anatinum*) : pedes palmati.

69. *Ornithorynchina.* Dentes molares utrinque duo infra
supraque : lingua lata, mollis, carnosa.

Nous placerons à la suite de cette classification un court
aperçu de celle que M. Isidore Geofroy a adoptée et développée
dans ses cours de 1837 et 1838, au Muséum d'Histoire naturelle, et dans son cours de 1837 à la faculté des Sciences.
Cette classification n'a encore jamais été publiée en entier par
son auteur ; en la rapprochant de celle de M. le prince de
Musignano, que nous faisons aussi connaître pour la première
fois, de celle que vient de publier M. Duvernoy et de celle
dont M. de Blanville a donné déjà divers fragmens, nos lecteurs auront une idée complète des efforts que font de tous

côtés les zoologistes français pour rendre plus naturelle la distribution de la première classe du règne animal.

La classification de M. Isidore Geoffroy a de nombreux rapports avec celle de M. le prince Charle Bonaparte; car lui aussi
admet trois sous-classes, subdivisées en treize ordres et en
nombreuses familles dénommées, afin de réduire la nomenclature au moindre nombre de mots, d'après le nom du genre qui
en est le type. De même encore, il rétablit l'ordre des *Primates*
de Linné, qu'il appelle *Primates* en français; et celui des
Sirenia d'Illiger, qu'il appelle *Siréniens;* après ces rapports si
remarquables entre deux classifications, dont les auteurs, tra-
vaillant simultanément en des lieux divers, n'ont eu ensemble
aucune communication, il y a d'ailleurs des différences plus
nombreuses et plus importantes encore, qui découlent principalement des vues que M. Isidore Geoffroy a admises et ex-
posées depuis long-temps sur ce qu'il nomme les classifications
paralléliques ou par séries parallèles.

Voici d'abord comment sont formées les trois sous-classes
admises par M. Isidore Geoffroy :

Mammifères { quadrupèdes, à bassin bien développé { sans os marsupiaux. . . . . SÉRIE I. / avec des os marsupiaux. SÉRIE II. / bipèdes, à bassin rudimentaire ou nul. . . . SÉRIE III.

Ces trois séries, dont la troisième se trouve comprendre tous
les mammifères essentiellement aquatiques, sont, suivant
M. Isidore Geoffroy, parallèles; c'est-à-dire qu'elles vont
toutes trois en présentant de leur commencement à leur fin, des
simplifications ou dégradations analogues, et se composent de
groupes qui se correspondent respectivement. La première série
est d'ailleurs de beaucoup la plus nombreuse, et par suite,
celle dont la classification offre le plus de difficultés. Voici une
portion du tableau synoptique qu'a présenté à son cours Mr Is.
Geoffroy, et que nous regrettons de ne pouvoir, à cause de
son étendue, reproduire dans son ensemble.

Dents.
{
dissimilai-res. extrémités antérieu-res con-formées en
{
bras terminés par des. . .
{
mains. . Ordre I. PRIMATES.
crochets. — II. TARDIGRADES.
aîles. . . . . III. CHEIROPTÈRES.
pattes ou nageoires. . . {
IV. CARNASSIERS.
V. RONGEURS.
colonnes. . . . . {
VI. PACHYDERMES.
VII. RUMINANTS.
similaires ou nulles. . . . . VIII. ÉDENTÉS.
}

Parmi ces huit ordres, il en est un qui n'a d'ailleurs été admis qu'avec doute, celui des Tardigrades, et deux autres dont les noms ont été indiqués comme devant être changés : ceux des *Pachydermes* et des *Edentés*, dont M. Isidore Geoffroy a cependant continué à se servir provisoirement. Enfin, pour rendre complétement, quoique succinctement, les idées de M. Is. Geoffroy, nous devons dire qu'il ne regarde pas cette première série elle-même comme *uni-linéaire*, mais bien comme pouvant, à un point de vue plus spécial, se diviser en plusieurs séries parallèles secondaires.

La seconde grande série comprend trois ordres. Les deux premiers sont les MARSUPIAUX CARNASSIERS et les MARSUPIAUX FRUGIVORES, qui correspondent aux Carnassiers et aux Rongeurs de la première série, et que l'on pourrait exprimer en un seul mot pour exprimer cette correspondance, PRO-CARNASSIERS (*pro-feræ*) et PRO-RONGEURS (*pro-glires*). Le troisième ordre, celui des MONOTRÈMES, correspond aux édentés.

La troisième série comprend deux ordres, l'un celui des SIRÉNIENS, correspondant à celui des Pachydermes dans la première série, et n'ayant point d'analogues dans la seconde : l'autre, celui des CÉTACÉS correspondant aux *Edentés* de la première et aux *Monotrèmes* de la seconde.

Nous terminerons succinctement cet aperçu de la classification de M. Isidore Geoffroy par l'indication des familles qu'il admet dans chaque ordre. Nous serons ici, d'autant plus brefs, que ces familles ont presque toutes été indiquées déjà dans l'analyse des leçons zoologiques de M. Isidore Geoffroy, publiées en 1835 et 1836, par M. Gervais.

PREMIÈRE SÉRIE.

PRIMATES. SECTION I. L'homme seul. SECT. II. Famille I.

Singes. 2. *Lémuriens.* 3. *Tarsiens* (seul genre Tarsier). 4. *Chiromyens* (seul genre Chiromys ou aye-aye. — TARDI-GRADES. fam. unique. *Bradypiens* (genre Cholépe et Bra-dype). — CHEIROPTÈRES. Sect. 1. *Galéopithéciens* (seul genres Galéopithèque). Sect. 11. fam. 1 *Ptéropiens* 2 *Ves-pertiliens.* 3. *Vampiriens.* — CARNASSIERS. Sect. 1 fam. 1 *Cercoleptiens* (seul genre Kinkajou *Cercoleptes*). 2 *Ursiens.* 3. *Mustéliens.* 4 *Viverriens.* 5. *Vulpiens.* 6. *Féliens.* (Ces dernières familles n'ont été indiquées que comme provisoire-ment établies). sect. 11. fam. 1. *Phociens.* 2. *Trichéchiens.* (seul genre Morse , *Trichechus*). Sect. 111. fam. 1 *Gymnuriens* (fam. provisoirement établie pour le seul genre Gymnure). 2. *Tupaïens* (seul genre Tupaia). 3. *Macroscélidiens* (seul genre Macroscélide). 3. *Soriciens.* 4. *Talpiens.* 5 *Erinaciens.* —RONGEURS. (fam.) 1. *Sciuriens.* 2. *Castoriens* 3. *Muriens* (famille qui sera probablement à subdiviser) 4. *Diplostomiens* 5. *Talpoïdiens.* 6. *Histriciens.* 7. *Léporiens.* 8. *Caviens* — PACHYDERMES. Sect. 1. (Caract. : ongles dissimiliaires). fam. *Hiraciens,* (seul genre Daman *Hyrax*).—Sect. 11. fam. unique, *Éléphantiens* (seul genre éléphant). Sect. 111. (caractères : Plusieurs sabot *de forme symétrique* à chaque pied). fam. 1. *Tapiriens.* 2. *Rhinocériens.* 3. *Hippopotamiens.* (Chacune de ces familles ne se compose que d'un genre parmi les animaux aujourdhui vivans à la surface du globe). Sect. iv. (Caract. : à chaque pied , deux sabots principaux, *aplatis en dedans*). fam. unique *Suilliens.* Sect. v. fam. unique *Solipèdes.* (Le seul genre cheval). — RUMINANS. fam. 1. *Caméliens* (les genres Chameaux et Lama 2. *Antilopiens* (tous les autres ru-minans. — EDENTÉS (Bruta). Sect. 1. fam. unique. *Dasy-piens.* Sect. 11. fam. 1. *Mirmécophagiens* (trois genres : four-milier, ou Myrmécophage, Tamandua et Dionyx). 2. *Maniens.* (Le seul genre Pangolin , *Manis*).

SECONDE SÉRIE.

MARSUPIAUX CARNASSIERS. Sect. 1 (Carnivores). fam-unique *Dasyuriens.* Sect. 11. (Analogue à la troisième section des carnassiers de la première série). fam. 1 *Didelphiens.*

2 *Péraméliens*. — MARSUPIAUX FRUGIVORES. Sect. 1. (Sémi-Rongeurs) fam. 1. *Phalangiens*. 2. *Phascolarctiens* (seul genre Koala, *Phascolarctos*).—KANGURIENS. (Genres Potorou , Hétérope, Jourd. , Kangurou et Gerboïde Is. Geoff.). —MONOTRÊMES. fam. 1. *Ornithorhynciens*. 2. *Echidniens*. (Chacune d'elles n'est composée que d'un seul genre).

Troisième série.

SIRÉNIENS. fam. 1. *Manatiens*. (seul genre Lamantin *Manatus*. 2. *Halicoriens* seul genre Dugong , *Halicore*). 3. *Rytiniens* (seul genre Rytine). — CÉTACÉS. fam. 1 *Delphiniens*. 2. *Physétériens*. 3. *Baléniens*.

On remarquera que les trois groupes qui terminent, selon cette classification, les trois séries, les Pangolins, les Echidnés, les Baleines sont en effet ceux que l'on peut considérer comme les Mammifères les plus éloignés de l'homme par les nombreuses modifications de leur organisation soit interne soit externe : tous trois , par exemple, ont un système tégumentaire fort différent de celui des autres Mammifères, et manquent de dents. En outre on peut remarquer que les Baleines, qui terminent la troisième série , sont plus éloignées de l'homme que les Echidnés qui terminent la seconde , et ceux-ci à leur tour, plus que les Pangolins qui terminent la première. Nous regrettons de ne pouvoir mettre sous les yeux de nos lecteurs le tableau synoptique, malheureusement beaucoup trop étendu, que M. Isidore Geoffroy a donné dans ses cours , et qui rend en quelque sorte *visuellement*, et les divers rapports de parallélisme , et les divers degrés de rapprochement ou d'éloignement que nous venons d'essayer d'indiquer.

II. TRAVAUX INÉDITS.

Notice sur les mœurs du Busard montagu, *Falco cinerascens*, Temm. , par M. Barbier Montault de Loudun (1).

Le Montagu, long-temps confondu avec le Saint-Martin ,

(1) M. Barbier Montault voulant compléter , autant que possible , sa belle collection d'oiseaux d'Europe , désirerait entrer en relations

Falco cyaneus, est aujourd'hui bien caractérisé. Le Montagu arrive dans notre contrée (département de la Vienne), vers la mi-avril à l'époque où le *F. cyaneus* nous quitte, il s'établit de suite dans les landes d'une grande étendue. Contrairement aux autres oiseaux de proie , le Montagu aime à vivre en société, et on en trouve souvent une grande quantité réunis. C'est au milieu des coupes de bois , sur les tas de fagots qu'ils aiment à se poser, pour de là épier leur proie ; rarement ils se perchent sur les grosses branches des arbres. Ils chassent de préférence en tout temps les insectes , mais surtout dans les mois d'août et septembre. Ils se nourissent de sauterelles , du moins tous ceux que j'ai ouvert à ces époques (peut-être une cinquantaine), n'avaient dans l'estomac que des sauterelles et toujours en grande quantité, on peut juger par là de ce qu'ils détruisent. Bientôt après leur arrivée ils s'apparient, et placent à terre leur nid très-grossièrement construit en bûchettes ; plusieurs nichées s'établissent dans le même bois , le mâle et la femelle ne se quittent guère alors, et reviennent souvent dans la journée au lieu qu'ils ont choisi. Muni de moyens puissans de vol, l'air semble être leur élément; ils planent presque continuellement, et à peine aperçoit-on un léger mouvement dans leurs longnes ailes ; comme les oiseaux nocturnes , ils ne font aucun bruit en volant. Par une belle matinée de printemps le mâle et la femelle aiment à se livrer à mille évolutions , on les voit s'élever en tournoyant à des hauteurs prodigieuses , en faisant entendre un léger piaffement, puis redescendre bientôt après au même lieu , en faisant mille culbutes et pirouettes. A certaines heures du jour ils quittent l'intérieur du bois pour faire des excursions dans la campagne ; leur vol est bas et long-temps soutenu. Si cet oiseau aperçoit

avec des ornithologistes italiens , allemands , russes, etc. , pour en obtenir dés espèces propres aux contrées qu'ils habitent en échange de celles de la France, dont il possède de beaux exemplaires bien préparés : de pareilles relations ne pourraient qu'être profitables à la science , et nous engageons vivement les naturalistes à les établir. — Ecrire directement à M. *Barbier Montault*, avocat, à Loudun, département de la Vienne.   (G.-M.)

quelque objet qui le frappe , il reviendra plusieurs fois dessus, quelquefois à le toucher presque. Caché un jour dans un endroit fréquenté par ces oiseaux , je plaçai près de moi , une Effraye empaillée (*Trix flammea*). Aussitôt qu'un Montagu l'apercevait , il venait voltiger à l'entour et de la sorte , en très-peu de temps , j'en tuai une vingtaine. A la mi-août les couvées sont terminées , toutes les nichées se réunissent alors pour passer la nuit ensemble ; c'est le marais que ces oiseaux choisissent pour cela.

Lorsque le soleil commence à descendre vers l'horizon , on voit arriver de tous les côtes une grande quantité de Montagus, qui viennent s'appuyer dans les champs qui entourent le marais , ils se posent sur une motte , sur le haut d'un sillon et attendent le crépuscule ; ils se lèvent alors et se dirigent droit au marais, choisissant toujours pour passer la nuit les endroits où l'herbe est la moins haute. Je me suis quelque fois placé à l'endroit même où ils se couchent , je les voyais voltiger autour de moi par centaines , je pourrais dire par milliers tant le nombre en était grand ; ils sont peu défians dans ce moment , les coups de fusil les épouvantent à peine , et toujours j'en tuais un grand nombre. Ils quittent leur retraite au grand jour , et cherchent près de là les endroits à l'abri , où ils puissent jouir des premiers rayons du soleil, pour sécher leur plumage. Proche le marais existe un superbe *Tumulus* entouré de Dolmen : tous les matins en août et septembre , ils sont couverts du côté du levant , d'une multitude de Montagus. Il existe dans cette espèce une variété entièrement noire que je n'ai trouvé décrite nulle part. Cette variété est peu rare et se reproduit tous les ans dans notre localité. Les vieux nous quittent vers le commencement de septembre , les jeunes restent jusqu'au 20 ou 25 de septembre.

OISEAUX NOUVEAUX , par M. DE LA FRESNAYE.

On se rappelle sans doute que M. de La Fresnaye publia en 1834 , dans notre Magasin de Zoologie , cl. II , pl. 31 et 32 , son genre BRACHYPTÉROLLE , *Brachypteracias,* fondé sur deux oiseaux de Madagascar appartenant évidemment à la famille des Rolliers; ce genre, caractérisé par la forme toute particulière des pattes et celle du bec, diffère des Rolliers par les ailes beaucoup plus courtes et les pattes plus longues, il nomma l'une de ces espèces *Brachyptérolle courol* et l'autre *Brachyptérolle brève*. Il nous signale aujourd'hui une troisième espèce du même pays, intermédiaire aux deux autres quant à la grosseur, mais se rapprochant surtout de la seconde par l'élévation de ses tarses, ce qui lui donne aussi l'apparence d'un brève au premier abord. Elle sera figurée et décrite avec détail dans notre Magasin. Voici en attendant un résumé de cette description.

Le Brachyptérolle écaillé, *Brachypteracias squamigera* de La Fr. Tout le dessus de la tête jusqu'à la nuque, ses côtés et tout le dessous de l'oiseau sont d'un roussâtre clair, mais chaque plume est comme écaillée par de petits croissans noirâtres; le haut du dos est d'un roux marron; le reste, ainsi que le manteau et la queue sont d'un verd olive teinté de roux, la queue est traversée par une bande noire vers les deux tiers de son extrémité, qui est couleur bleu ciel, le bec est brun et les pattes jaunâtres.

Le même auteur nous indique encore les espèces suivantes, qui figureront aussi dans notre Magasin.

Le Martin chasseur rousselin, *Dacelo ruffulus*, de La Fr. Cette petite espèce de Madagascar, voisine par la taille et la couleur du *Ceyx Madagascariensis*, est d'un roux ferrugineux en desssus, aux côtés de la poitrine ainsi qu'aux flancs, et blanche sur le reste du dessous du corps; on remarque quelques reflets lilas sur le sommet de la tête et du dos, comme chez le *Ceyx Madagascariensis*.

Le Pityle noir pourpré, *Pitylus atro purpuratus*, de La Fr. Tête, devant du cou et de la poitrine, dos, ailes et queue noires, côtés du cou, un demi-collier postérieur, côtés de la poitrine et ventre d'un pourpré teint de carmin. Du Mexique.

Le Pityle noir olive, *Pitylus atro olivaceus*, de La Fr. Dessus de la tête, les côtés et devant du cou noirs, tout le reste olive, un peu jaunâtre en dessous. Du Mexique.

Description d'une Hélice et d'une Physe nouvelles pour la Faune européenne , par M. Charles Porro.

Hélix Sardiniensis , Porro.—H. Testa orbiculata , rubiginosa , pellucida ; argute striata , carinata ; subtus valde convexa , anfractibus 5 ; sutura evidente distinctis , maculis obscurioribus nubeculatis ; carina albida , maculis fascia interrupta ; labro simplici recto ; apertura subtetragona.

L'animal est inconnu. La coquille est plus ou moins, mais toujours rubigineuse , plus ou moins transparente suivant que sa couleur est plus ou moins pâle ; sa surface est ridée par des stries évidentes , fréquentes , régulières ; elle est fortement carénée , à carène blanche tachetée de brun : elle a cinq tours de spire, dont le dernier est proportionellement plus grand ; sa partie inférieure est très-convexe, avec l'ombilic de moyenne grandeur. Ordinairement la partie inférieure porte trois et quelquefois cinq lignes spirales, regulières , brunes , et entrant dans l'ouverture. Au dessus les tours sont aplatis , la suture profonde , les stries plus marquées, et toute la coquille est parsemée d'un grand nombre de petites taches plus ou moins foncées. La lèvre est droite , simple et l'ouverture est quadrangulaire. Cette espèce a été apportée de la Sardaigne par M. G. B. Villa ; elle y vit en famille , sous les écorces des vieux oliviers. Je l'ai communiquée à M. Megerle von Mulhfeld , directeur du cabinet Impérial et Royal d'histoire naturelle de Vienne , qui a proposé pour elle le nom que je me fais un devoir de lui conserver.

Physa pyrum , Porro. — P. Testa sinistrorsa , cornea , duriuscula , albida ; apertura magna inferne ovata , superne aliquantulum rotundata ; spira fere nulla, columella introrsa.

L'animal est inconnu. La coquille est sinistrorse , d'un blanc jaunâtre , assez épaisse à transparence semi-cornée , très-lisse ; l'ouverture est presque aussi longue que la coquille, d'une largeur égale à la moitié de sa longueur. Le péristôme est droit et simple, il s'arrondit inférieurement et quelque peu aussi supérieurement , avant de s'adosser à l'avant dernier tour, ce qui produit une suture profonde. Les tours sont au nombre de quatre; et passent presque l'un sur l'autre; le maximum du renflement est en haut de la coquille, ce qui lui donne une figure de poire, qui la fait distinguer des autres espèces de Physes. La columelle est très-peu torse. — Des marais de la Sardaigne.

III. ANALYSES D'OUVRAGES NOUVEAUX.

Histoire physique, politique et naturelle de l'île de Cuba, par Ramon de la Sagra, D'Orbigny, Cocteau, G. Bibron, A. Lefebvre, F.-E. Guérin-Méneville, Martin Saint-Ange, Montagne et Sabin Berthelot. — Paris, Arthus Bertrand. — Prix de chaque livraison : 12 fr.

La première livraison de ce bel ouvrage a paru et justifie pleinement les promesses que l'éditeur avait faites au public savant. On sait que le but de M. de la Sagra a été de faire connaître l'île de Cuba, en la considérant sous les divers points de vue vers lesquels ont été dirigés ses travaux pendant douze années de séjour dans cette île ; nous n'avons pas à nous occuper ici des portions de l'ouvrage relatives aux parties politique, statistique, géographique, botanique, etc., presque toutes traitées par M. de la Sagra lui-même, avec la supériorité et le talent qu'on lui connaît; nous devons seulement dire que la partie qui traite de la zoologie sera digne du grand et important ouvrage auquel elle se rattache, si l'on en juge par la première livraison : du reste, les noms des naturalistes dont M. de la Sagra a fait choix pour l'aider, sont une preuve de son discernement et un garant de la manière consciencieuse et savante dont cette partie sera traitée, car ce sont de ces hommes de cabinet, passionnés pour leurs études et qui, en exécutant le travail qu'on leur confie, n'ont en vue que l'intérêt de la science et de leur réputation.

La première livraison est composée de 4 feuilles in-8° et de 4 belles planches in-folio coloriées ; le texte se compose de la feuille première de la géographie, par M. *de la Sagra*, des feuilles une et deux de l'histoire des Reptiles, par M. *Cocteau,* enlevé récemment à ses amis et collaborateurs, et de la feuille

première des Oiseaux , par M. *A. D'Orbigny.* Les planches
sont les suivantes : Mammifères, pl. 2, *Vespertillo Dutertreus*,
Gervais. Oiseaux, pl. 1 , *Falco sparverius* , Var. , Gmelin.
Reptiles, pl. 4, *Crocodilus rhombifer* , Cuvier; et pl. 18 ,
Sphærodactylus cinereus , Cuvier. La manière dont le texte
et les planches sont exécutées , est en tous points digne de la
réputation que M. Arthus Bertrand s'est acquise par les belles
publications qu'il a éditées.   (A.)

MONOGRAPHIE du genre OUTARDE , par M. le docteur E. RUP-
    PELL. (Extrait du Muséum Senckenbergianum, 1837, in-4°
    avec trois belles planches coloriées.)

Après quelques remarques générales sur les genres *Ædicne-
mus* , *Cursorius* et *Otis* , l'auteur passe en revue toutes les
espèces du genre Outarde, en les décrivant avec soin et en dis-
cutant leur synonymie et leurs caractères; ce travail est fait
avec talent et conscience , comme tous ceux que l'on doit à
M. Ruppel, et il doit servir d'exemple aux ornithologistes qui
veulent faire quelque chose d'utile pour l'avancement de la
science. Voici la liste des espèces que M. Ruppel admet dans
le genre Otis.

1° *O. Kori* , Burchell ; 2° *O. arabs* , L. ; 3° *O. nigriceps* ,
Vigors ; 4° *O. caffra*, Lichtenstein ; 5° *O. Ludwigii*, Ruppell ; 6° *O. Vigorsii*, A. Smith ; 7° *O. nuba* , Ruppell ; 8° *O.
cœrulescens* , Levaillant ; 9° *O. Rhaad* , Latham ; 10° *O. te-
trax* , L. ; 11° *O. afra* , Latham ; 12° *O. aurita* , Latham ;
13° *O. bengalensis* , L. ; 14° *O. melanogaster* , Ruppell ;
15° *O. houbara* , Latham ; 16° *O. tarda* , L.

Les espèces représentées sont les *Otis Kori , Ludwigii* et
Rhaad.   (G.-M.)

GALERIE DES MOLLUSQUES , ou catalogue méthodique, descrip-
    tif et raisonné des mollusques et coquilles du Muséum de
    Douai, par V.-L.-V. POTIEZ et A.-L.-F. MICHAUD. (In-8°
    avec atlas lithographié. Tome 1er , Paris , Baillière.)

Nous ferons connaître le plan et le mode d'exécution de ce
ouvrage dès qu'il nous sera parvenu.

REVUE ENTOMOLOGIQUE, publiée par M. Gustave SILBERMANN.
In-8° avec planches, Strasbourg.

Cet intéressant recueil, plein d'observations neuves et importantes et de reproductions ou d'analyses d'ouvrages publiés en langue allemande, est surtout destiné à nous faire connaître les travaux des Allemands et rend ainsi de grands services à la science ; on ne peut trop louer le zèle avec lequel M. Silbermann a poursuivi cette entreprise, surtout quand on sait comme nous que ces ouvrages ne donnent jamais de bénéfices, puisqu'ils s'adressent aux naturalistes travailleurs, à ceux qui veulent se tenir au courant de la science, enfin à un public tellement peu nombreux que la totalité de ces naturalistes *qui lisent*, peut à peine couvrir les frais de l'entreprise, quoique ces sortes de livres soient ordinairement d'un prix assez élevé. La Revue entomologique ne pouvant servir seule à *classer des collections* est, dès-lors, inutile à une foule d'amateurs qui ne lisent jamais un livre et qui se contentent de ramasser un grand nombre de petites bêtes, de les arranger plus ou moins joliment dans des boîtes, et de les nommer en allant voir chez leur voisin les noms que portent leurs espèces, noms que ces voisins ont pris chez d'autres, qui les tiennent d'une source semblable et plus ou moins éloignée.

La Revue de M. Silbermann forme actuellement 4 volumes complets, elle est indispensable aux entomologistes travailleurs, car elle contient une foule de mémoires et d'observations importantes qu'il n'est pas permis à un naturaliste d'ignorer et qu'il serait trop long d'énumérer ici. Nous annoncerons la publication des numéros du tome V quand ils paraîtront.   (G.–M.)

INSECTA LAPPONICA, Descripta a J. W. ZETTERSTEDT.—(1 vol. in-4° a deux colonnes. Lipsiæ 1838. — Paris, Baillière.— Prix 6 fr. par fascicule.)

Dans une préface assez étendue, l'auteur fait connaître le plan de son ouvrage ; il se livre à quelques considérations très-intéressantes sur la distribution des insectes dans la Lapponie, en montrant qu'on peut partager ce pays en quatre régions en-

tomologiques , auxquelles il assigne les noms de *Regio sylva-*
tica , *regio subsylvatica* et *subalpina* , *regio alpina* et *regio*
inferalpina ; il présente ensuite un tableau des familles et des
ordres des coléoptères de Lapponie , d'où il résulte que l'on
connaît 154 genres dans ce pays. Viennent ensuite les des—
criptions et la synonymie des espèces ; ces descriptions sont
faites avec un soin et un talent remarquables ; elles ne sont ni
trop longues ni trop courtes , et l'auteur les accompagne de
notes précieuses sur les localités des espèces , sur leurs mœurs ,
l'époque de leur apparition , sur leurs varités , etc. , etc. Le
premier fascicule est entièrement occupé par les Coléoptères ,
ainsi qu'une portion du second , jusqu'à la colonne 239 où ils
sont terminé

Les *Orthoptères* , précédés aussi d'un tableau des familles et
des genres, comprennent 5 genres et occupent seulement quatre
pages ou huit colonnes jusqu'à la colonne 252 ; viennent ensuite les *Hémiptères*, qui comprennent 37 genres , et occupent jusqu'à la colonne 314. Les Hyménoptères formant 60
genres et occupant dans le deuxième fascicule et au commen—
cement troisième jusqu'à la colonne 474. Enfin les Diptères ,
qui comprennent 174 genres et dont les 10 premières familles
seulement occupent la fin de ce troisième fascicule.

M. Zetterstedt a fait connaître , dans ces trois facicules ,
beaucoup d'espèces et quelques genres encore nouveaux pour
la science , surtout dans l'ordre des Diptères ; il a apporté des
changemens notables dans l'arrangement des familles de cet
ordre , enfin ce travail , qui paraît le fruit de longues études
et d'observations consciencieuses et attentives , ne peut que
faire un grand honneur à son auteur , et rendre un vrai service à l'Entomologie. Ajoutons que le livre de M. Zetterstedt
est écrit entièrement en latin , ce qui le met à la portée de
tous les naturalistes.   (G.-M.)

DESCRIPTION DE QUELQUES COLÉOPTÈRES recueillis dans un voyage
au Caucase et dans les provinces transcaucasiennes russes ,
en 1834 et 1835, par T. VICTOR. (Extrait des mémoires de
Moscou , t. IV.—Brochure in-4° avec une pl. coloriée.)
Outre la description des espèces nouvelles , M. Victor indi-

que plusieurs espèces décrites par les auteurs ; il s'occupe seulement des Pselaphiens et de quelques Fungicoles dont il donne de bonnes descriptions accompagnées de figures coloeiées très - exactes. Voici les phrases diagnostiques de ces espèces.

Psephalus acuminatus, Victor.—Long. : 3 lignes. Larg. : 1/4 de ligne. — Elongatus, rufus, nitidus, postice dilatatus ; capite trifoveolato ; elytris dilutioribus ; segmento 1° pone elytra maximo, utrinque incrassato ; 2° multo minore ; 3° in medio nodulo compresso obtuso producto. In masculis : 3° segmento cum reliquis planis.—Sous des pierres dans les steppes d'Elisabethpol en Géorgie méridionale.

Briaxis nodosa, Vict.—*Mas.* et *fem.* — Long. : 2/3 ligne. Larg. : 1/3 ligne. — Subelongata, convexa, rubro-cinnamomea, abdomine subelongato-quadrato, segmento primo maximo, postice truncato, in medio exciso ; secundo nodi obtuso producto ; *in maribus* : segmento primo postice obtuso-rotundato integro, secundo cum reliquis planis. — Elle se trouve près des racines, dans des lieux un peu humides, en Géorgie.

Briaxis furcata, Vict. — Long. : 2/3 lig. Larg. : 1/4 lig. — Nigro fusca, elytris rubro-fuscis, tibiis tarsisque testaceis ; abdomine lato, segmento 1° modice convexo, intra marginem lateralem utrinque canaliculato, apice in medio late et profunde emarginato, utrinque acute bi-dentato, segmento secunde utrinque furcato, abdomine profunde excavato.—Cette espèce doit être placée de même que la précédente dans la seconde série des *Briaxis* de M. Aubé. Je l'ai trouvée à Tiflis, en Géorgie russe.

Briaxis spinicoxis, Vict.—Long. : 3/4 lig. Larg. : 1/3 lig. — Nigra, nitida ; antennis, elytris, pedibusque rufocastaneis; fronte bi-impressa ; thorace postice foveolis tribus profunde instructo ; elytris bi-striatis ; abdomine lato, segmento 1° maximo, apice obtuso-rotundato ; coxis anticis spina subtilissima armatis. — A Tiflis, en Géorgie.

Bythikus crassicornis, Vict.—Long. : 3/4 ligr Larg. : 1/4 lign. — Punctatus, castaneus, nitidus, parce pubescens ; fronte inaequalis, vertice linea arcuata impresso ; antennis

crassis , articulo 1° maximo , apice intus dente parvo mu-
nito ; 2° globoso ; elytris convexis , basi in singulo bi-impressi ;
abdomine integro rotundo ; pedibus dilutioribus , femoribus
crassiusculis , posticis apice inferne gibbosis , nigris. — Je l'ai
rapporté des montagnes d'Aghalzik , en Arménie , non loin de
la frontière de l'Asie mineure. On le trouve à une élévation de
plus de 5,000 pieds , dans la terre humide , sous des buissons.

Bythinus longipalpis , Vict.—Long. : 1/2 lig. Larg. : 1/5
lign. — Castaneus , sub-pubescens ; oculis nigris , prominulis ;
antennarum articulo ultimo conico-elongato ; abdomine convexo, pedibus dilutioribus. — Sous l'écorce de vieux troncs à
Ekaterinograd , dans les steppes du Caucase , en été.

Bythinus Ibericus, Vict.—Long. : 1/2 lign. Larg. : 1/6 lig.
— Niger , thorace piceo ; elytris rufis ; capite bi-foveolato; palpis longis , articulo 2° elongato , 3° brevi , conico. Antennis
sub-filiformibus; elytrorum humeris elevatis. *In fœmina :* limbo
thoracis piceo-marginato ; palporum articulo secundo trigono;
antennis crassioribus. — On le rencontre au Caucase et dans
les contrés trauscaucasiennes , sous des pierres , dans des lieux
ombragés.

Euplectus piceus , Vict. — Long. : 2/3 lig. Larg. : 1/6 lign.
— Depressus , piceus ; capite inæquali , inter antennas cari-
nula conspicua , transversa signato ; palpis , antennis , pedibusque testaceis; thorace postice foveolis tribus subconfluenti-
bus , in medio disci impresso.—Il vit sous l'écorce des pins sur
les montagnes d'Akhalzik.

Endomychus armeniacus, Vict.—Long. : 2 1/3 lign. Larg. :
1 1/2 lign. — Breviter-ovatus ; capite , thorace , corpore subtus pedibusque rufo-testaceis; antennis nigris ; elytris cocci-
neis , singulo maculis duabus nigris decoratis. — En Arménie
et en Géorgie.

Lycoperdina apicalis , Vict. — Long. : 1 2/3 lign. Larg. :
1 lign. — Ovata , rufo-testacea ; thorace transverso basi reflexo , nigro-marginato , angulis omnibus productis , acutis ;
elytris nigris , macula latiore humerali , altera pone medium ,
apiceque rufotestaceis.—On la trouve sur les bois pourris dans
les Lycoperdons , dans les vallées des alpes du Caucase.

Dapsa trimaculata, Kollar. — Long. : 1 3/4 lign. Larg. : 3/4. — Lurido-testacea, punctatissima, pubescens ; thorace quadrato, tri-impresso ; elytris oblongo-ovatis, maculis tribus nigro-fuscis pone medium signatis. — Je l'ai pris dans la terre sous les buissons et dans l'herbe, dans les provinces près de la mer Caspienne, de même que dans les steppes du Caucase et de la Russie méridionale.

Dapsa limbata, Vict.—Long. : 1/2 lign. Larg. : 2/3 lig.— Elongato-ovata, testaceo-fusca, pubescens ; thorace postice angustato ; elytris valde convexis lateribus et postice late nigris. — Sur les montagnes d'Akhalzik, en Arménie.

Manuel des Coléoptéristes contenant les Insectes Lamellicornes de Linné et de Fabricius. Par le Rév. Hope. Londres 1837, in-8°, fig. Paris, Baillière. (Prix 7 sch. ou 8 francs.

Le but de l'auteur est de faciliter l'étude des Lamellicornes décrits par Linné et Fabricius ; il montre combien cette étude est difficile, et combien il serait à désirer que les termes employés dans la science fussent simplifiés afin de ne pas rebuter les commençans. Il commence son manuel par l'ordre des Coléoptères en plaçant sous forme de tableau les Lamellicornes décrits par Linné. La première colonne donne l'espèce Linnéenne, la seconde les pays que ces insectes habitent, ce qui, dans Linné, est tout-à-fait inexact, parce que l'on faisait peu attention à l'habitat des insectes dans le temps ou cet auteur a écrit ; la troisième colonne contient la classification suivant les genres adoptés par les les entomologistes modernes. Immédiatement après les Lamellicornes de Linné. Il donne un autre tableau de ceux de Fabricius, divisé en quatré colonnes ; la première contient les genres de Fabricius, la seconde le nom des espèces qui s'y rapportent, la troisième les pays qu'elles habitent, où l'on trouve autant d'erreurs que dans Linné, et la dernière offre une classification générique autant que possible suivant l'état actuel de la science.

Il dit ensuite pourquoi il a changé dans quelques circonstances les noms génériques adoptés sur le continent. Ainsi, en suivant les idées de Macleay, il a restitué le nom de *Scarabæus* aux insectes appelés *Ateuchus* par Illiger et contenant quelques espèces que les anciens regardaient comme sacrées.

M. Kirby ayant mis à la disposition de M. Hope toutes ses notes relatives aux Lamillicornes, celui-ci en a profité pour faire connaître le résultat d'un travail manuscrit de ce célèbre entomologiste, et il donne les caractères, accompagnés de figures dessinées par M. Westwood, des genres qui ont été établis aux dépens des Dynastes de Mac-Leay (*Scarabæus*, Lat.). Voici comment est distribué l'ouvrage de M. Hope.

1° Tableau des Lamillicornes de Linnæus, suivi de remarques et annotations très – importantes et qui témoignent des profondes connaissances de leur auteur.

2o Tableau des Lamillicornes décrits par Fabricius, suivi aussi de remarques et observations semblables à celles qui accompagnent le tableau précédent.

4° Distribution de la famille des *Dynastydæ* en genres, d'après la méthode de Kirby. Dans ce travail, les Dynastides sont divisés en douze genres, dont voici les noms. 1° *Megaceras*, Kirby (type : *Geot.. chorinæus*, Fab.). 2° *Enema*, K. (type : *Geotr. enema*, F.). 3° *Cheiroplatys*, K. (type : *Geotr. truncatus*, F.). 4° *Chalcosoma*, Hope (type : *Geotr. atlas.* F.). 5° *Strategus*, K. (type : *Geotr. alæus*, F.). 6° *Cœlosis*, K. (type : *Geotr. sulvanus*, F.). 7o *Xyloryctes*, Hope (type : *Geotr. satyrus*, F.). 8° *Syrichtus*, K. (type : *Geotr. syrichtus*, Fab.). 9o *Pentodon*, K. (type : *Geotr. punctatus*, Fab.). 10° *Temnorhynchus*, Hope (type : *Geotr. retusus*, Fab.). 11° *Bothynus*, Kirby (type : *Geotr. cuniculus*, Fab.). 12° *Isodon*, Hope (type : *Geotr. australasiæ*, Kirby).

5° Dans cette portion de l'ouvrage, M. Hope donne les caractères de plusieurs genres établis par Kirby et par lui-même, dans les familles des *Melolonthidæ et des Sericidæ;* ces genres sont les suivans, dans les Melolonthidæ. 1° *Lepidota*, K. (type : *Mel. stigma*, F.). 2° *Lachnosterna*, Hope (*Mel. fervida*, F.). 3° *Aplidia*, K. (*Mel. transversalis*, F.). 4° *Cephalotrichia*, K. (*Mel. alopex*, F.). 5° *Macrophylla*, Hope (*Mel. longicornis*, Hope). 6o *Stethaspis*, Hope (*Mel. suturalis*, Fab.).

7o *Microdonta* K. (*Mel. pini*, F.). 8o *Rhombonyx*, K. (*Mel. holosericea*, F.).

Dans les Sericidæ. 9o *Calonota*, Hope (*Mel. festiva*, F.). 10o *Liparetra*, K. (*Mel. sylvicola*, F.). 11o *Macrosoma*, Hope (*Mel. glaciatis*, F.). Enfin l'ouvrage est terminé par un *appendix*, dans lequel M. Hope donne d'abord des notes sur quelques espèces publiées par Linneus, dans un appendix du Mentissa Plantarum, en 1771, et sur d'autres espèces de cet auteur et de Fabricius qu'il n'a pas vues en nature, et qu'il ne peut rapporter qu'avec doute aux genres modernes ; M. Hope nous a fait l'honneur de nous consulter au sujet de ces espèces, et il s'est trouvé plusieurs fois que nos idées ont coincidé avec les siennes sur les genres auxquels on peut les rapporter. Vient ensuite un petit travail sur les *Goliathidæ*, dans lequel l'auteur donne la liste des espèces de Goliath connues jusqu'à ce jour, et qui sont les *G. Giganteus*, Kirby, *Drurii*, West. ; *Cacicus*, Oliv. ; *Regius*, Klug, et *Princeps*, Hope. Cette dernière espèce étant nouvelle est décrite avec détail et figurée en couleur par M. Westood ; c'est cette belle figure qni forme le frontispice de l'ouvrage. Cet insecte vient de Guincé. Voici la phrase diagnostique qui précède sa description :

G. *Princeps*, Hope. Nigro piceus. Capite 2 maculato, thorace vittato, scutello lateribus subalbidis, elytris late nigropiceis lateribus et apicibus albis, tuberculis apicalibus nigris. — Long., unc : 3. Lat. elytr, unc : 1. Lig. 7.

M. Hope forme ensuite trois autres genres aux dépens des *Goliath* et *Cetonia* des auteurs ; le premier, genre *Mecorhina*, a pour type le *G. Polyphemus*, F. Le second, genre *Dicronorhina*, a pour type la *Cet. micans*, F.; et le troisième, genre *Rhomborina* a pour type le *Goliathus heros*, Latr., et contient les *Gol. mellii*, Gory ; *opalina*, *Hardswckii*, *Roylii*, Hope, et la *Cetonia cincta*, du Zool. journal. Enfin, l'ouvrage est terminé par la description de la *Mimela xanthorhina*, Hope. Espèce qui habite l'Inde.   (G.–M.)

MONOGRAPHIE DES ANOPLURES de la Grande-Bretagne, ou essai sur les insectes parasites que l'on trouve en Angleterre appartenant à l'ordre des Anoplures de Leach, avec les divisions modernes des genres; arrangées d'après les idées du docteur Leach et du professeur Nitzsch. Enrichi de figures grossies de toutes les espèces, par Henry DENNY. (Londres et Paris chez Baillière.)

Tel est le titre d'un ouvrage dont M. Denny annonce la publication. Il montre que l'étude des Parasites que Leach a nommé Anoplures, est encore peu avancée comparativement à celle des autres insectes, et il se propose de donner la description et la figure de tous les espèces qu'on trouve dans la Grande-Bretagne.

M. Denny est certainement capable de bien traiter un tel ouvrage, car il a donné des preuves de son talent et de son exactitude dans plusieurs travaux, et particulièrement dans sa *Monographiæ Pselaphidarum et scydmœnidarum Angliæ*, ouvrages qui ont placé son nom d'une manière très-honorable dans la science,

L'ouvrage complet formera un volume grand in-8, du prix d'une guinée (24 fr.) avec figures coloriées, et de 14 sch., fig. noires. Nous rendrons un compte détaillé de cet ouvrage dès que les premières livraisons nous seront parvenues.

(G.-M.)

IV. NOUVELLES.

M. de La Fresnaye, en nous envoyant plusieurs nouvelles espèces d'oiseaux pour être publiées dans notre Magasin de Zoologie, nous prie d'annoncer qu'en parcourant la nouvelle *classification des oiseaux par M. Swainson* (2 v. in-12, 1836 et 1837), il a retrouvé des rapprochemens d'espèces et des genres nouveaux, qu'il avait lui-même signalés de la manière la plus précise et la plus détaillée dans un mémoire publié dans notre Magasin en 1833, classe II, pl. 12 à 14, et ayant pour titre : *Mémoire sur la réunion prolongée des doigts externe et intermédiaire etc.* Voici la note du savant ornithologiste français :

Si, à cette époque de mes premières publications ornithologiques, je me contentai d'indiquer ces genres et si je m'abstins de leur forger des noms génériques, je n'en réclame pas moins aujourd'hui la priorité, espérant bien que mes compatriotes me sauront quelque gré de les avoir fait connaître il y a déjà cinq ans, quoiqu'ils soient présentés aujourd'hui sous un nom générique par un auteur anglais, recommandable d'ailleurs par les ouvrages les plus intéressans comme les plus utiles en ornithologie et soit que M. Swainson ait jugé à propos d'adopter les idées émises par moi dans mon mémoire, soit que, sans en avoir eu connaissance, il ait fait de son côté des rapprochemens absolument semblables aux miens, et je serais alors très-flatté de cette similitude de vues avec un savant aussi distingué.

Dans mon mémoire, je disais à la page 11 ; « que je trou- » vais dans *le Cotinga ouette* (*Ampelis carnifex*, Linn.) de » tels rapports avec les *Coqs de roche* dans ses pieds syndac- » tyles, ses tarses emplumés intérieurement, dans la forme » de sa queue et la nature même de son plumage, et avec les » *Manakins* dans la forme de son bec et de ses ailes, que c'é- » tait selon moi un vrai Manakin à pieds de coq de roche et » faisant le passage des uns aux autres : vous donnâtes même » à l'appui un dessin de la patte, planche 13. » M. Swain- son dans sa classification vol. 2, pag. 253, commence sa famille des *Piprinæ* (*Manakins*) par son genre nouveau *Phœnicircus*, ayant pour type positivement *l'Ampelis carnifex*. Adoptant le nom générique de M. Swainson, je vous signale aujourd'hui comme espèce nouvelle *le Phœnicircus atro-cocci- neus* La Fr. espèce tellement voisine de *l'Ampelis carnifex* que j'ai hésité long-temps à regarder cet oiseau comme espèce dis- tincte : cependant il diffère du premier, en ce que le cou, le dos, la poitrine, la bande terminale de la queue et toutes les parties qui, chez lui, sont d'un brun marron plus ou moins foncé, sont ici d'un noir velouté très-prononcé, et ce noir se termine brusquement en avant au bas du cou ou il est remplacé par un rouge brillant qui couvre le haut de la poitrine et tout le dessous, tandis que chez *l'Ampelis carnifex*, le brun du cou descend sur la poitrine, et le rouge ne commence que sur le ventre. Il ne se rencontre qu'au Pérou et le premier à Cayenne, ce qui m'a déterminé encore à le regarder comme espèce, car aucun individu de Cayenne ne présente cette particularité frappante de couleur noire foncée, ni aucun du Pérou celle de brun de l'espèce Cayennaise.

Dans ce même mémoire, en 1833, je décrivis page 7 et fis figurer pl. 12, un oiseau sous le nom de *Pie-grièche à croissant* (*Lanius arcuatus*, Geof. Saint-Hil., *gal. du Mus.*), chez lequel j'avois reconnu, comme chez le *Cotinga ouette*, des pattes de Syndactyles ; vous en figurâtes une sur la même planche : ce caractère n'avait été signalé chez cet oiseau par aucun auteur avant moi et par une délicatesse peut-être mal entendue dans mes intérêts d'auteur, je m'abstins, comme pour le *Cotinga ouette*, de lui forger un nom générique. M. Swainson a fait de cet oiseau le type d'un nouveau genre, sous le nom générique de *Ptilochloris lunatus t. 2, pl.* 250. et *north. Zool.* 2, *pag.* 492 ; adoptant encore ce nom générique, je vous donne la description de 4 espèces, y compris celle-ci, faisant partie de ce genre *Ptilochlaris* et que je caractérise ainsi : *Pieds syndactyles, bec assez fort, droit, large à sa base, courbé brusquement à son extrémité, ailes assez longues, queue médiocre à rectrices accuminées seulement à la fine pointe, le front, les narines et l'ouverture du bec garnis de poils nombreux.*

La 1re espèce ou *l'espèce type* est le *Ptilochloris arcuatus*, La Fr. *Lanius arcuatus*, Geoff. saint-Hil. ; Mag. de Zool. , année 1833, cl. II pl. 12 ou *Ptil. lunatus Swains.* (classifi. of. birds. 2 ; p. 250). Cette espèce est verte en dessus avec une calotte d'un noir sombre, de grandes taches de rouille sur les couvertures des ailes, jaune souffre en dessous avec les plumes terminées par un croissant noir, mandibule supérieure noire, blanche au bout ainsi que toute l'inférieure (grosseur du *Turdus cinclus*).

La 2e est le *Ptil. rémigialis*, La Fr. D'un beau vert sans taches en dessus, avec la calotte d'un noir foncé, le dessous d'un beau jaune jonquille, avec quelques mouchetures rares sur les côtés du cou et quelques bandes tout le long des flancs, de couleur noire. Les 1re 2e et 3e rémiges acuminées, la 4e rétrécie brusquement en filet a 6 lignes de sa pointe, avec son tuyau recourbé en dehors, plus petite d'un quart que l'espèce précédente.

La 3e est le *Ptil. rufo-olivaceus*, La Fr. un peu plus forte que la 1re espèce, d'une couleur uniforme olive sombre, nuancée de brun, particulièrement sur les ailes et la queue; la teinte est plus claire au dessous sur le devant du cou et sur l'abdomen.

La 4e est le *Ptil. virescens*, La Fr. *Gobe-mouche vert. Cuv. mus. de Paris, et Lesson Traité*, 391. plus petite que les trois précédentes et de la taille de notre *Accentor modularis*, d'un vert olive uniforme, s'éclaircissant sur la gorge et l'abdomen, avec les ailes et la queue d'un olive brunâtre. Il est le représentant en petit, pour la coloration, de l'espèce précédente, ayant à peine les deux tiers de sa taille. Ces quatre espèces Brésiliennes, ou au moins de l'Amérique méridionale, malgré leur bec garni de poils, ce qui annonce une nourriture insectivore, m'avaient paru devoir être placées près des Cotingas, avec lesquels elles ont des rapports dans les pattes, le bec élargi à la base et dans leur ensemble. M. Swainson qui ne cite que l'espèce type, la met aussi dans sa famille des *Ampelidœ*, mais dans une sous-famille qu'il compose des genres *Vireo, Pachycephala et Ptilochloris.*

Dans un second mémoire intitulé : *Essai d'une division de l'ordre des Passereaux en trois groupes principaux*, etc., également publié dans votre Magasin, décembre 1833, je disais, pag. 26, que d'après l'analogie que j'apercevais dans la forme des pieds de la *Pie-griège falconelle* de la Nouvelle-Hollande, et celle de nos mésanges, je supposais que cette espèce avait comme elle la faculté de se cramponner aux arbres, j'ajoutais qu'une autre Pie-grièche d'Amérique, la *Pie-grièche Sourciroux* (*Tanagra guyanensis*, L.) était la seule espèce de Pie-grièche qui, à ma connaissance, réunît les deux formes caractéristiques de pattes et de bec de la *falconelle* et que dès-lors il me paraissait naturel de les rapprocher dans la série des Pie-grièches. Depuis cette époque je les ai effectivement réunies sous le nom de *Piegrièches-mésanges*, dans un mémoire que vous avez annoncé dans la *Revue Zoologique*, mais comme types de deux genres ou sous-genres différents, *Falcunculus*, Vieill., et *Laniagra*, La Fr. , et M. Swainson, dans sa classification, fait le même rapprochement et les présente comme du même genre *Falcunculus*, ce que je n'eusse osé faire d'après le grand éloignement de leur patrie (la Nouvelle-Hollande et l'Amérique méridionale) mais surtout d'après la différence de forme de leurs ailes et de leur queue.

Découverte du genre CLAVIGER en France, par M. CRÉMIÈRE.

En ouvrant les ouvrages de Latreille et des autres entomogistes qui ont traité des insectes de la France, on voit que le genre *Claviger*, Coléoptère curieux par son organisation et ses habitudes, n'y avait pas encore été trouvé. M. Aubé, dans sa belle Monographie des Psélaphiens, insérée dans notre Magasin de Zoologie, année 1833, donne seulement pour habitat au *Claviger foveolatus*, la Suède, l'Allemagne et la Belgique. M. Crémière, qui s'occupe avec beaucoup de zèle de la recherche des espèces de notre pays, a fini par trouver le Claviger dans des nids de petites Fourmis fauves, près de Loudun; il nous en a envoyé un individu, mais nous regrettons qu'il ait omis de nous adresser la Fourmi avec laquelle cet insecte vit; si cet habile entomologiste peut nous procurer cette Fourmi, nous ferons connaître a qu'elle espèce elle appartient, et cette connaissance facilitera les recherches des entomologistes qui voudraient étudier son singulier compagnon et vérifier les curieuses observations que Muller a publiées dans le Magasin d'entomologie de Germar, écrit en allemand.

ÉRRATUM.—Dans le précédent numéro, à la page 186, ligne 12, lisez : *côtés inférieurs*, au lieu de *côtes inférieures.*

A la page 192, ligne 10, lisez : *chirurgien à l'hôpital d'Haslar, à Portsmouth*, au lieu de *médecin à Londres.*

Il nous a été impossible de donner la planche qui représente les Insectes fossiles du docteur Maravigna, parce que M. Lefebvre, qui possède seul quelques uns de ces objets, n'est pas à Paris. Nous tacherons de la faire paraître dans le numéro prochain.

Le révérend William Buckland, professeur de géologie à l'université d'Oxford, a été admis dans la société Cuvierienne, sur la présentation de M. le docteur *Roberton*, vice-président de la Société géologique de France.

Un nom aussi célèbre, joint à ceux qui figurent sur la liste des membres fondateurs, est un nouveau garant de l'approbation que les savans ont donnée au but et à l'esprit de la Société. L'appui qui nous est accordé par des hommes placés si haut dans la science, est la plus grande récompense que nous puissions ambitionner pour le zèle que nous mettons dans la direction du journal de la *Societé Cuvierienne.*

REVUE ZOOLOGIQUE.

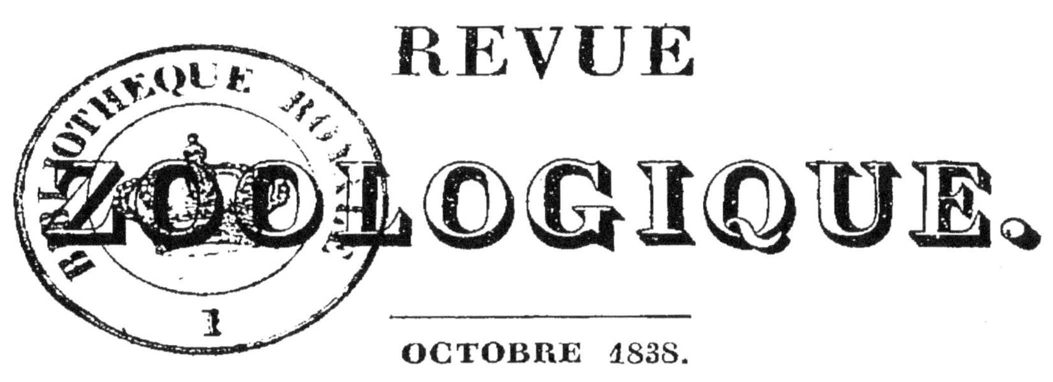

OCTOBRE 1838.

I. SOCIÉTÉS SAVANTES.

Académie royale des Sciences de Paris.

Séance du 1er *octobre* 1838. — M. *P. Gervais* présente une note intitulée : *Sur un représentant de l'ordre des mammifères insectivores à la Nouvelle-Hollande.* Il résulte de cette note, lue par M. Isidore Geoffroy Saint-Hilaire, que la distribution géographique des mammifères coïncide dans plusieurs cas d'une manière remarquable avec leurs particularités d'organisation ; ainsi les trois sous-classes admises par de M. de Blainville , sont ainsi réparties :

Ornithodelphes ou Monotrèmes : en Australie seulement.

Didelphes ou Marsupiaux : en Australie et en Amérique. Les animaux de l'une et de l'autre de ces parties du globe étant de genre bien tranchés.

Monodelphes appelés aussi *Mammalia placentalia*, répandus dans tout l'ancien et le nouveau monde, sauf à la Nouvelle-Hollande où ils sont en très-petit nombre.

Si nous en exceptons , dit M. Gervais, le *Canis dingo* (Chien australasien) que plusieurs auteurs supposent avoir été introduit par l'homme ; une Roussette (*Pteropus polycephalus,* Temm.) et deux ou trois espèces de Chauve-souris, on n'a signalé à la Nouvelle-Hollande en fait de Monodelphes que des Rongeurs , ce sont :

Les *Hydromys* dont on indique plusieurs espèces : le genre *Hapalotis* de Lichtenstein ; le *Pseudomys* signalé par M. Gray , un *Rat* indiqué par MM. Eydoux et Gervais; le nouveau genre *Conilurus* de M. O'Gilby ; et une *Gerboise* de la section

Tom. I. Année 1838.　　　　　　　　　16

du *Dipus tetradactylus* de Nubie, M. O'Gilby l'appelle *Dipus Mitchellii*.

« Je crois pouvoir annoncer à l'Académie, dit **M.** Gervais, qu'a cette liste d'animaux, de l'ordre des Rongeurs, de celui des Cheiroptères, et peut-être même de celui des Carnivores, il faut aussi ajouter une espèce représentant le groupe des Insectivores, mammifères que l'on connaissait déjà sur tous les autres points du globe. L'animal dont je veux parler vient d'être récemment décrit en Angleterre, mais comme appartenant à la catégorie des Didelphes et il a reçu le nom de *Myrmecobius fasciatus*, Waterhouse. »

« Le *Myrmecobius* forme parmi les mammifères insectivores du genre Glisorex, un nouveau sous-genre et les caractères de celui-ci sont surtout fournis par le nombre des dents, plus grand que chez les Glisorex proprement dits et même que chez les autres insectivores. Sous ce point de vue l'animal dont il s'agit fournirait un bel exemple à joindre a celui que M. de Blainville signale comme anomalie de plus dans le nombre des dents pour quelques espèces de mammifères, au lieu d'avoir comme les *Tupaia* 6/6 molaires, 1/1 canine, 2/3 incisives de chaque côté des machoires, le *Glisorex* (*Myrmecobius fasciatus*) présente 8|9 molaires 1/1 canines et 4/3 incisives. »

Séance du 8 octobre. — M. *Geoffroy Saint-Hilaire* lit un grand Mémoire de littérature scientifique, intitulé : *De la statue de Buffon*, afin de lui faire recouvrer ses anciens honneurs, et pour expliquer le sens poétique, l'idée physiologique de ses Parerga ou sculptures emblématiques de la base de cette œuvre monumentale.

Ce Mémoire, rempli d'idées grandes et profondes, n'est pas susceptible d'analyse. Nous renvoyons donc au n° 15, 2° semestre de 1838, des comptes rendus des séances de l'Institut, dans lequel ce Mémoire est imprimé.

M. *Milne Edwards* lit un Mémoire, intitulé : *Sur le mécanisme de la respiration chez les Crustacés.*

Dans ce travail, l'auteur traite du mécanisme de la respiration chez les Crustacés, sans s'occuper de la partie physique du phénomène respiratoire, c'est-à-dire qu'il s'occupe seulement des moyens par lesquels la nature alimente pour ainsi dire ce travail, en renouvelant sans cesse les fluides destinés à subvenir aux besoins de la respiration.

On savait déjà que les Crustacés inférieurs ne paraissent pas avoir d'instrumens particuliers pour la respiration, que c'est par le contact de l'eau aérée avec toute la surface du corps, que cette fonction doit alors s'effectuer ; que chez les Crabes, les Ecrevisses et les autres Crustacés supérieurs, dont se compose l'ordre des Décapodes, la respiration est branchiale, et qu'elle s'opère dans des cavités qui ne communiquent pas dans l'arrière-bouche, enfin qui ne peuvent ni se contracter, ni se dilater tour à tour comme le thorax des animaux supérieurs. Connaissant cette particularité de structure, le célèbre Cuvier avait cru pouvoir se rendre compte du renouvellement indispensable de l'eau qui baigne les branchies des Crustacés décapodes, par les mouvemens des appendices flabelliformes fixées aux pattes-mâchoires des Crabes. Mais l'anatomie comparée nous fait voir que ces sortes d'appendices n'existent pas ou sont rudimentaires chez les Macroures et les Anomoures. Il était par conséquent bien probable que le renouvellement de l'eau nécessaire à la respiration des Crustacés décapodes, devait être déterminé par quelque autre instrument, et il existe en effet d'autres organes qui semblent réunir toutes les conditions nécessaires pour les rendre propres à ce rôle important : ce sont les appendices que les zoologistes désignent sous le nom de *mâchoires de la seconde paire.* Ce fait, que M. Edwards a constaté pour la première fois avec M. Audouin, est le point fondamental de son Mémoire. Ainsi, d'après l'auteur, la partie la plus importante pour l'exécution du phénomène respiratoire chez les Décapodes, consiste en une grande lame ovalaire qui est logée dans le canal efférent de la cavité branchiale, et qui, fixée vers le milieu de son bord interne, bat comme sur un pivot. Par suite de ces mouvemens, cette lame cornée bouche, avec sa partie antérieure, le canal qui la renferme, puis relevant obliquement son bord postérieur, frappe d'arrière en avant l'eau qui la baigne, et la chasse au-delà de l'espèce de valvule formée par son bord antérieure ; celui-ci se relève

aussitôt, comme un clapet pour s'opposer à la rentrée de l'eau,
et tant que l'animal continue à vivre, ces mouvemens se répètent avec une rapidité extrême. Il est donc évident, dit l'auteur, que ce sont les mouvemens oscilatoires de cette espèce de
palette qui déterminent la sortie de l'eau renfermée dans la
cavité branchiale, sortie qui détermine à son tour l'entrée d'une
quantité correspondante du liquide ambiant par les autres orifices aboutissant au dehors, et qui assure de la sorte le renouvellement de l'eau aérée nécessaire pour subvenir aux besoins
de la respiration.   (M. S. A.)

Séance du 15 *octobre.* — M. *Valenciennes* lit un Mémoire
intitulé : *Considérations générales sur l'Ichthyologie de l'Atlantique, et en particulier sur celle des îles Canaries* — Ce
Mémoire est renvoyé à l'examen de MM. *Duméril, Flourens,*
et *Isid. Geoffroy-St-Hilaire.*

M. *Mandl* présente une note sur les caractères chimiques des
sécrétions. Il annonce avoir découvert une relation entre la
nature des nerfs qui se distribuent aux organes sécréteurs et les
caractères chimiques des produits sécrétés. Suivant lui, les sécrétions seraient alcalines pour tous les organes qui reçoivent
leurs nerfs du système cérébro-spinal, et acides pour ceux qui
les reçoivent du système ganglionnaire. Ce travail est renvoyé
à l'examen de MM. *Magendie, Becquerel* et *Dumas.*

M. *Marcel de Serres* adresse une note sur l'accouplement
du Moufflon avec le Mouton, et sur le métis qui en est provenu.

Cette expérience était d'autant plus intéressante que plusieurs naturalistes ont présumé que le Moufflon pouvait être
la souche de laquelle sont provenus nos Moutons domestiques.
Le métis femelle produit par un mérinos et une femelle de
Moufflon, est plus semblable au père qu'à la mère. D'autres ac-
couplemens de ces métis avec des Béliers, ont produit des individus de plus en plus semblables à leur père, mais qui con-
servent cependant les habitudes sauvages des Moufflons.

Séance du 22 *octobre.* — M. *de Blainville* lit un Mémoire
intitulé : *Nouveaux doutes sur le prétendu fossile Stonesfield.* M. de Blainville répond d'une manière détaillée aux
argumens et réclamations de MM. Agassis, Valenciennes,

E. Geoffroy Saint-Hilaire et Duméril, relatifs à son premier travail sur le même sujet. Voici comment se termine l'extrait qu'il a donné de de son mémoire dans les comptes rendus.

« M. de Blainville se voit donc encore forcé de rester, jusqu'à nouvel ordre du moins, dans la conviction que les portions de mâchoires inférieures fossiles à Stonesfield, ne proviennent certainement pas d'un mammifère Didelphe, probablement pas d'avantage d'un mammifère monodelphe insectivore ou amphibie, et que par conséquent il est plus probable que c'est un animal ovipare ; dès-lors, on voit, ajoute M, de Blainville, comment je dois persister à conserver le nom d'amphitherium, que j'ai proposé, si toutefois il a la priorité sur celui d'*amphigonus* (1), donné par M. Agassis ; et cela d'autant plus que lorsque même il serait hors de doute que les mâchoires proviennent d'un mammifère, je ne verrais rien en elles mêmes, pas plus que dans leur système dentaire, qui dût porter à en faire nécessairement un Didelphe; car du système dentaire, et surtout de la partie mollaire, conclure au reste de l'organisation, et surtout à la Didelphie, c'est, comme je me propose de le démontrer dans un rapport que je dois faire incessamment à l'académie, aller au-delà de ce que permet la méthode d'analogie.

M. *Geoffroy-St-Hilaire* lit un mémoire sur le monstre double, né dans les premiers jours d'octobre, à Prunay-sous-Ablis, près de Rambouillet. Ce monstre se compose de deux filles unies bout-à-bout par les bassins, et n'ayant qu'un ombilic commun: il appartient par conséquent au genre que M. Isidore Geoffroy a nommé Ischiopage. Ce qui rend surtout intéressant l'Ischiopage de Prunay, c'est la durée de sa vie, plus prolongée déjà que celle de tous les autres Ischiopages connus.

MM. Serres et Breschet, commissaires nommés par l'Académie avec M. Geoffroy pour l'examen de cet Ischiopage, en donneront par la suite la description complète. En attendant, M. Geoffroy insiste sur deux circonstances, savoir, la répéti-

(1) M. de Blainville fait remarquer précédemment qu'il ne trouve d'indication de ce nom, dans les notes de M. Agassis sur les Didelphes de Stonesfield, qu'en 1838 et non en 1836.

tion fréquente des mêmes types génériques parmi les êtres anomaux , et l'accord de toutes les conditions organiques des Ischiopages avec le principe que M. Geoffroy a nommé *attraction
de soi pour soi.*

Nous pouvons ajouter à cet extrait que , d'après des renseignemens authentiques , les deux filles réunies de Prunay présentent une indépendance très-marquée de vie et de sensations.
L'une crie , s'agite , tette , sans que le sommeil de l'autre soit
troublé. C'est au reste ce qu'on a généralement observé sur
tous les monstres doubles , qui ont été jusqu'à présent le sujet
d'observations ou d'expériences exactes (1).

M. *Geoffroy St-Hilaire* , au nom de la section d'Anatomie
et de Zoologie, propose de déclarer qu'il y a lieu à nommer
à la place devenue vacante par la mort de M. Frédéric Cuvier.
L'Académie se prononce pour l'affirmative a une majorité de
39 voix contre 3.

A la veille de cette élection, il est à propos de répéter quelques uns des bruits répandus sur ce sujet.

L'Académie des Sciences , placée à la tête des institutions
en voie de progrès , doit , dit-on , montrer qu'elle ne veut
pas rester en arrière du mouvement rapide qui fait actuellement en si peu de temps des illustrations littéraires et scientifiques; nous l'en applaudirons car nous avons le bonheur
d'être convaincu de l'infallibité des majorités, qui ne doivent
être influencées ni par des intérêts de coteries ni par des raisons de familles , et dès-lors nous devons nous ranger du côté
de ceux qui ne croient pas , comme on le pensait autrefois ,
que des hommes muris dans la science, ayant acquis une belle
réputation par de nombreux et excellens travaux, aient besoin , en outre , d'obtenir le fauteuil académique ; nous
croyons aussi que l'Académie doit être ouverte à ces jeunes
intelligences débutant dans la science, qui ont fait déjà quelques bons travaux et promettent d'en faire une foule d'autres

(1) Voyez dans l'*Histoire générale des anomalies,* etc., par M. Isidore
Geoffroy, tome III , p. 367 , le chapitre dans lequel il traite de
circonstances de la vie chez les êtres anomaux.

infiniment meilleurs, si on les encourage et si l'on comprend toute la portée de leurs capacités scientifiques. De cette manière, qui n'est peut être pas, suivant nous, très-conforme à la justice, on prétend que la science doit gagner beaucoup; car si l'on fait quelque tort à ces hommes si haut placés depuis long-temps dans l'opinion du monde savant, on ne fera pas perdre à la science les bons travaux avec lesquels ils l'ont illustrée, l'on se réservera cependant le moyen de donner les places à ces jeunes adeptes impatiens, qui promettent tant et que l'on doit craindre de rebuter, et l'Académie des sciences peut alors devenir une pépinière de grands hommes. Quant à ces vrais savans à cheveux blancs, qui ont déjà fait leurs preuves et continuent d'illustrer la science, il faut qu'ils se contentent de mériter ces places, car il ne peut y en avoir pour tout le monde : la réputation qu'ils ont acquise à juste titre, leur assure dans l'opinion publique une position au moins aussi belle que celle dont *l'intérêt bien entendu de la science* les privera, comme cela est prouvé par l'existence scientifique de Desmaret, récemment enlevé aux sciences, et de trois ou quatre anatomistes, géologues et zoologistes trop connus pour qu'il soit nécessaire de les nommer.

Séance du 29 octobre. — M. *Duvernoy* présente un grand nombre de dessins d'anatomie comparée, relatifs aux travaux qu'il a exécutés pour la nouvelle édition de l'Anatomie comparée de Cuvier. On sait que M. Duvernoy a toujours travaillé de concert avec ce grand homme pour les deux éditions de cet ouvrage monumental, et cette seule collaboration suffirait pour assurer à M Duvernoy une haute répution, s'il n'était pas en outre l'auteur d'un grand nombre de travaux non moins importans.

M. *Guyon* adresse un mémoire sur un ver qu'il a trouvé dans l'œil d'une négresse. Ce travail est renvoyé à une commission. Nous le ferons connaître quand le rapport aura été fait.

II. TRAVAUX INÉDITS.

Nouvelles espèces de mammifères du genre CAMPAGNOL, par M. de Selys-Longchamps.

M. de Selys-Longchamps, qui a parcouru cette année le midi de la France, l'Italie, la Suisse et l'Allemagne Rhénane, s'est occupé particulièrement, dans ce voyage, de l'étude des petits mammifères d'Europe qui existent dans les musées qu'il a visités. Un travail qui, nous l'espérons, pourra lever beaucoup de doutes sur la synonymie et la distribution de ces petites espèces, sera publié l'hiver prochain sur cet objet par M. de Selys, aujourd'hui il nous adresse la description sommaire d'une espèce nouvelle de campagnol qu'il a rencontrée en Italie.

CAMPAGNOL DE SAVI, *Arvicola Savii* (de Selys). — Ce campagnol a presque toutes les formes extérieures de l'*Arvicola fulvus* (Desm.), c'est-à-dire que ses oreilles externes sont *presque nulles*, et sa queue de la longueur du *quart du corps :* sa taille est la même que celle de l'*arvalis* et du *fulvus ;* ce qui le distingue au premier coup d'œil de ce dernier, c'est qu'au lieu d'être coloré en dessus de *jaune fauve*, il est entièrement d'un *gris-brun* terreux ; le dessous est cendré.

Il se distingue du Schermaus (*Arvic. terrestris*), parce que celui-ci est de taille beaucoup plus forte, de couleur brun *roussâtre* avec les pieds proportionnellement plus épais : la tête du Schermaus est aussi beaucoup plus large.

L'*A. Savii* est plus voisin *extérieurement* de l'*A. œconomus*, mais celui-ci est plus fort de taille et d'un gris moins jaunâtre. D'ailleurs l'*œconomus* n'habite que la Sibérie et a 14 paires de côtes, tandis que le *Savii* se trouve en Italie et n'est pourvu à ce que je crois que de 12 paires de côtes, ce que j'éclaircirai en disséquant les trois individus que j'ai rapportés dans l'alcool. Cette nouvelle et intéressante espèce habite la Toscane, la Lombardie et les environs de Genève. Les premiers individus que j'ai vus avaient été recueillis par M. Paolo Savi et déposés par lui au musée de l'université de Pise. Je me fais un devoir de lui dédier ce Campagnol comme un faible hommage rendu aux savantes recherches que ce naturaliste a publiées sur la Faune Italienne.

Campagnol montagnard, *Arvicola monticola* (de Selys).— Voisin du Schermaus, mais de taille beauconp plus forte, queue proportionnellement plus longue, plus velue, poils plus clairs, moins roussâtres, beaucoup plus touffus, un peu laineux.

Habite les rochers des Pyrénées. — Je dois la connaissance de cette espèce à M. Nerée-Boubée, fondateur du musée Pyrénéen, et qui l'a reçue de cet établissement.

Description d'une espèce nouvelle dn genre *Testacelle* et synopsis d'une monographie de ce genre de Mollusques, par M. Lesson.

Dans l'avant-propos de la partie entomologique du voyage autour du monde, de la corvette *la Coquille*, nous avons cité un passage de M. Burmeister, dans lequel cet entomologiste dit que *pour établir une espèce nouvelle il faut, avant tout, la distinguer de toutes les espèces décrites*, etc. : ayant suivi cette règle, bien avant que M. Burmeister ne l'ait formulée, nous sommes charmés de voir que d'autres naturalistes la suivent aussi, car c'est la seule manière de faire des travaux utiles et durables ; nous accueillons donc avec plaisir l'article de notre confrère M. Lesson, article que ce savant laborieux et fécond a rédigé dans ce bon esprit.

Genre : Testacelle, *Testacellus*, G. Cuvier, Ann. mus. t. V. et Mém., page 6. — *Testacella*, Lamarck, t. VII, p. 724.—Les Testacelles et les *Cochlohydres* par., Férussac, Prodome, 626. — Animal limaciforme, allongé, cylindroïde ou déprimé, à manteau, simple, gélatineux, recouvert d'un test, sans cuirasse, à pied large, terminé en pointe. Quatre tentacules courts, cylindracés, dont deux plus grands, oculés au sommet. Tète petite, à deux petits tentacules buccaux. Orifice placé sur le bord droit du manteau, à son rebord et à côté de l'ouverture du rectum. — Test externe, univalve onguiforme, à spire très courte, munie d'une lamelle en dedans subcolumnellaire. Bords de la bouche lisses le gauche couvert, le droit échancré , formant une ouverture du diamètro du test.

1. T. *haliotideus*, Faure Biguet , Férussac , tabl. , p. 26 ; pl. 8 , fig. 5-9.—*Testacella Europœa*, Roissy , *T. halioti dea* , Draparn. T. Galliœ; Oken.; Sowerby, fig. 1 et 2. Lam. t. VII, p. 726. — Animal flavidus, rufus vel griseus, maculatus aut immaculatus ; tentaculis cylindricis. — Testa ovata, postice acuminata cornea , crassa, extus rugosa , intus nitida; clavicula alba lata et plana. — Hab. l'Espagne , le midi de la France et l'ouest , depuis la Bretagne.

2. T. *Maugei* , Feruss. , tabl. , p. 26 , pl. 8 , fig. 10 , 11 et 12. Sowerby , fig. 7, 8, 9 et 10. — Animal rufescens maculis brunneis spartis ornatus ; tentaculis filiformibus, ora corporis aurentia. — Testa ovata elongata, fulva , exilis, striatula ; spira elevata ; clavicula angusta. — Hab. l'île de Ténériffe ; acclimatée dans le jardin botanique de Bristol. Dugué l'a trouvé dans un jardin de Dieppe , en 1740.

3. T. *ambiguus* , Féruss. , tabl. pl. 27 , p. 8 , fig. 4. — Animal inconnu. — Testa depressiuscula , fragilis , subtiliter striata; pallide viridis, spira indistincta. Apice oculata ; apertura amplissima simplici. — Hab. du cabinet de M. de Lamarck. M. Sowerby la suppose une coquille interne.

4. T. *scutatum* , Sowerby, fig. 3 , 4, 5 et 6. — Animal voisin de celui de l'Haliotideus ; sans la double rangée de tubercules sur le corps. — Testa ovata, antice paulum acuminata, extus plana ; clavicula arcuata elevata. — Hab. Trouvé dans un jardin à Lambeth , en Angleterre , supposé être de Ténériffe.

5. T. *Guadeloupensis* , Lesson. — Animal posticè acuminata, totaliter flavidus , unicolor , leviter rugosus ; pede lata], marginibus sinuatis. — Testa albida , oblonga , pellucida; longitudine 7 lineis, latitudine quinque. — Hab. l'île de la Guadeloupe.

6. T. *unguis* , Less. — *Testacellus helix unguis* , Férussac , D'Orbigny , Ann. moll. pl. 22, fig. 1 à 7, Mag. de zool., 1835, cl. V, n° 61 , prod. p. 2. — Animal depressum, complanatum , posticè acuminatum, virescens cum lineis nigris

numerosissimis striatum. Tentaculis brevibus ; pede incano, lævi. — Testa, cornea, depressa, striata, pellucida, unguiformis, rufa cum striis atris radiantibus. — Hab. republica Boliviana, Paraguay.

7. *T. Gayanus*, Less. — *Tastacellus helix Gayana*, D'Orbigny, Ann. mollusq., pl. 22, fig. 8 et 11. Mag. de zool. 1835, cl. V, n° 61, prod. p. 2. Animal ? — Testa ovali, depressa, unguiformi radiata, fusca ; spira nulla, apertura magna. Alt. 10 mill. lat. 7 mill. — Hab. Juan-Fernandez insula.

NOTE sur les organes respiratoires des *Scorpions*, par M. le docteur MARTIN SAINT-ANGE.

Cet anatomiste, l'un des collaborateurs du magnifique ouvrage sur l'île de Cuba que publie en ce moment M. Ramon de la Sagra, nous communique la note suivante sur quelques faits intéressans qu'il a observés en préparant son travail anatomique sur les Arachnides, travail qui lui a été confié par M. de la Sagra.

« Il existe chez les Scorpions des organes particuliers pour la respiration : ces organes sont placés sous les muscles qui font mouvoir les écailles abdominales, et se trouvent logés dans des sacs membraneux à parois excessivement minces, qui communiquent au dehors au moyen des stygmates. Treviranus, qui a fait les plus belles recherches sur l'anatomie des arachnides en général, dit que ces stygmates, chez les Scorpions, aboutissent à de véritables branchies analogues à celles des poissons; que chaque branchie est composée d'un nombre considérable de feuillets, etc., que ces feuillets fortement grossis, paraissent transparents et sans aucune nervure. Sur ce dernier point, les recherches du célèbre anatomiste allemand ne nous paraissent pas exactes, en effet nous nous sommes assurés que non seulement toutes les lamelles de l'appareil respiratoire sont vasculaires, mais qu'il en existe dont les vaisseaux sont disposés d'une manière bien différente les uns que les autres. C'est ainsi par exemple, qu'une lamelle prise de tel sac respiratoire, offre un réseau magnifique dont les larges mailles ont pour la plupart la figure pentagone; tandis que telle autre lamelle provenant d'une autre cavité respiratoire présente des

tuyaux qui, dirigés dans un même sens, s'anastomosent fréquemment entre eux. A part la diversité qui existe sous le rapport de la distribution des vaisseaux de chaque lamelle, toutes
les ramifications vasculaires en général, semblent contenir de
l'air. Or s'il en est ainsi, l'analogie que Treviranus signale
exister entre les organes respiratoires des Scorpions et ceux des
poissons, cesse d'être exacte et ne doit plus surprendre. D'ailleurs pour admettre que les lamelles respiratoires des Scorpions
fussent de véritables branchies analogues à celles des poissons,
il eût fallu que chaque lame eût un réseau vasculaire qui
communiquat à une artère et à une veine principale de l'appareil circulatoire, que toutes les lamelles pussent se trouver en
contact avec l'eau et que l'eau put se renouveler dans les cavités ou sacs qui contiennent les organes respiratoires, toutes
conditions qui n'existent pas.

»Nous pensons donc que les organes respiratoires des scorpions
ont plutôt de l'analogie avec ceux des arachnides qu'avec les
branchies des poissons. Il nous reste maintenant à établir comment l'air qui pénètre par les stigmates, arrive dans le réseau
capillaire des lames respiratoire, et de quelle manière les fluides circulatoires viennent se mettre en contact avec l'air des
lamelles; c'est ce que nous chercherons à bien établir dans
l'ouvrage de M. de la Sagra.   (M. S. A.)

RECTIFICATION de la nomenclature des *Cicindela Latreillii* et
Audouinii, par M. H. GORY.

M. le comte Dejean, dans son Species général des Coléoptères
t. V, p. 261, n° 189, a décrit sous le nom de *C. Latreillii* une
Cicindele des côtes de Barbarie qui lui a été communiquée par
M. Barthélemy ; mais M. Silbermann , dans le 2ᵉ vol. de la
Revue entomolog. , page 39 , fait remarquer, dans une note
intitulée Observations sur la synonymie, etc., que cette espèce, décrite par M. le comte Dejean, est la *Cicindela Lyonii*
Vigors. zool. journ., t. I, p. 414, et que, ce dernier nom étant
antérieur doit être adopté, ce qui permettra de conserver le
nom de *Latreillei* à la Cicindèle de la Nouvelle-Guinée que

M. Guérin-Méneville a décrite dans le voyage de Duperrey
(*Zoologie*, t. II, part. II, p. 57, atlas, ins. pl. 1, fig. 5.) Je
suis de l'avis de M. Silbermann qui est d'adopter toujours les
noms des auteurs antérieurs, mais dans cette circonstance, il a
commis une erreur en disant que la *Cicindela Latreillii* de
Déjean était la même que la *Lyonii* de Vigors, car dans un
voyage que je fis en 1829 en Angleterre, M. Vigors, en me
montrant sa riche collection, me donna sa véritable *Cicindela
Lyonii*, qui se trouve être celle décrite et figurée dans le 4° vol.
p. 597 des annales de la Société entomologique, sous le nom
de *Cicindela Audouinii*, Barthélemy : je pense donc que la *Cicindela Latreillii* de M. Guérin, doit conserver son nom, que
celle de M. Déjean étant nouvelle peut être nommée *C. Bar-
thelemii* et que la *Cicindela Audouinii* de M. Barthelemy doit
reprendre le nom de *C. Lyonii*, Vigors.

NOTICE sur un nouveau genre de LONGICORNES de la tribu des
CÉRAMBYCINS , par M. Lucien BUQUET.

En m'occupant, il y a quelques mois, du classement des
Longicornes de ma collection, mon attention s'est portée sur
un insecte, qui d'abord m'avait semblé devoir appartenir au genre
Desmoderus de M. le comte Dejean ; mais en l'examinant de nouveau, j'ai reconnu qu'il s'en éloignait par des caractèr esessen-
tiels, notamment par le défaut de rétrécissement du dernier article des antennes, et parce que les autres articles ne sont nullement épineux à l'extrémité, comme dans le genre *Desmoderus*. Il m'a donc paru convenable de l'en distraire et de le considérer comme type d'un genre nouveau qui me semble devoir
prendre place dans la méthode avant le genre *Dorcacerus*.

Genre ÆGOIDUS , Buquet. — Corselet globuleux , dilaté
latéralement, bituberculé de chaque côté, son disque offrant cinq tubercules assez saillans et placés transversalement ;
écusson étroit, en triangle, deux fois plus long que large,
creusé vers l'extrémité ; antennes de onze articles, glabres, de
la longueur du corps dans les femelles, plus longues que lui
chez les mâles, le premier article renflé, en forme de poire
renversée avec une impression longitudinale à la base ; les quatre

suivans cylindriques, les autres légèrement comprimés, un peu renflés au bout et sans épine; présternum faiblement échancré transversalement, portant une pointe assez saillante, entre l'insertion des deux premières cuisses; mésosternum éloigné du présternum, muni d'une pointe un peu plus petite; palpes courts, dernier article en cône renversé et comprimé; mandibules arquées, légèrement plissées, peu saillantes au repos; tête moyenne, oblongue, pointillée, ayant de chaque côté, près de l'insertion des antennes, une petite corne arrondie au bout et entre elles une côte peu élevée, creusée longitudinalement; élytres aussi larges que le corselet à la base, longues, se rétrécissant vers l'extrémité, qui est un peu tronquée obliquement et sans épine; angles huméraux rendus plus saillans par une petite cavité qui se trouve près de chacun d'eux; pattes moyennes, comprimées, les postérieures un peu plus longues que les autres, cuisses ponctuées et bien légèrement en massue; corps glabre, luisant.

Æ. Peruvianus, Buquet. Capite thoraceque rufo-ferrugineis, punctatissimis; élytris testaceis, rotundatis, apice truncatis; pedibus antennisque ferrugineis. — Long. : 12 lignes. Larg. : 3 lignes 3/4. — A peu près de la taille du *Dorcacerus barbatus*; cet insecte est d'un rouge ferrugineux, moins foncé sur les élytres que sur la tête et le corselet. Celui-ci est plus large que la tête, rétréci postérieurement, très-fortement ponctué en dessus et en dessous, les tubercules sont lisses et bien marquées. L'écusson est très-allongé avec la pointe aiguë et noire. Les élytres sont rebordées et à peine pointillées. Les pattes et les antennes sont de la couleur du corselet; tous les segmens abdominaux, à l'exception du dernier, sont terminés par une ligne noire. Ce bel insecte, qui a été trouvé au Pérou par M. Hanet Cléry, m'a été donné par M; Petit de La Saussaye.

NOTICE sur deux Coléoptères longicornes de la tribu des Lamiaires et appartenant au genre *Phacellus* de M. Dejean, par M. Lucien BUQUET.

Nous ne donnerons qu'un très-court extrait de cette Notice, qui est destinée à être publiée dans le Magasin de zoologie.

M. Buquet rappelle que M. H. Gory a publié, dans le Mag. de zool., année 1832, IX, pl. 45, une espèce de Longicorne qui forme le type de ce nouveau genre et qu'il nomma *Acanthocinus Boryi*. M. Buquet a reçu deux espèces nouvelles, voisines de celle-ci et apppartenant au même genre ; il donne les caractères de ce genre *Phacellus*, et décrit ces deux espèces. Voici ses diagnoses.

Phacellus Latreillii, Buquet. — P. rufo-ferrugineus, punctatus ; thorace elytrisque maculis tribus viridi-argenteis, apice subtruncatis ; antennis pedibusque ferrugineis. — Long. : 11 m. Larg. : 6 millim. — Hab. le Brésil intérieur.

Phacellus Dejeanii, Buquet. — P., suprà rufo-nitidus ; elytris basi profunde punctatis, maculis duabus thoracisque margine flavis; antennis pedibusque ferrugineis. — Long. : 10 m. Larg. : 5 millim. — Hab. le Brésil intérieur.

III. ANALYSES D'OUVRAGES NOUVEAUX.

TRAITÉ ÉLÉMENTAIRE D'HISTOIRE NATURELLE, comprenant l'organisation, les caractères et la classification des végétaux et des animaux, les mœurs de ces derniers et les élémens de la Minéralogie et de la Géologie ; par MM. MARTIN SAINT-ANGE et F. E. GUÉRIN-MÉNEVILLE. — Paris, Veuve Legras, Imbert, et comp., libr., rue de l'Université, n° 41, et à Amsterdam, même maison.

Cet ouvrage utile se poursuit avec la perfection et la conscience qui distinguent les travaux de ses auteurs ; les livraisons 35 et 36 viennent de paraître et sont en tous points dignes de celles qui leur ont mérité les éloges de l'Académie royale des sciences et du public éclairé. (C.)

HISTOIRE physique, politique et naturelle de l'île de Cuba ; par MM. RAMON DE LA SAGRA, A. D'ORBIGNY, COCTEAU, A. LEFEBVRE, GUÉRIN-MÉNEVILLE, MARTIN SAINT-ANGE, MONTAGNE et SABIN BERTHELOT, in-folio, fig. Paris, Arthus-Bertrand, libr.

Les troisième et quatrième livraisons de ce grand et bel ouvrage ont paru ; elles continuent de mériter les éloges que nous avons déjà donnés aux précédentes, tant par l'intérêt des matériaux qu'elles contiennent que par la manière dont elles sont exécutées sous le point de vue typographique et des planches.

(G.-M.)

Magasin de zoologie, d'anatomie comparée et de palæontologie, journal destiné à faciliter aux zoologistes de tous les pays les moyens de publier leurs travaux, les espèces nouvelles qu'ils possèdent et à les tenir au courant des découvertes nouvelles et des progrès de la science. Publié par M. Guérin-Menevillf. Paris, au bureau de la Revue Zoologique et chez Arthus-Bertrand.

Le volume qui compose la 7ᵉ année de ce recueil vient d'être terminé et les deux dernières livraisons de 1837 sont en vente. Ces livraisons contiennent la suite d'un beau travail anatomique et zoologique de M. Laurent sur les Mammifères marsupiaux; la suite du *Synopsis* des oiseaux de l'Amérique méridionale, par MM. d'Orbigny et de La Fresnaye, l fi n du grand mémoire de M. Rang sur les Céphalopodes, un mémoire de M. d'Orbigny sur des Mollusques nudibranches nouveaux observés sur les côtes de France, etc. Cet ouvrage continue d'être traité avec le soin qui lui a mérité une réputation universelle, c'est le recueil périodique à figures le plus considérable qui existe actuellement dans la science et il est indispensable à toutes les personnes qui veulent se tenir au courant des progrès de la zoologie.

Voyez pour plus de détails les conditions de la souscription au verso des couvertures de la revue zoologique.   (L.)

Guide pratique pour l'étude et le traitement des maladies des yeux, par Ch. J. F. Carron du Villards. — Paris, librairie encyclographique de H. Cousin, rue Jacob, nº 25. — Prix 16 francs.

L'ouvrage de notre honorable confrère est le fruit des longues et laborieuses études qu'il a faites sur les maladies des yeux. Son livre est rempli d'observations neuves qui montrent la profonde connaissance qu'il a acquise dans sa pratique aussi nombreuse que variée ; il comprend en outre la littérature de l'ophthalmologie, l'introduction à la pathologie des maladies oculaires, l'ophthalmoscopie ou l'exploration de l'œil et de ses dépendances, le traitement des maladies des yeux et la description des opérations qu'elles réclament ; ce traité est accompagné d'un memento thérapeutique et pharmaceutique très-utile pour les praticiens. L'ouvrage remarquable de M. Carron du Villards se compose de deux forts volumes in-8°; il est orné de planches très-bien gravées sur pierre et il mérite à juste titre l'accueil favorable que vient de lui faire le corps médical, il sera une acquisition précieuse pour la science et pour les élèves en médecine.   (G. M.)

TRAITÉ de physiologie comparée de l'homme et des animaux, par Antoine Dugès, professeur à la Faculté de Montpellier, tome 11. — Paris, Baillière.

Nous ne rentrerons pas dans l'analyse générale ou particulière de ce traité de M. Dugès. Ce que nous en avons dit (*Voir* le n° 8 de cette *Revue*) suffira pour en faire comprendre la portée et toute la valeur; si nous annonçons le tome second, c'est pour rassurer nos lecteurs sur le sort de l'ouvrage, qui verra tout entier le jour. En effet, ce traité qui résume avec une critique sévère les opinions physiologiques sur tous les points de la science, jusqu'à ces derniers jours, et qui le fait avec un luxe d'érudition utile et non fastidieux pour le lecteur forme un *Compendium* qui économise son temps et ses recherches.

Dans ce second volume, sont traitées les questions importantes de la *phosphorescence*, de la *coloration*, de la *caloricité*, des *mouvemens*, de la *nutrition*, des *absorptions*, de la *circulation* et de la *respiration*.

Il y a donc là beaucoup à apprendre, et l'ouvrage de Dugès mérite la lecture attentive, disons même laborieuse, tant les faits sont serrés, de tout naturaliste qui veut pénétrer au dessous de l'écorce animale, et examiner le mécanisme de la vie.

Dans la note du n° 8, il s'est glissé plusieurs fautes de

style et de phraséologie, qui interrompent le sens et l'embarrassent, car nous n'avons vu qu'en courant une première épreuve. Le lecteur y aura du reste suppléé. (A. BOURJOT.)

QUELQUES OBSERVATIONS sur les Crocodiles des îles Sondaiques et description d'une nouvelle espèce de Gavial, par le docteur J. MULLER, membre de la commission des naturalistes néerlandais aux Indes orientales. (Tydschrift voor natuurlyke historie, par Vander Hoeven, année 1838.)

Le docteur Muller, autrefois le compagnon des naturalistes voyageurs hollandais, Boie et Macklot, vient d'arriver en Europe, après une absence de presque douze ans. Ayant successivement exploré la plus grande partie des possessions hollandaises aux Indes orientales, cet infatigable naturaliste a terminé sa carrière de voyageur par une expédition entreprise en 1836, dans le but de faire des recherches dans l'intérieur de la partie méridionale de la grande île de Bornéo ; cette terre dont on ne connaît guère que quelques côtes maritimes, et qui est encore vierge sous le rapport des sciences naturelles. M. Muller et son compagnon de voyage, le botaniste M. Viorthals, ont rapporté en Europe les riches collections qu'ils ont formées pendant leur séjour à Bornéo, et ils se proposent de faire connaître sous peu le résultat de leurs recherches. En attendant M. Muller vient de donner un extrait de ses observations sur les Crocodiles des Indes, extrait tiré du Journal tenu par lui, durant son séjour dans ces contrées. On peut juger par cet aperçu de l'importance des découvertes et observations que les voyageurs néerlandais ont été à même de faire, secondés, comme ils le sont, par un gouvernement libéral et éclairé, qui ne cesse de faire de grands sacrifices dans le but d'être utile aux sciences.

On sait que le seul Crocodile connu habitant le grand archipel des Indes, appartient à l'espèce appelée *C. biporcatus* ; la variété du Crocodile vulgaire, observée par MM. Kuhl et Wan-Hasselt sur les côtes de l'île de Java, ne paraît se trouver qu'accidentellement et très-rarement dans cette partie du monde. M. Muller, dans tous les voyages qu'il a faits dans l'archipel des Indes, depuis Sumatra jusqu'à la Nouvelle-Guinée, n'avait, avant son arrivée à Bornéo, observé que la seule espèce de Crocodile ci-dessus mentionnée. Dans cette dernière île, au contraire, M. Muller n'a pas seulement rencontré, outre ce Crocodile commun, une race différente de cette espèce, mais il a été assez heureux pour faire la découverte d'une espèce tout-à-fait nouvelle de ce genre : espèce d'autant plus remarquable, qu'elle joint à la taille et à la physionomie des Gavials une organisation absolument intermédiaire entre ces Crocodiles à bec effilé et les Crocodiles proprement dits. L'intérêt que présente le mémoire de M. Muller, nous engage à donner l'extrait des observations de ce savant dans l'ordre même qu'il a suivi. Le Crocodile à deux arêtes, très-commun dans toutes les îles du grand Archipel indien, s'est multiplié d'une manière vraiment effrayante dans la partie méridionale de Bornéo ; en effet, il paraît que toutes les conditions qui peuvent favoriser la multiplication de ces dangereux Reptiles se trouvent réunies dans cette contrée, attendu qu'elle consiste en un terrain à alluvions, formant des plaines basses et marécageuses qui sont couvertes de vastes forêts, entrecoupées d'un nombre infini de rivières et de lacs plus ou moins profonds. La multitude de poissons dont fourmillent ces eaux, offre une nourriture facile et abondante à ces grands Sauriens qui, n'ayant guère d'autre ennemi que l'homme, règnent presque en maîtres dans ces lieux incultes, habités par des tribus peu nombreuses de la grande nation des Dayaks. Les crocodiles, cependant, ne se nourrissent pas uniquement de poissons : ils dévorent aussi toutes les substances animales soit à l'état frais, soit à l'état moitié pourri, dont ils peuvent se rendre maître. Ils avalent même des pierres, dont on trouve toujours plusieurs dans leur estomac, ce qui fait croire aux Malais de cette île, que le nombre de ces cailloux est égal à celui des villages, le long desquels a passé le Crocodile, que l'on suppose avoir avalé un caillou en commémoration de chaque endroit habité. Étendus sur les bords des fleuves, ou cachés en partie dans les eaux, les Crocodiles qui ressemblent alors à un corps

inerte et mort, guettent les animaux qui fréquentent le voisinage des eaux, et ne dédaignent pas même les petits oiseaux,
comme le prouve le témoignage de M. Muller, qui atteste que
ces Sauriens et les Monitors sont les ennemis communs de tous
les oiseaux du rivage, et qui a vu lui-même qu'un Crocodile
attrapait et dévorait un échassier de l'espèce appelée *Totanus
hypoleucus*. Les observations de ce savant portent généralement à constater que les Crocodiles, à l'instar des chats et de
la plupart des animaux carnassiers, se mettent toujours en em-
buscade pour attaquer leur proie, ou cherchent du moins à
l'attaquer à l'improviste. C'est de cette manière que les Crocodiles se rendent maître de Cerfs, de Cochons, de Singes, de
Chèvres, de Chiens et d'autres animaux, qui viennent visiter
les bords des eaux pour se désaltérer, et qu'ils attaquent
même souvent l'homme avec un égal succès. Si l'on rencontre,
au contraire, un Crocodile dans un lieu découvert et éloigné
des eaux, l'animal se trouvant en face d'un ennemi qui ose
lui tenir tête, se montre craintif, et cherche à s'enfuir dans
son élément favori. A terre, les Crocodiles ne savent pas marcher avec beaucoup de vitesse et se fatiguent bientôt. Il arrive
souvent que ces animaux se transportent d'une rivière à l'autre,
on les tue alors assez facilement à coups de fusil; en se plaçant
devant eux pour leur couper le chemin, le Crocodile effrayé
ne cherche pas à se défendre ni à fuir et se contente de rester
tranquillement la gueule béante. De tous les sens, celui de l'ouïe
paraît être le plus développé chez ces reptiles : on les voit paraître au moindre bruit à la surface des eaux. Ayant calculé
les moyens de l'attaque, ils s'approchent lentement et avec
précaution de leur proie; mais parvenus à une certaine distance, ils fondent sur leur victime d'un seul coup, et la tirent
aussitôt sous l'eau pour la faire périr. Si l'animal qu'ils ont pris
est de petite taille, ils le dévorent à l'instant en mettant leur
tête hors de l'eau; mais si c'est un homme ou un grand mammifère, ils attendent le soir ou la nuit pour le porter au rivage,
le déchirer en pièces et le dévorer. Ce sont plutôt des ani-
mauxnocturnes, on a plus à les craindre vers le soir et avant
minuit; aussi les indigènes ne visitent-ils à cette heure les lieux

fréquentés par les Crocodiles qu'avec une précaution extrême, ils se tiennent à cette fin dans le plus fort courant du fleuve, évitant soigneusement d'en approcher les bords. Nonobstant ces précautions, il arrive souvent des malheurs aux personnes occupées à se baigner, à pêcher ou allant simplement en barque d'un lieu à l'autre. Les Crocodiles enlèvent quelquefois des personnes avec tant de vitesse et si inopinément, que les compagnons de la malheureuse victime s'en aperçoivent souvent à peine. Les très-vieux Crocodiles, en attaquant les petites barques fragiles des indigènes, les mettent souvent en pièces d'un seul coup de leur queue, comme cela s'est même passé lors du séjour de M. Muller à Bornéo. Les Crocodiles ont, sur les bords des fleuves, certains lieux favoris qu'ils recherchent pour s'y coucher pendant les fortes chaleurs du midi ; on les y voit souvent étendus sans mouvement, et la gueule béante. Les indigènes, après avoir reconnu un de ces lieux, y mettent une large planche enduite d'une résine très-gluante, et s'emparent facilement du Crocodile, qui se colle lui-même si fortement sur la planche, qu'il lui est impossible de s'échapper. M. Muller dit positivement n'avoir jamais entendu des sons de voix produits par des Crocodiles, et cette observation fut confirmée par tous les indigènes questionnés à ce sujet. M. Muller passe ensuite à plusieurs détails descriptifs des espèces de Crocodiles qui se trouvent à Bornéo. La plus commune, le Crocodile à deux arêtes, parvient à une longueur totale de dix-huit pieds, et M. Muller croit que les individus de cette taille, qui se rencontrent cependant assez rarement, ont au moins vingt à vingt-cinq années.

Comme nous l'avons dit plus haut, M. Muller a découvert à Bornéo une race ou variété du Crocodile à deux arêtes, habitant absolument les mêmes lieux que celui-ci, qui en a la physionomie et tous les traits distinctifs, mais qui en diffère constamment par une tête beaucoup plus large et plus obtuse, comme on peut le voir par la comparaison des mesures prises sur deux crânes à peu près de la même dimension, celui de la race ordinaire est long de 1′ 1″ 3‴; largeur à l'articulation des mâchoires, 1′ 10″ 3‴, celui de la race à tête obtuse porte au contraire en longueur, 1′ 6″ 3‴, et sa largeur est de 1′ 4″ 2‴. C'est un fait curieux et important pour la science, que les indigènes distinguent eux-mêmes ces deux races de Crocodiles, désignant la dernière sous le nom caractéristique de *Tête de crapaud*.

Le nouveau Crocodile découvert par M. Muller est décrit sous le nom de *Crocodilus* (Gavialis) *Schlegelii*. Cette description est accompagnée de trois figures du crâne. On peut dire qu'elle fait le passage des Crocodiles aux Gavials. C'est cependant un véritable Gavial, tant par sa physionomie que par la disposition de ses dents, la conformation de sa mâchoire inférieure, sa manière de vivre, et par d'autres traits de son organisation. On pourra cependant dire, en jugeant par les formes générales, que la partie antérieure du crâne ou le museau, offre tous les traits propres au Gavial du Gange, tandis que la partie postérieure du crâne présente une ressemblance frappante avec les mêmes parties dans les véritables Crocodiles. C'est notamment dans le jeune âge que le Gavial de Schlegel présente une analogie extrèmement grande avec le Gavial du Gange. Les traits distinctifs de ces deux espèces sont, que la tablette du crâne est d'une étendue beaucoup moins considérable dans la première espèce, que son museau est beaucoup plus gros et plus conique; que les dents seulement au nombre de 20/19 (1), sont plus fortes et plus obtuses, mais moins courbées et implantées presque perpendiculairement; enfin, que l'espèce de Bornéo manque de ce renflement nasal, que l'on remarque dans les vieux Gavials du Gange. M. Muller entre ensuite dans des détails comparatifs des crânes des deux Gavials, il démontre que ces parties éprouvent, avec l'âge, des changemens de forme en tout semblables à celles des véritables Crocodiles.

A l'extérieur, le Gavial de Schlegel se distingue de celui du Gange, en ce que les plaques écailleuses de presque toutes les parties du corps sont, proportions gardées, d'une étendue plus considérable que dans l'espèce ordinaire, et pourvues, sur les

____

(1) On en compte 27/25 , 23/26 dans le Gavial du Gange.

pieds et sur le dessous de la queue de carènes beaucoup plus fortes. La couleur dominante est un brun jaunâtre, plus ou moins foncé, ou tirant sur l'olivâtre. Toutes les parties supérieures sont couvertes de taches plus ou moins serrées et quelquefois confluentes, d'un brun noir : ces taches forment, sur le corps, sept à huit larges bandes transversales.

Cette espèce parvient à une taille de quinze pieds environ; elle habite plus ou moins en abondance, les eaux douces et les mers de l'intérieur de Bornéo, et ne visite presque jamais les grands fleuves. Elle se nourrit de poissons, d'ouarans, d'oiseaux aquatiques, de singes et d'autres mammifères, et est beaucoup moins dangereuse pour l'homme que ne le sont les véritables Crocodiles. Le nid de cette espèce, trouvé par M. Viorthals dans la grande forêt qui entoure les bords du lac *Dano la mouda*, à une distance de huit journées de *Banjer-Massin*, formait une espèce de cône haut environ de deux pieds et demi, ayant à la base un diamètre de quatre pieds environ. Il était composé de terre, de feuilles moitié pourries et de branches d'arbre minces. On voyait au sommet une excavation d'un pied de diamètre, dans laquelle se trouvaient les œufs, de la grandeur des œufs d'oie et au nombre de vingt-huit, lesquels étaient couverts d'une couche de feuilles d'un pied en hauteur. Ce nid, placé à une distance de dix pieds du bord des eaux, se trouvait à quelque heure du jour que ce fût, parfaitement sous l'ombrage des grands arbres, dont le feuillage épais défendait aux rayons du soleil de pénétrer, et c'est de cette circonstance que M. Muller déduit l'hypothèse que les œufs de ces Crocodiles se développent seulement par l'action de la chaleur humide produite par la fermentation des substances végétales dont est formé le nid.

Tel est le résumé du mémoire de J. Muller qui méritera les éloges de tous les savans, en faisant connaître au public les observations aussi curieuses que neuves dont il a sans doute pu enrichir son journal lors des voyages qu'il a faits dans l'Archipel des Indes.   (SCHLEGEL.)

Mémoire de Malacologie et de Conchiliologie Sicilienne, ou description des Mollusques et des Coquilles appartenant à la Sicile, classée d'après le système de Cuvier. Ouvrage rappelant les travaux de Poli, et offrant la description d'espèces nouvelles. Par le professeur Carmelo **Maravigna**. Brochure in 4°, Catane, 1830.

Lorsque Poli éleva à la science le monument impérissable intitulé *Histoire et anatomie* des Coquilles du Royaume des Deux-Siciles, et pour lequel les presses de Bettoni et le burin d'Anderloni réunirent leurs efforts, il n'est personne qui n'éprouva le regret de voir cette édition de luxe réservée seulement aux grands établissemens scientifiques, car il est peu de particuliers qui se résignent à payer la somme énorme à laquelle il était coté. Applaudissons donc aux efforts de M. Maravigna, qui veut offrir aux savans de tous les pays un ouvrage d'un prix modéré, en leur donnant les mêmes résultats scientifiques que ceux de Poli.

Une autre partie du projet du savant sicilien mérite tous nos éloges, c'est de chercher à simplifier l'étude des mollusques et des coquilles, car comme il le dit fort bien, les faiseurs de classifications se sont singulièrement émancipés pour faire des genres, des familles, des groupes, qui en réalité ne sont quelquefois que des variétés d'âge et de localité.

Au moyen de correspondans bien établis, M. Maravigna s'est procuré non seulement les renseignemens les plus certains, mais encore les espèces les moins communes, ce qui nous assure que ses descriptions seront exactes.

Nous ne doutons pas que les naturalistes de tous les pays ne fassent acquisition de ce livre, et quoique un des derniers dans cette catégorie, nous espérons être un des premiers à donner l'exemple.   Carron du Villards,
                   Professeur d'ophthalmologie, à Paris.

Sur le genre Péripate (Annales Françaises et Etrangères d'Anatomie de et Physiologie, t. II, p. 309, 1838).

Dans cet article M. Paul Gervais, l'un des rédacteurs des *Annales*, résume ce que les travaux récens de MM. Guilding, Gray, Audouin et Edwards, Wiegman, etc., ont appris sur cette singulière espèce du type des animaux articulés. L'auteur de l'article a de plus reproduit en entier un travail inédit sur les Péripates et qui est dû à M. de Blainville. Ce savant zoologiste a, depuis plusieurs années, étudié le genre Péripate et il a été conduit à en faire une nouvelle classe, intermédiaire aux Myriapodes et aux Annélides chétopodes, et à laquelle il donne le nom de Malacopodes. L'espèce étudiée par M. de Blainville, était inédite c'est le PÉRIPATE COURT, *Peripatus brevis* de Blainv.; corps subfusiforme, chagriné, pourvu de quatorze paires de pattes; noir velouté en dessus, blanc jaunâtre en desssus, longueur totale, en comprenant les antennes, 43 millimètres. — Animal terrestre recueilli par M. Goudot, pendant une excursion à la montagne de la Table, cap de Bonne-Espérance.

Le seul individu que M. de Blainville ait vu et observé, et d'après lequel ont été rédigés les détails anatomiques reproduits dans l'article que nous analysons, a été trouvé en décembre 1829, sous une pierre dans une localité ombragée. Son corps n'était pas muqueux à sa surface comme celui des Limaces dont il a un peu l'aspect; les pattes sont blanchâtres. Lorsqu'on irrite le Péripate il éjacule assez loin par la bouche une liqueur transparente incolore qui se solidifie presque instantanément et prend les caractères du caoutchouc : cette substance n'a aucun mauvais goût. (G. M.)

CRUSTACÉ FOSSILE DE POLOGNE. (Extrait du neues Jahrbuch für min. geog. geol. von D. K. Leonhard und H. C. Bronn, année 1838, 2ᵉ liv., p. 150.

Les seuls débris de Crustacés fossiles de la Pologne, dont on ait connaissance jusqu'ici, sont quelques trilobites, et les pinces d'un Portune (*P. Leucodon*, Desm.), les premiers découverts dans un calcaire, et les seconds dans l'argile salifère de Wieliczka. On peut donc considérer comme un fait intéressant la découverte faite par M. Waga, d'un fragment roulé dans le lit de la Vistule, qui contenait les débris d'un crustacé fossile dont M. le professeur Pusch de Varsovie, a cherché à déterminer les caractères.

La roche qui servait de gangue à ce fossile, renfermait en même temps des fragmens d'une dentale, d'une petite coquille subtrigone et de deux autres petites coquilles à spire, voisines des cérithes. Quoique ces derniers fossiles n'aient pas encore été rencontrés dans les grès des Carpathes, M. Pusch n'en pense pas moins que le fragment de roche est originaire de cette chaine, d'où il aura été roulé dans la Vistule par une des nombreuses rivières qui partent de ce point de partage des eaux pour se jeter dans ce dernier fleuve.

Le fossile ne consiste que dans des fragmens de pieds antérieurs et dans les pinces. M. Pusch est convaincu qu'ils sont une partie de la dépouille d'un Décapode macroure, de la famille des écrevisses, voisin du *Glyphea* de Meyer, mais éloigné de l'*Eryon*, Desm. Toutefois, ajoute-t-il, le genre Glyphea est encore si imparfaitement circonscrit, ainsi que l'ont démontré Desmarets et Deslongchamps, qu'il serait peut être très-difficile de décider positivement si ce fossile lui appartient. On lui trouve infiniment plus de ressemblance avec les écrevisses vivantes, néanmoins ce n'est pas non plus une écrevisse de nos mers européennes, car l'*A. Marinus*, Fab. a toujours les deux pinces inégales, tandis qu'ici elles sont d'égale dimension. Ce ne peut être non plus l'*A Norvegicus* (genre *Nephrops*, Leach) parce que les pinces prismatiques de cette dernière, sont faciles à reconnaître, enfin M. Pusch après avoir discuté ces faits est conduit à la conclusion que ce doit être les débris d'une écrevisse d'une espèce éteinte qu'il propose d'appeler *Astacus Leucoderma.*

En comparant postérieurement ce crustacé a des espèces figurées par les naturalistes, M. Pusch a trouvé qu'il y avait des points de rapprochement très marqué entre lui et un fragment de pince de crustacé fossile, publié par Philipps, dans ses Illustrations de la Géologie du Yorkshire tab. III fig. 3. et qui appartient à la craie. Cette pince, comme le fossile polonais, présente au bord interne des articulations, des dents ou protubérances mousses et coniques, alternativement grandes et petites.   (F. MALEPEYRE.)

INSECTES DES LIGNITES. (Extrait du neues. Iahrbuch fur min. geog. geol. von D. K. Leonhard und. H. G. Bronn. année 1838. 2ᵉ Liv.. p. 241.)

On sait que M. Germar a entrepris la continuation de l'ouvrage de Panzer, intitulé *Fauna Insectorum Europæ*. Ce naturaliste vient de faire paraître le 19ᵉ fascicule de cette continuation, sous le titre de *Insectorum protogææ specimen sistens Insecta carbonum fossilium* et contenant tous les insectes qu'il a découverts dans les lignites. Pour compléter ce travail, M. Goldfuss et le comte de Münster ont mis à la disposition de l'auteur leurs riches collections de lignites, recueillies dans un grand nombre de localités. Tous les insectes, du moins dans ce combustible fossile, appartiennent à des genres vivans du climat de l'Europe, ou à des genres correspondans sous des climats semblables. Les insectes carnassiers aquatiques y ont à peine un représentant, tandis que ceux qui sont décrits appartiennent presque tous aux genres qui vivent dans le bois ou sur les fleurs de la Flore forestière. La plupart d'entre eux paraissent avoir été ensevelis dans la roche lors qu'ils étaient déjà mutilés et privés de leurs pattes, de leurs ailes ou élytres. Tous ont également été fortement comprimés au point qu'ils n'apparaissent sur la matière charbonneuse que comme des empreintes ou des dessins. Les espèces figurées sur les 25 planches du fascicule, décrites et nommées par M. Germar, sont les suivantes : 1. *Dyticus* (larve). 2. *Buprestis major*. 3. *B. alutacea* 4. *B. carbonum*. 5. *Silpha stratuum*. 6. *Geotrupes vetustus*. 7. *Platycerus sepultus*. 8. *Tenebrio effossus*. 9. *Trogosita tenebrioides*. 10. *Bruchus ? bituminosus*. 11. *Brachycerus exilis*. 12. *Prionus umbrinus*. 13. *Saperda lata.* 14. *Molorchus antiquus*. 15. *Coccinella protogæa*. 16. *Locusta extincta*. 17. *Belostoma* (genre américain) *Goldfussii*. 18. *Alydus pristinus*. 19. *Formica lignitum*. 20. *Ypsolophus insignis*. 21. *Empis carbonum*. 22. *Bibio xylophilus*. 23. *B. Lignarius*. 24. *Phthiria ? dubia*. 25. *Helophilus primarius*.

(F. MALEPEYRE.)

SPECIES général des Coléoptères de la collection de M. le comt_r Dejean. — *Hydrocanthares* et *Gyrinites*. par M. le docteu Ch. AUBÉ. (1 vol. in 8· de 800 pages. — Paris, 1838, Méquignon-Marvis.)

C'est un gros volume exécuté avec conscience et talent, et dans lequel M. Aubé fait connaître 533 espèces d'hydrocanthares et de gyrinites; il n'a voulu décrire que celles des collections de Paris, afin de pouvoir toujours avoir sous les yeux les types de ces espèces pour les comparer entre elles et s'assurer mieux de leurs différences. Toutes les descriptions sont assez minutieuses pour que l'on puisse bien reconaître les espèces, il les a toutes calquées les unes sur les autres, sans chercher à varier ni les expressions ni la forme des phrases, ce qui offre l'avantage de faire ressortir plus facilement les caractères distinctifs et dispense des descriptions comparatives, si nécessaires quand on ne peut décrire que quelques espèces isolément, comme dans une faune locale ; ainsi dit M. Aubé, là ou il y aura différence dans la manière de dire, là aussi devra se présenter la différence dans les caractéres.

M. Aubé a eu le soin d'avertir que les noms d'auteurs cités à la suite de ses espèces, n'indiquent pas toujours qu'elles sont publiées; il a du les citer quand ces espèces lui ont été communiquées, mais il prévient qu'il faut considérer leurs noms comme inédits, toutes les fois qu'il ne cite pas plus bas l'ouvrage dans lequel l'insecte est décrit. Nous applaudissons beaucoup M. Aubé d'avoir pris cette précaution, de cette manière il évite aux entomologistes des recherches pénibles et des doutes qu'ils ne pourraient pas toujours lever entièrement.

En résumé, l'ouvrage de M. Aubé est de ceux qui resteront dans la science comme une de ses bonnes acquisitions et il ne peut manquer d'être bientôt entre les mains de tous les entomologistes.

(G. M.)

ESSAI d'une monographie du genre *Anacolus* de la famille des capricornes, (insectes coléoptères) par M. MÉNÉTRIÉS. (Lu dans la séance de l'académie imp. des sc. de St–Pétersbourg du 25 mai 1838. in 8° extrait du bulletin de cette académie.)

M. Ménétriés, après avoir fait connaître brièvement l'histoire de ce genre, dit que l'académie de St-Pétersbourg possédant les espèces déjà publiées et quatre autres espèces qui lui ont paru nouvelles, il a pensé qu'on lui saurait gré de réunir toutes ces espèces dans une monographie, d'autant plus qu'elles appartiennent au même pays, le Brésil : il fait donc counaitre dans cette monographie huit espèce d'anacolus, qu'il range dans trois divisions ; ce sont : 1° l'*Anacolus lugubris*, Lep. et Serv., Encycl. 2° A. *Bimaculatus*, Menetr. 3° A. *sanguinæus*, Encycl. 4° A. *lividus*, Ménétr. (an *testaceus*, Dej. ?) 5° A. *præustus*, Perty. Delect. an. art. 6° A. *nigricollis*, Ménétr. 7° A. *quadri-maculatus*. Gory -mag. zool. (4—*Punctatus* Griff. King-anim.) et 8° A. — *4-notatus*; Ménétr.

(G. M.)

IV. NOUVELLES.

ERPETOLOGIE. L'on sait que parmi les espèces de Tortues marines, les *Thalassites* de Duméril, l'une des plus rares est la Tortue Luth, *Sphargis Luth* D. *Testudo coriacea* ou *Testudo lyra* des auteurs. Ainsi on n'en connaissait historiquement que quatre individus ; l'un échoué près de Frontignan (dans le fond du golfe de Lyon, Méditerranée), du temps de Rondelet ; un second porté sur cette même plage, vers le port de Cette en 1729; une troisième échoua sur les côtes de l'Océan près l'embouchure de la Loire, enfin un quatrième individu fut vu sur les côtes de Cornouailles en 1756. Nous pouvons en citer un cinquième qui, cette année vers la fin d'août, vient d'ê re pêché vivant dans la petite baie du Croisic, département de la Loire-Inférieure. Cette tortue fut prise à la mer, s'étant embarrassée dans un filet à sardines, puis fut attachée avec un grelin et hèlée au port où elle est restée vivante, et se débattant avec force pendant plusieurs jours; elle devint l'objet d'une sorte de spéculation, et des négocians du pays crurent faire une bonne affaire en la payant 400 fr. ils la firent préparer à Nantes, et se disposaient à en faire faire l'*exhibition* par un montreur d'animaux à la foire.

Le signalement de cet individu de la tortue à cuir aurait pu être fait par nous, car son échouement eut lieu quinze jours avant notre arrivée en cette localité intéressante pour l'orni-thologie et la conchyliogie. Au reste M. Chélée, vénérable médecin du Croisic, l'avait parfaitement déterminé.

Si nous signalons ce fait, c'est surtout pour empêcher que cet individu ne soit perdu pour les collections, car certaine-ment il ne doit pas exister trois *Sphargis* dans les musées d'Eu-rope, celui de Paris possède l'individu de Cette, et il est d'une belle conservation.

La rareté de cette tortue, la plus grande de toutes, que l'on voit si peu souvent échouer sur nos côtes, et que les naviga-teurs ne signalent jamais à la mer, est un fait très remarquable et qui cache une inconnue digne d'attention. (Al. Bourjot.)

Entomologie. Le dimanche 9 septembre on a vu à Porto-bello, près d'Édimbourg, une ruche donner un essaim, le quatrième de l'année. C'est une chose inouïe que des abeilles aient produit un *jet* plus tard que le milieu ou la fin de juil-let, on doit en être d'autant plus surpris que, surtout en Écosse, l'été s'est trouvé fort défavorable à ces industrieux in-sectes.

NÉCROLOGIE.

La société Cuvierienne, vient encore de perdre un de ses membres fondateurs : M. le docteur Garnot (Prosper), né à Brest, le 14 janvier 1794, a été enlevé à la médecine et aux sciences naturelles le 8 octobre 1838.

Ce médecin, connu par divers travaux, manifesta dès son bas-âge du goût pour l'étude des sciences physiques et natu-relles, et son père, commissaire de marine, s'empressa de le faire admettre à l'école spéciale de médecine de la marine du port de Brest, où il se distingua parmi ses condisciples par un grand désir d'apprendre et par un zèle soutenu. Successive-ment entretenu dans les grades de chirurgien de 3e classe et puis de 2e classe, il se trouvait à Paris en 1822, par suite de la démission qu'il avait donnée, victime d'une injustice du port. C'est alors qu'il prit, à la Faculté de médecine de Paris, le titre de docteur et le 2 mars 1822 qu'il soutint une thèse intitulée

Essai sur le choléra-Morbus. Embarqué comme médecin sur la frégate l'Aréthuse, il avait pu étudier à bord même de ce vaisseau le choléra-morbus qui vint y sévir alors qu'il était au mouillage d'Annapolis, dans la baie de Cheseapeack. A cette époque, une expédition autour du monde se préparait sous le commandement de M. Duperrey ; le navire la *Coquille* recevait l'ordre d'armer à Toulon, et comme la démission du docteur Garnot ne fut pas acceptée, il sollicita et obtint la faveur de faire cette campagne avec le titre de chirurgien-major. Un pharmacien de même grade avait été précédemment désigné pour exécuter cette mission, mais plus particulièrement comme naturaliste. Tout entier alors au voyage long et difficultueux qu'il allait entreprendre, le docteur Garnot s'entoura de toutes les lumières qui pouvaient éclairer son zèle dans le cours de la campagne. La corvette la Coquille quitta les côtes de France en août 1822 ; dès cet instant M. Garnot se livra chaque jour à l'étude des mammifères et des oiseaux, branches de la zoologie qu'il avait demandé à joindre à ses fonctions de médecin, et ses récoltes furent abondantes aux îles Malouines, au Chili et au Pérou. C'est à Payta après une chasse fatiguante, sous un soleil ardent, qu'il fut pris d'une dysenterie qui passa à l'état chronique et qui menaça ses jours ; il ne cessa cependant pas de se livrer avec ardeur à ses recherches et à ses travaux, et ce ne fût qu'après 10 mois de cette cruelle maladie qu'il se vit contraint à se faire débarquer au port Jackson pour retourner en France. La fatalité qui avait menacé ses jours, le suivit dans sa traversée, car ayant pris passage à l'Ile-de-France sur le Williams IV, il fit naufrage au cap de Bonne-Espérance. La conduite de M. Garnot dans ce naufrage fut assez belle pour que l'officier anglais ait cru de son devoir de la signaler dans une pièce écrite de sa main. De retour en France, le docteur Garnot s'occupa de mettre en ordre les matériaux qu'il avait recueillis, et la relation de la Coquille, dont le gouvernement avait prescrit la publication, vint naturellement lui offrir l'occasion de les mettre au jour de concert avec son collègue et ami, M. Lesson, auquel il livra son travail, dont chaque partie est signée de lui dans le voyage de la Coquille. Ayant ainsi donné sa part dans cette grande publication ,

M. Garnot accepta le grade de second chirurgien en chef à la Martinique, en laissant à son collègue le soin de terminer la publication du voyage de la Coquille. A la Martinique le docteur Garnot fit des cours de physiologie et d'accouchement. Il publia un petit manuel pour les sages-femmes mulâtres. L'envie de faire le bien était sa passion dominante, aussi le ministère l'en récompensa par la croix de la légion-d'honneur. C'est dans cette colonie que M. Garnot prit les germes de l'hépatite chronique qui mina ses jours et qui l'a fait descendre au tombeau encore dans la force de l'âge. De retour en France, après avoir sollicité sa retraite, il s'allia au célèbre Amussat. et se livra à la clientelle, tout en consacrant ses loisirs à la publication de diverses notices insérées dans le dictionnaire pittoresque de M. Guérin, dans le journal de la marine, etc. D'une grande douceur de mœurs, le docteur Garnot savait se faire aimer de ceux qui le fréquentaient : aussi laisse-t-il une famille inconsolable et de véritables amis. (XXX.)

ERRATUM.—Page 208, ligne 27, au lieu de *ab uno*, lisez : *ab ano*. Page 215, ligne 34, après le chiffre XXXI, ajoutez : LEPORIDÆ.

Nouveaux membres admis dans la SOCIÉTÉ CUVIERIENNE.

N° 142. M. HÉRÉTIEU, contrôleur principal des contributions directes, membre du Conseil général, secrétaire de la société agricole et industrielle du département du Lot, et membre de diverses autres sociétés savantes, à Cahors. Présenté par M. *Chevrolat.*

N° 143. M. le docteur Philippe VANDERMAELEN, fondateur de l'établissement géographique, membre de diverses sociétés savantes, etc., à Bruxelles. Présenté par M. le docteur *Meisser.*

N° 144. M. le docteur PONZI, professeur d'anatomie comparée à l'université de Rome, etc. Présenté par M. *Arnaud de Villeneuve*, membre de diverses sociétés savantes.

N° 145. M. W. W. FISHER, docteur médecin, membre de diverses sociétés savantes, etc., médecin du Downing collége, à Cambridge. Présenté par M. *Martin Saint-Ange.*

N° 146. M. E. F. GERMAR, docteur en philosophie, professeur de minéralogie à l'Université, etc., etc., à Halle, en Saxe. Présenté par M. *Guérin-Méneville.*

REVUE
ZOOLOGIQUE.

NOVEMBRE 1838.

I. SOCIÉTÉS SAVANTES.

ACADÉMIE ROYALE DES SCIENCES DE PARIS.

Séance du 5 novembre 1838. — M. *Geoffroy St-Hilaire* lit une note intitulée : *Mon dernier mot sur les jumelles de Prunay jointes à tête-bêche.* Le savant académicien annonce que ces enfans doivent être montrés à Paris et qu'il ne peut plus, dès-lors, leur continuer les soins de son patronage, sous peine de remplir près d'eux le rôle ridicule de leur cornac. L'arrivée à Paris de ces enfants, permettra à M. Serres de reprendre ses magnifiques travaux sur *Ritta-Christina*, et d'ajouter à ses études concernant les lois de l'organisation animale ; me pénétrant des vues transcendantes de notre grand physiologiste, poursui M. Geoffroy, je suis entré dans ses voies, en prenant la confiance d'étendre les principes d'une aussi belle généralisation à tout ce qui est, ce qui s'organise et ce qui vit dans l'univers. J'en suis donc venu à comprendre et à formuler la règle restreinte jusqu'ici à l'organisation animée, la LOI SERRES (conjugaison et affinité) à toutes les essences et matériaux s'affrontant et se joignant dans l'univers. J'ai nommé cet ordre phénoménal *Attraction de soi pour soi.*

En terminant, M. Geoffroy se plaint de ce qu'on n'a pas inséré dans les comptes rendus la note qu'il lût le 22 octobre. La réponse un peu piquante de M. le secrétaire provoque une explication assez chaude. Nous pensons que l'on devrait éviter de donner un spectacle aussi affligeant au public, surtout quant il ne s'agit que de l'économie de quelques pages d'impression demandées par un savant qui a toujours illustré l'Académie.

M. *Milnes Edwards* est nommé membre de l'Académie en remplacement de M. *Fréderic Cuvier* décédé.

On se rappelle qu'à la précédente séance la section de zoologie, en présentant la liste des candidats pour la place vacante par suite de la mort de M. Frédéric Cuvier, a témoigné ses regrets de voir que M. *Straus* ne s'était pas présenté; cette circonstance n'est pas restée inaperçue, et la plupart des assistans ont partagé le sentiment pénible qu'elle avait causée à la section de zoologie, surtout quand on a vu qu'un savant non moins célèbre avait cru devoir se retirer de cette même candidature. Si des hommes aussi connus pensent qu'il est de leur dignité de ne pas s'exposer à être placés dans une liste sur un rang inférieur à celui auquel leur position scientifique et l'opinion publique leur donnent droit, il y a lieu de craindre que les places de l'Académie ne soient plus recherchées que par des savans d'un moindre renom. Il serait très-fâcheux pour la science que des hommes qui lui font autant d'honneur se contentassent de mériter ces places.

Séance du 12 novembre. — M. *Duméril* rappelle à l'Académie qu'elle a reçu dans la séance précédente une dissertation en allemand de M. *Tschudi*, intitulée : *Sur la classification des Batraciens*, etc. Comme ce mémoire renferme, dit M. Duméril, plusieurs observations importantes et l'indication de quelques bons caractères de genres dont nous avions nous-mêmes fait usage dans le grand ouvrage sur les Reptiles, que M. Bibron et moi publions dans ce moment, nous sommes bien aises de faire constater que les seize premières feuilles du tome VIII en étaient imprimées à la date du 30 août dernier, en les mettant sous les yeux de l'Académie, parce que c'est dans cette portion de notre travail qu'on trouvera établis l'arrangement méthodique et la nomenclature des sous-ordres, tribus, familles et genres, ne voulant pas nous exposer au blâme de nous être attribué des observations faites par un naturaliste pour lequel nous professons d'ailleurs une grande estime.

Séance du 19 novembre. — M. *Flourens* lit un mémoire intitulé : *Recherches anatomiques sur la manière dont l'épiderme se comporte avec les poils et avec les ongles.* Ce travail étendu et plein d'observations , est peu susceptible d'analyse , il occupe près de six pages des comptes rendus de l'Institut.

M. *D'Hombres Firmas* adresse une notice *Sur une portion de mâchoire fossile.* Ce fragment a été trouvé dans les Cévennes. M. de Blainville est chargé de faire un rapport à l'Académie sur cet objet.

M. *Lartet* annonce la découverte qu'il vient de faire d'une tête de Mastodonte à dents étroites , dans une localité voisine de Simorre.

M. *Aimé* , professeur de physique au collége d'Alger , écrit qu'il a découvert aux environs de cette ville , un banc de corail hors de l'eau et à l'état fossile , mais conservant encore une teinte légèrement rougeâtre , ce qui porte à croire qu'il est sorti de l'eau à une époque qui n'est peut-être pas bien éloignée de nous.

M. *Élie de Beaumont* présente de la part de M. *Schultz* un mémoire intitulé : *Macrobiotus Hufelandii animal e crustaceorum classe novum , reviviscendi post duiturnum asphyxium et ariditatem potens ,* avec un échantillon de sable de gouttières , contenant un certain nombre d'individus de ces animaux.

Séance du 26 novembre.—M. *Breschet* lit un mémoire intitulé : *Recherches sur les différentes pièces du squelette des animaux vertébrés encore peu connues , et sur plusieurs vices de conformation des os.* — Chapitre Ier. *Considérations sur les os sus-sternaux chez l'homme.*

La lecture du savant académicien est le commencement d'un grand travail qu'il compte publier sur le squelette des vertébrés et principalement sur plusieurs pièces peu connues ou tout-à-fait nouvelles appartenant à ce squelette. Tout en cherchant à prouver qu'il y a unité de composition dans tous les points , il désire arriver à démontrer que c'est d'après les lois de l'évolution et de la formation organique que l'on peut parvenir à la connaissance physiologique et philosophique de la production de la plupart des maladies. Ce travail , dont M. Breschet s'occupe depuis long-temps , exige une grande

persévérance de volonté et d'investigation et il faut savoir gré
à ce savant de l'avoir entrepris.

II. TRAVAUX INÉDITS.

SYNOPSIS des espèces du genre TCHITREE (*Tchitrea* , Less.),
Muscicapa; auct. par R. P. LESSON.

Rostrum depressum , carinatum , uncinatum et denticula-
tum , setis basi instructum ; nares setis rectæ, alarum prima
penna brevi; tertia , quarta , et quinta longissimis ; pedes de-
biles ; caudæ rectricibus 12 , cuneatis gradatis aut mediis lon-
gioribus. — Habitant inter tropicos in orbe vetere.

1. T. BÉ-BLANC , *Muscicapa paradisi* , L. , Gm.—*Avis pa-
radisiaca orientalis* , Seba , pl. 52 , fig. 3. — *Pi ed bird of
paradises.* Edws. pl. 113. — *Pica papoensis*, Brisson. *Icterus
maderaspatanus cristatus , et muscicapa cristata alba capitis Bonæ Spei* , Brisson.—*Todus paradiseus* , Gm. — La
Vardiole, Buffon. — Le Moucherolle huppé à tête d'acier poli
Buffon , Ent. 234, fig. 2. Gobe-mouche blanc huppé du Cap.
Latham , ind. esp. 54 : paradise-fly, ibid. — Capite cristato ,
nigro ; corpore albo ; cauda cuneata ; rectricibus intermediis
longissimis : long. 8 poll. 5 lin, ; rostri basis plumis tecta ;
caput azureum , crista declinata; corpore album , rachibus
nigris ; remigæ nigræ , utroque margine albæ : (Lath.) —
Hab. Africa , Asia , India in Dukkun : Cap. Bonæ Spei. —
Mas. M. alba ; capite cristato colloque violaceo-atris ; ptero-
matibus remigibusque atris, albo marginatis ; rachibus rectri-
cum atris. Fœm. Dorso, alis , caudaque castaneis ; corpore
subtus albo ; gutture, collo pectore , nuchaque griseis , hâc
saturatiori ; capite cristato violaceo-atro ; remigibus fuscis.
Long. corporis 10 1/2 caudæ 6 (sykes , proc. 11 , 84)

2. T. BÉ-ROUX, *Muscicapa castanea*, Kuhl. — *Avis para-
disiaca cristata* , Seba, pl. 30 fig. 5. — *Muscicapa cristata,*
Brisson ornith. — *Promerops indicus cristatus*, Briss. —
Upupa paradisœa, L. ; Lath. ind. esp. 3.—*Muscicapa paradisœa*, Var. A. Latham. esp. 54. — Le Gobe-mouche huppé
du cap de Bonne-Espérance. Enl. 234 fig. 1. — Levail., af.
pl. 146.—*Muscipeta indica*, Stephens, t. XIII, p. 3.—*Cres-*

ted long-tailed pie, Edw., gl., pl. 325. — *Muscipeta casta-nea*, Temm. — Lesson, ornith. pl. 42. fig. 1 — Cristata, spadicea, subtus cinerascens ; capite colloque nigris ; rectri-cibus duabus intermediis longissimis (Lath.) Hab. India. Mas : M. corpore suprà castaneo, subtus albo; pectore grises-centi; capite cristato ; colloque violaceo-atris. Fœm. : Mari si-milis, rectricibus duabus mediis paullum elongatis. (Sykes, proc., 11, 84.) — Statura præcedentis : irides intense rufo brunneæ. Observ. : Ces deux oiseaux, le Bé-blanc ont été, dit M. Sikes, considérés par erreur comme appartenant à la même espèce. Ils n'habitent point les mêmes localités.

3. T. SCHET-AL, *Muscicapa holosericea*.—Le Schet voulou-lou, Buff. Gobe-mouche à longue queue, de Madagascar. Enc. 248 fig. 1. — Le Schet roux, Levaill. Af. pl. 147. — *Muscipeta holosericea*, Temm. — *Muscicapa madagascarien-sis, albicilla longicauda*, Briss. — *M. mutata,* Gm. esp. 2, var. V. — *Platyrhynchus mutatus*, Vieil., Encyclo. 11, 840. — M. Sincipite nigro ; corpore castaneo ; alis nigris, ni-veisque ; cauda longua, castanea. Gulla et collo rufis. — P. mutatus, capite cristato ; rectricibus intermediis longissimis, palpebris cœruleis ; rostro pedibusque atris. Vieil., Encyel. 11, 840. — Hab. insula Madagascariensis.

4. T. DE CASAMANSS, *Muscicapa Casamanssœ*, Less.—Capite et collo parte superiori cœruleo splendide nitente. Corpore et cauda castaneis ; tectricibus alarum niveis : remigibus prima-riis nigris, secundariis albo marginatis, aut ultimis rufis. Rectricibus mediis quatuor, longissimis. Rachibus plumarum concoloribus. Rostro et pedibus brunneis. Corpore long. 4 poll.; caudæ 11 poll.—Hab. ad ripas fluminis Casamanssiæ in Senegambia, ubi dicta, *Veuve des Mangles,* quæ avis reperitur frequentissime in arboribus Rhizophori generis.

5. T. DE GAIMARD, *Muscicapa Gaimardi*, Less. ornith., p. 386.—Capite nigro-æneo ; corpore badio, rutiloque, alar. nigris, cum speculo niveo; rectricibus badiis, mediis longissi-mis niveis, atro marginatis. — Hab. Madagascar ?

6. T. SCHET-NOIR, *Muscicapa mutata*, Lath. Gm. — Le G. M. à longue queue et ventre blanc; Enl. 248 fig. 2. — Le

Schett-all, Buff. — Levaill. pl. 148, fig. 1. — *Muscicapa mutata*, Lath., esp. 55. — *Muscicapa madagascariensis varia longi cauda*, Briss. —[Capite cristato ; cauda cuneata; rectricibus inter-mediis longissimis; palpebris cæruleis (Gm.) — Hab. Madagascariensis insula.

7. T. San-kowo, *Muscicapa princeps*. — *Muscipeta princeps*, Temm., pl. col. 584. — Mas; Capite cristato, æneo ; corpore toto nigro-violaceo nitore splendente. Cauda cuneata; cum duabus pennis longissimis, omnibus brunneis. Fœmina : Capite lœvi et collo griseo-ardoisiacis ; dorso, alis et cauda mediocri brunneo-rufis; corpore subtus albido.—Hab. Japonia et Corea, ubi *ikaru-ikaruha* et *San-kowo* appellatus est.

8. T. *Muscicapa cristata*, Gm. — Le G. M. huppé du Sénégal, Buff. pl. 573, fig. 2 ; pl. 39, fig. 2. — *Muscicapa Senegalensis cristata*, Briss. t. III p. 422. — *Platyrhynchus cristatus*, Vieil., Encycl. 11, 862. — M. : Capite cristato et gutture nitente nigris, corpore supra badio, subtus cinereo, cauda cuneiformi : rostrum cinereum : tectrices alarum majores remigesque fuscæ, margine badiæ, cauda ex purpurascente badia, 4 pollices longa; pedibus griseis. (Gmelin.) — Fœm. : Cristata, castanea, subtus cinerea, capite colloque inferiore nigro virescentibus ; rectricibus castaneo purpureis. Cauda elongata. 8 poll. 6 lin. Cauda cuneiformis. (Lath.) — Hab. Senegalia.

9. T. de Bourbon, *Muscicapa Borbonica*, Gm. — Le Gobe-mouche huppé de l'île Bourbon, Buffon, Enl. 573, fig. 1. — *Muscicapa Borbonica cristata*, Briss. — Levaill., af. pl. 142. — *Muscicapa Borbonica*, Lath., esp. 10. — M. Subtus cinerea; capite ex virescente atro, nitente violaceo; caudaque dilute badiis; uropygio griseo ; remigibus nigris margine badiis : rostrum griseum; tectrices alarum minores dilute badiæ, mediæ nigræ apice rufæ ; majores nigræ apice albæ ; pedes fusci (Gmelin). — Cristata; spadicea, subtus cinerea ; capite nigro virescente ; rectricibus pallidè spadiciis. Long. 5, p. 6, li. Fœm. : capite cinereo (Lath.).—Hab. Madagascar et insula Borbonica.

10. T. Sénégalien, *Muscicapa Senegalensis*, Less. —

Crista nullâ; capite collo et thorace azureo intense nigro; anali brunneo-ardoisiaco; dorso, tectricibus alarum, caudæque, subtus et infrà, castaneis. Cauda cuneata, cinnamomea; rhachibus plumarum concoloribus. Primariis remigum quinquè aterrimis, secundariis nigris, niveo marginatis, ultimis, rufis : parvis tectricibus albis. Long. corporis 4 poll. 6 lin.; caudæ 4 poll. — Hab. ad ripas fluminis Senegalensis.

11. T. A TÊTE D'ACIER, *Muscicapa chalybeocephalus*, Garnot, zool. de la Coq. pl. 15, fig. 1. Texte, t. I, part. 2, p. 589. — M. Capite chalybeo; dorso, alis caudâque castaneo colore; colli parte priori, pectore abdomineque subalbidis, pedibus et rostro plumbeis. — Hab. Nova-Hybernia. in sylvis.

12. T. SIMPLE, *Muscicapa inornata* Garnot, zool. Coq., pl. 16, fig. 1, texte, t. 1, partie 2, p. 591. — M. Capite collo, dorso, uropygioque griseis et subcœrulis; alis caudâque cinereis fuscis; abdomine castaneo colore; rostro pedibusque plumbeis. — Hab. Nova-Guineâ in portu Dorey.

INSECTES COLÉOPTÈRES INÉDITS, découverts par M. LANIER dans l'intérieur de l'île de Cuba.

Notre confrère M. Lanier, ingénieur chargé par le gouverneur de Cuba de parcourir cette île pour en faire la géographie et la topographie, se trouvant dans une position très-favorable pour recueillir les produits naturels de ce beau pays, a mis a profit tous les instans que ses travaux lui laissaient, aussi ses collections sont riches en Bois, Plantes, Mammifères, Oiseaux, Mollusques, Insectes, etc., et contiennent une foule de notes d'un grand intérêt. Nous nous sommes joints à lui, avec M. Chevrolat, pour faire connaître quelques uns de ses insectes, en voici la description sommaire accompagnée des notes de M. Lanier.

Hylochares Lanierii, Guér. — Affinis. *Hyl. buprestoidis*, Rossi, sed paululum angustior; brunneo-niger, profundè rugosus, pilosus. Thorace supra complanato, fronte plano. Antennis pedibusque bruneo-ferrugineis. — Long. : 7 à 9. Larg. : 2 à 3 mill.

Cet insecte a été trouvé à 6 lieues au nord de la ville de

Cienfuegos, située au bord de la grande baie de Jagua, sur la côte sud de l'île de Cuba, à 60 lieues de la Havanne, sous l'écorce du *Trichilia Spondioïdes*, arbre connu dans la partie orientale de cette île sous le nom de *Guaban*, et dans la partie occcidentale sous celui de *Cabo de hacha*, nom qui provient de l'usage qu'on fait de son bois , que l'on emploie à faire des manches de haches. Cet arbre croît en tous lieux, mais particulièrement dans les terrains sablonneux. C'est sous l'écorce d'un de ces arbres abattu dans une *savane*, à 200 mètres d'élévation au dessus du niveau de la mer, que cet insecte a été recueilli en juin de 1835. Il y en avait un assez grand nombre et 'ils se trouvaient réunis deux à deux, ou par groupes de quatre ou six ; mais les deux années suivantes on n'en pût rencontrer aucun. Lorsqu'on les découvre en enlevant l'écorce , ils restent immobiles, attachés à l'aubier encore humide de l'arbre.

Buprestis (*Chrysesthes*) *Lanieri* , Chev. — Affinis. *Bup.* 6 *punctatæ*. F. sed minor, violacea, subtus aurata, segmentis abdominalibus cyaneis, differt a B. 6 punctatæ, capite thorace amplius punctatis : tribus notis ælytri majoribus, viridibus, striis et costis evidentius ulcatis et angustioribus cum margine strictim serrato.— Long. : 17. Lat. : 6 mill.

La larve de ce Bupreste vit dans l'écorce du palmier *Real* (*Oreodoxa regia*) lorsqu'il est abattu. Il a été trouvé à 6 lieues au N. E. de la magnifique baie de Jagua , côte sud de l'île de Cuba, près d'un ruisseau , dans un excellent terrain élevé de 150 mètres au dessus du niveau de la mer. On n'en rencontra que dans un seul palmier, en mai 1835. Il y en avait une vingtaine qui étaient tout-à-fait développés et prèts à sortir. (J'ai conservé des larves et des nymphes dans l'alkool.)

Nosoderma echinatum, Guér. — Oblongum, nigrum , rugosum et opacum ; thorace, lateribus dentato , supra tuberculato ; ælytris tuberculatis, tuberculis posterioribus spiniformibus lateribusque productis. — Long : 13. Lat. : 5. Mill.

Cet insecte est rare à Cuba ; je n'en ai trouvé que deux fois sous l'écorce de la *Guacino* et du *Guavan* , près du port de Jagua. Je crois que celui que j'ai trouvé sous l'écorce du Guavan est une autre espèce.

Stenochia amethystina, Guér. — Cyanea, nitida. Elytris violaceis profunde punctato-striatis ; Antennis nigris, basi cyaneis. — Long. : 12. Larg. : 5. mill.

Rare. On le trouve sur les branches sèches des arbustes de diverses espèces.

Phytonomus? Cubae, Chev. — Gravis, cinereus, in elytris maculis nigricantibus sæpius confluentibus. Capite transverso, rostro brevi , turbinato, oculis sub-contiguis. Thorace parvo, lateribus rotundatis, basi recto, apice complanato et cylindraceo. Scutello augusto, triangulare, leucophaeo. Elytris crassis thorace fere duplo latioribus ; in humero et apice rotundatis, 9 striis levibus et punctatis : femoribus obscuro maculatis. — Long. : 5. Lat. : 3. mill.

A genere Phytonomo differt præcipue oculis approximatis, duobus primis articulis antennarum et clava crassiore, non tam elongatis.

Trouvé en juin 1835 dans de petites savanes à 8 lieues N.-E. de *Cienfuegos*, à 150 mètres d'élévation au dessus du niveau de la mer, sur les branches sèches de l'arbre épineux nommé *Gamaquen*, à 64 lieues au S.-E. de la Havane, sur les bords du Cannao, rivière navigable qui a son embranchement près de Cienfuegos, dans la grande baie de Jagua.

Il y en avait un grand nombre, mais ils ne sont guère perceptibles sur les branches de cet arbre , parce qu'ils en ont la couleur. Lorsqu'on approche la main pour les saisir, ils se laissent tomber et s'envolent immédiatement.

Solenoptera cinnamipennis, Chev. — Nigra, nitida : capite triangulatim, thorace latè sulcatis, bi-costatis ; his marginibus scabrato, latere dentulato , bispinoso (spinis maris paululum elongatis) basique arcuatim emarginato. Elytris cinnamomeis, minutè rugulosis basi et margine nigris atque crebre punctatis. — Long. : 35 à 40. Lat. : 12 à 15. mill.

Cet insecte a été trouvé sur les bords du grand port de *Jagua*, près de la ville de *Cienfuegos*. On le rencontre assez abondamment dans les mois de juin et de juillet , en plein midi , volant autour de l'arbre qu'on nomme *Quiebra-hacha* (*Micoxyllum himenæfolia*) , dans lequel vit sa larve. Cet arbre

dont le bois est extrêmement dur, est très-estimé pour la construction des édifices, parce qu'il est d'une très-longue durée.
On l'emploie ordinairement en poteaux dormans et autres
pièces placées à l'air. Je conserve la larve de ce Solénoptera
dans l'alcool.

Solenoptera fulvipes, Chev. — Velutina, nigro-opaca, antennis nigro-piceis, nitidis. thorace lateribus ultra medium
angulato, pedibus rubris. Elytris apice serratis. Thorace infra
cum notulâ laterali albâ. — Long. : 18. Lat. : 6 mill.

Trouvé dans les mêmes lieux que le précédent pendant les mois
de mai et juin ; mais il n'est pas commun. On le voit ordinairement voler autour des fleurs du *Tocino*, espèce de liane, arbuste
épineux du genre *Acacia*, et de celles d'une autre grande liane
épineuse appelée *Zarza* (*Smilax aspera*), dans lesquelles il se
pose souvent, ainsi que sur celles de l'arbre nommé *Jucaro*
(*Bucida buceras*). (J'en ai pris un à la lumière).

Callichroma columbina, Guér. — Elongato sericea, viridis
vel violacea ; Antennis nigris, longissimis ; thorace transversim
strigoso, lateribus spinoso ; pedibus nigris, femoribus rufis ;
corpore subtus argenteo-tomentoso. — Long. : 26 à 34. Lat. :
6 à 9. mill.

Assez commun. Sa larve vit dans le bois d'une espèce
d'*Achras* , arbre connu dans le pays sous le nom de *Acana*.
On trouve l'insecte parfait sur les troncs abattus de cet arbre,
il vole surtout au coucher du soleil. Quand on le prend il ré-
pand une odeur de rose très-pénétrante.

Nous avons donné à cette espèce et à quelques autres les noms
qu'elles ont reçu de divers collecteurs.

Eriphus dimidiatipennis, Chev. — Punctatus , puniceus.
Mandibulis , antennis, oculis tibiis tarsisque nigris, tertia parte
apicali elytrorum cyanea. — Long. : 8 à 13. Lat. : 3 à 4 mill.

Il se trouve eu mai et juin , près de la ville de Cienfuegos.
Il se pose ordinairement sur les fleurs d'un arbuste-liane épineux du genre mimosa appelé *Tocino* , sur celles de la *Zarza*,
du *Jucaro* et de la *Guacima* (*Guazumas polibrota*). J'en
ai trouvé également à 10 lieues dans l'intérieur. Il n'est pas
commun.

Eburia Lanieri, Chev. — Rubra. Antennis pedibusque nigris. Elytris notis sex eburatis, 1, 2, prima basi, duabus geminis ultra medium, dimidia parte apicali nigricantibus; tarsis cinereis. — Long. : 15. Lat. : 4 mill..

Trouvée une seule fois sur les fleurs d'une liane, arbuste épineux du genre *Mimosa*, appelé *Tocino*, à 6 lieues au N.-E. de Cienfuegos, sur les bords d'un ruisseau, dans un terrain fertile, (en juin 1835), à 150 mètres au dessus du niveau de la mer, dans le moment de la plus forte chaleur du midi.

Eburia subangulata, Chev. — Omnino similis præcedenti, differt rubro obsoletiore, thorace lateribus subangulato, pedibus rufescentibus tibiis paululum obscuris et colore nigro elytrorum in parte mediana recte signata. Femina. an differentia sexualis subsequentis?—Long. : 11 à 13. Lat. : 3 à 4 mill.

Trouvée dans les environs de la ville de Cienfuegos, et dans tout le district de la colonie *Fernandina* de Jagua, jusqu'au pied des montagnes de Trinidad, qui lui servent de limites à l'Est. On le trouve assez communément sur les fleurs de la liane-arbuste mimosa nommée Tocino, et sur celles de la Zarza. On le voit souvent aussi sur le *jucaro* et sur la *guacima* ainsi que sur la *Cordia globosa*. Très-commune pendant les mois de mai et de juin.

Quand les individus sont vivans, de petites lignes ou bandes longitudinales, que l'on aperçoit faiblement après la mort à la base des élytres et près de la suture, sont plus longues très-brillantes et comme métalliques.

Eburia dimidiata, Chev. — Crebre punctata, rubra. Mandibulis apice, antennis, pedibus et dimidia parte posticali elytrorum, nigris; his cum notulis quatuor obsoletis rubropallidis, duabus basi et duabus medianis. Thorace rotundato inermi. Variat pedibus rufescentibus.—Long. : 11 à 12. Lat. : 3 1/2 à 4 mill.

Trouvée dans les mêmes lieux et dans les mêmes circonstances que l'Eb. subangulata.

Amphionycha venusta, Chev. — Testacea, mandibulis apice, oculis, antennis (4. 5. 6. articulis basi rufis) tibiis basi excepta, nigris. Thorace cylindraceo, basi constricto, lateribus subgibboso, elytris in humero nigricantibus, in tertia parte apicali cyaneis, sed nigricantibus ad limbum anticum. — Long. : 12. Lat. : 4 mill.

M. le comte Dejean réunit sous le nom d'Amphionycha des insectes qui me semblent devoir former plusieurs genres et qui seront tous caracterisés par quatre ongles aux tarses. La *Saperda fumigata* de Germar, et un assez grand nombre d'espèces du Brésil et de Caïenne constituent mon genre *Pyrobolus*, qui se distingue par les antennes dont la base est garnie d'un seul côté de poils fort épais, par une carène sur le bord antérieur des elytres et quelquefois par les anneaux de l'abdoment qui sont d'un jaune pâle et comme phosphorescens, celles qui n'ont pas les divers signalemens ci-dessus appartiennent pour moi au genre de l'insecte que je décris, lequel renferme un nombre considérable d'espèces de l'Amérique équinoctiale.

L'A. *venusta* a été trouvée à 9 lieues à l'Est de la ville de Cienfuegos, à Manicaraguia, près des riches mines de cuivre que l'on exploite présentement au bord de la belle rivière Arimao, et à 300 mètres d'élévation au dessous du niveau de la mer. Il se pose sur les fleurs de la lianne arbuste, nommé Tocino (*mimosa*), sur celles de la Zarza du Guairage (*Eugenia barnensis*) et d'une floscule nommée Rompe-zaraguey (*mitania*). En mai, il est rare.

Amphionycha dimidiata, Chevr.—Rufa, mandibulis apice, oculis, antennis, fere dimidia parte posticali elytrorum geniculis, tibiis tarsisque nigris. Capite antice albo-sericeo. 4. 5. 6. articulis antennarnm basi albis. Thorace antice posticeque læviter constricto. — Long. : 9. Lat. : 4 mill.

Mêmes lieux et mêmes circonstances que l'A. *venusta*.

Elaphidion Poeyi, Guer. — Elongatum rubro ferrugineum, nitidum, albopilosum ; thorace tuberculato ; antennis pedibusque brunneis, femoribus clavatis apice bispinosis, clava rubra. In medio elytri magna flava macula nigro circumcincta ; his apice extus unispinoso. — Long. : 13. Lat. : 3 mill.

Rare à Cuba, sur les troncs d'arbres abattus.

Odontocera brachyptera, Chev. — Affinis Od. abdominali Ol. flava. Antennis nigris flavo-annulatis, thorace costis tribus, femoribus, tibiis apice, tarsis, corporeque subtus. nigris, elytris nigro-marginatis. Mas, cum duobus ultimis abdominalibus segmentis cinereis, femina abdomine cylindraceo, flavo limibato. var. pedibus nigris cum basin femorum et tibiarum flavis. — Long. : 19. Lat. : 4 mill.

Pendant le mois de juin on voit souvent cet insecte se poser sur les fleurs du Jucaro; sa larve vît dans le bois de l'arbre nommé *Java* (*Andira inermis*) qui est commun dans toute l'île de Cuba, et dont les différentes propriétés, en partie connues dans ce pays, sont encore ignorées en Europe.

J'ai extrait, à coup de hâche, une trentaine d'individus du tronc de l'un de ces arbres, tombé et presque sec, dans le mois de juin, à 5 lieues au N. E. du grand port de Jagua, sur la côte sud de l'île de Cuba. Je conserve des larves et des nymphes dans l'Alcool. J'ai pris aussi l'insecte parfait sur les fleurs du Jucaro.

Lema marginata, Guer. — Ferruginea; capite pectoreque nigris; elytris nigro-sub-cœruleis, striato-punctatis, macula basali et margine laterali ferrugineis. Long. : 7. Lat. : 4 millim.

Lema postica, Guer. — Coccinea, nitida, capite, pedibus, in elytris fascia lata posticali antennisque nigris, his cum articulo ultimo rubro. — Long. 6 : . Lat. : 3 1/2 mill.

On trouve ces deux espèces sur les feuilles et sur les fleurs du *Calebassier*. Elles ne sont pas communes.

Chrysomela (Leucocera. Chev. Cat. Dej.) *Pocyi* Chev. — Cyanea. Palpis et antennis pallidis thorace glabro lateribus cribrato. Elytris punctatis lævibus, cum maculis duabus puniceis, prima basali transversa, suturæ interrupta, secunda rotundata ultra medium. tibiis tarsisque rubris. var. elytris unica macula basali. — Long. : 7 Lat. : 5 mill.

Cet insecte a été recueilli près de la ville de Cienfuegos. On le trouve dans les mois de mars et avril, à la base du pétiole de la feuille d'un palmier nommé *Guano blanco* o *Juraguano*. Il se maintient entre le tronc et le pétiole et il est difficile de l'en arracher. On le rencontre encore sous l'écorce de la guacima (*Guazuma*), mais pas aussi fréquemment.

Chysomela. (Leucocera Chev. Cat. Dej.) *apicicornis*, Chev. — Cyanea. Palpis antennis tarsisque pallidis; articulis duobus ultimis antennarum nigris. thorace glabro lateribus cribrato; elytris punctatis. — Long. : 7. Lat. : 5 mill.

Trouvée à six lieues au N. E. de la ville de Cienfuegos, sous l'écorce du *Guaban* et sous quelques cryptogames, dans une savane à 300 mètres d'élévation au dessus du niveau de la mer.

DESCRIPION d'une espèce nouvelle du genre CATAPIESIS, par M. Aug. CHEVROLAT.

Catapiesis Columbica. — Aterrima, nitida, impunctata. Caput linea transversali et altera laterali conjunctis, impressum. Thorax sub-quadratus, basi arcte et profunde bifoveatus, latere uni sulcatus, modice marginatus et reflexus, lineâ dorsali levi. Elytra parallela ; singula, obsoletis striis decem simplicibus, apice paululum evidentioribus, sex suturalibus geminatis. Pedes rubro picei. — Long. : 18. Lat. : 6 mill.—Colombia a D. Lebas. missa.

L'*Axinophoru Brasilianus*, Gray. In the animal Kingdom, pl. 13 et 34, fig. 2 et 5.—La *Catapiesis nitida*. Solier et Brullé, Histoire nat. des Ins., t. V, pl. 2, fig. 2, pag. 43, ou l'*Hololissus lucanoides* de Mannerheim, mémoire sur quelques genres et espèces de Carabiques, pag. 44, et l'espèce ci-dessus décrite, forment jusqu'à présent les trois seules qui aient été publiées.

NOTE sur deux espèces nouvelles du genre PHOEDINUS, par M. GUÉRIN-MÉNEVILLE.

Ce genre, établi dans la Monographie des Trachydérides, publiée par M. Dupont dans notre Magasin de Zoologie (année 1836, cl. IX, pl. 149), ne contenait qu'une seule espèce, le *Phœdinus tricolor*. Voici deux insectes qui offrent à peu près tous les caractères signalés par l'auteur du genre auquel nous les rapportons, car ils ont comme lui le corselet couvert de tubercules, le presternum avancé en une pointe dirigée en avant, l'écusson deux fois au moins plus long que large, les antennes de onze articles ; mais ils n'ont pas d'épines aux élytres, caractère que M. Dupont met en première ligne pour distinguer ce genre des *Charinotes*, et qui, suivant nous, ne doit pas être employé, car il n'est que spécifique. Quoiqu'il en soit, voici les principaux caractères de nos nouvelles espèces :

PHOEDINUS DE DEBAUVE, *P. Debauvei*, Guér. — Obscure castaneus nitidus ; elytris fasciis duabus, prima basali, secunda in medio et maculis duabus apicalibus flavis.—Long. : 30 mill. Lat. hum. 11 mil.—Hab. Demerary.

PHOEDINUS BOUCHER, *P. lanio*, Guér. —Sanguineus rugosulus ; elytris in medio nigris, costis duabus elevatis obliquis. — Long. : 38 mill. Lat. hum. 13 mill.—Hab. Guyana. Ces deux beaux insectes, uniques dans notre collection, ont été rapportés de l'intérieur de la Guyane anglaise ; le premier a été pris aux environs de la rivière Essequebo, nous le dédions à M. Debauve, mort victime de son zèle pour la science. Ils seront décrits avec détail et figurés dans le *Catalogue raisonné des insectes coléoptères recueillis par M. Debauve pendant un voyage dans la Guyane anglaise*, ouvrage que nous allons publier dans notre Magasin de Zoologie.

SUR un insecte coléoptère nouveau, du genre *Chyasognathus* de Stephens, par M. GUÉRIN-MÉNEVILLE.

M. le Baron Feisthamel a bien voulu nous communiquer l'individu unique qu'il possède de cette belle et rare espèce, pour être décrit et figuré dans notre *Magasin de Zoologie ;* en attendant que le dessin et la gravure soient faits, nous allons publier une courte description de cet insecte remarquable.

Chyasognathus Feisthamelii. Guér. — Il est long de 47, et large de 16 millimètres, d'un beau vert métallique à reflets cuivreux rouges et violets, avec les élytres d'un jaune roux couleur d'acajou, et les jambes intermédiaires et postérieures jaunes garnies d'épines noires. Les mandibules sont plus longues que la tête et le corselet, droites, arquées au bout, triangulaires, finement dentées en dedans. Les angles antérieurs de la tête ont une forte dent saillante dirigée en dehors. Les côtés du corselet sont finement denticulés, et ses angles postérieurs sont terminés par une épine saillante dirigée latéralement. Les tarses sont noirs.

Cet insecte a été pris dans la Colombie ; il n'y en avait que trois individus, deux mâles et une femelle, dans la grande collection envoyée par M. Lebas. La femelle est plus petite, avec les mandibules très-courtes.

Description de deux Coléoptères nouveaux de Manille, par M. Chevrolat.

Galleruca (Aplosonyx , Chev. , *Cat.*, Dejean, pag. 399.) *Smaragdipennis*, Chevrolat.—Flava, elytris viridibus, oculis, apice mandibularum et ultimo articulo antennarum, nigris. — Long. : 17. Lat. : 12 mill. India or. ins. Philipp. — Elle est d'un testacé rougeâtre. Tête convexe, lisse, faiblement sillonnée sur le front. Deux élévations aplaties au dessus de la base des antennes ; celles-ci ont leur dernier article court, aigu, noirâtre. Mandibules noires seulement à l'extrémité. Yeux globuleux, noirs. Corselet transverse, étroit, sillonné sur les bords, excepté en avant, échancré sur la tête, droit en arrière; angles aigus, les postérieurs surtout; une forte impression sur le milieu de chaque côté; sillon dorsal non entier. Il est vaguement et faiblement ponctué. Ecusson triangulaire, moyen, non ponctué. Elytres beaucoup plus larges que le corselet, d'un vert émeraude brillant, finement ponctuées, mais d'une manière distincte et profonde, silonnées et relevées en marge, arrondies au sommet et sur la suture. Épipleures aplatis, d'un vert bleuâtre. Tout le dessous et les autres parties du corps testacés.

Les *Galleruca albicornis*, *semiflava*, *Javana* de Wiedemann et quelques autres espèces propres aux Indes orientales, rentrent dans mon genre Aplosonyx.

Polyzonus Manillarum , Chevrolat.—Angustus, cyaneus. Antennis tibiisque nigris, thorace rugoso scutelloque viridibus; elytris fasciis duabus croceis, 2a sub-angulata.—Long. : 3 lin. Lat. : 1. India or. Manilla.—Bleu, bord du chaperon, palpes internes, sommet des jambes médianes et dessous des tarses jaunes. Tête allongée, élevée transversalement entre les antennes, déprimée en avant et en arrière de l'élévation , sillonnée sur le devant de celle-ci , assez fortement ponctuée , surtout en arrière. Antennes et jambes noires. Corselet allongé, arrondi sur les côtés , étranglé et relevé à la base, vert , avec des rides arrondies et quelques points espacés. Ecusson triangulaire, vert. Elytres d'un beau bleu brillant, bifasciées de jaune , fortement ponctuées de la base à la première bande qui est située au tiers antérieur, finement granuleuses jusqu'à l'extrémité. La deuxième bande est au-delà du milieu, le jaune s'avance anguleusement en dessus sur la suture, et en dessous au milieu de chaque étui. Dessous du corps d'un bleu argenté mat , les 4 derniers segmens de l'abdomen d'un bleu brillant.

Les *Saperda clavicornis*, Fab., *bicincta*, Ol., et quelques espèces inédites de l'Afrique et des îles de l'Asie australe , font partie de ce'genre créé par M. Dejean et dont les caractères n'ont pas encore été publiés.

III. ANALYSES D'OUVRAGES NOUVEAUX.

RECHERCHES médico-physiologique sur l'électricité animale , par J.-F. COUDRET, docteur en médecine. —Paris , librairie des sciences médicales de Just. Rouvier et E. Le Bouvier, rue de l'École de Médecine , n° 8.

Depuis long-temps des hommes du premier mérite ont pensé que l'électricité devait jouer un rôle important dans l'économie animale ; mais malgré les nombreuses expériences qui ont été faites à ce sujet, la question est restée enveloppée de doute et de difficultés. Les recherches intéressantes , auxquelles l'auteur s'est livré ajoutent peu, il est vrai, aux connaissances déjà acquises, mais elles tendent à confirmer les idées de Hallé en ce qu'elles démontrent que, dans certaines conditions pathologiques et atmosphériques défavorables à la transmission du fluide électrique , on peut à l'aide de l'électroscope et du conservateur, constater une légère tension électrique sur une portion circonscrite de l'enveloppe cutanée. Tout en admettant avec l'auteur cette manière de voir, nous ne pensons pas que l'accumulation d'électricité soit l'origine du travail morbide qui s'observe dans les diverses maladies.

Sous le point de vue thérapeuthique , l'ouvrage de M. Coudret offre un intérêt tout particulier ; en effet, et si l'auteur ne s'est pas exagéré la gravité des symptômes de diverses maladies , les médecins possèdent aujourd'hui dans l'électroscope de M. Josimbas un moyen précieux et un auxiliaire puissant contre une foule d'affections considérées jusqu'à ce jour comme très-rebelles aux efforts de l'art. Les résultats nombreux que M. le docteur Coudret a obtenus sont de nature a fixer l'attention de ses confrères : en soumettant à l'épreuve de l'expérience un grand nombre de maladies, ils trouveront, nous n'en doutons pas , l'occasion d'examiner les travaux de ce médecin éclairé.   (M.-S. A.)

QUELQUES REMARQUES sur le genre *Sorex* (Musaraigne) et Monographie des espèces nord-américaines qui s'y rapportent , par M. J. BACHMAN. (Journ. acad. nat. sc., Philadelphia , t. VII, p. 362, pl. 23-24, 1837.)

Travail intéressant , dans lequel l'auteur , après quelques généralités sur lesquelles nous n'insisterons pas , donne des détails sur les Musaraignes de l'Amérique septentrionale.

Parmi ces espèces, il en est une que l'auteur appelle *S. caroliniensis* , et qui aurait cinq dents intermédiaires supérieures et aussi cinq vraies molaires, au lieu de quatre de ces dernières, comme dans ses congénères.

Les *Sorex longirostris* , Bach. *S. Richardsonii* (*S. parvus*, Richards. non Say); *S. Forsteri* , Richards. ont, avec les cinq dents intermédiaires du *S. caroliniensis* et des vrais Amphisorex (Duvernoy, Supplément), les quatre molaires de ces animaux. Le *Sorex Dekayi*, Cooper, fort voisin du *S. brevicaudus* , est aussi dans ce cas.

Deux autres Sorex , dont parle M. Bachman , sont aussi curieux : L'un, *S. cinereus* Bachm. , n'a que 26 dents et il appartient quant au nombre, à la section des vrais *Sorex*, chez lesquels il n'y a des intermédiaires supérieures que trois de ces dents , section qui n'avait pas encore fourni de représentant américain. D'après l'auteur, son nouveau Sorex manque de dents intermédiaires a la mâchoire inférieure (1/1 inc. 3/o in-term., 4/4 mâch.). L'autre a, au contraire, 34 dents, 1/1 incis., 6/2 interm., 4/3 mâch. On sait que chez les animaux du même genre, jusqu'ici décrits, la variation du nombre des dents intermédiaires supérieures est de trois à cinq. Cette espèce, que M. Bachman appelle *S. fimbripes*, serait donc le type d'une nouvelle section, ou même d'un nouveau genre, si l'on adopte la manière de voir de MM. Wagler et Duvernoy.

L'auteur n'a pas constaté, en Amérique, la présence des *S. araneus*, *constrictus* et *minutus*, signalés comme communs à l'Europe et à l'Amérique; il n'a pas non plus examiné les *S. parvus*, Say, *S. palustris*, Richards., *S. Talpoïdes*, Grapp., *S. personatus*, Is. Geoffroy.

Dans son important travail sur les Insectivores, inséré dans le tom. II des Annales d'anatomie et de physiologie. M. de Blainville rapporte cette dernière au *S. minutus* et la Talpoïde au *Brevicaudatus*.

Telles sont plusieurs des conclusions qu'on pourrait tirer du travail de M. Bachman, s'il était certain que les faits ont été bien observés; mais plusieurs, relatifs au système den-taire, chose importante, ainsi que le signale M. de Blain-ville dans sa classification de ces animaux, sont tellement con-traires (1) à ceux que les zoologistes ont observés, qu'il faudra probablement attendre que l'auteur les ait représentés avec exactitude. Les figures données par MM. E. Geoffroy, Duver-noy, Jenyns et de Blainville sont les meilleurs guides à suivre.

(P. G.).

DESCRIPTION d'une nouvelle espèce de Lapin, trouvée dans la Caroline du Sud, par M. J. BACHMAN. (Journ. ac. sc. nat Philadelphia, tom. VII, p. 194, 1837).

Ce travail est suivi, *Ibid.*, p. 282, d'un second, dû au même auteur et offrant des observations intéressantes sur les

---

(1) C'est ainsi qu'après avoir donné au *Sorex longirostris*, p. 370, trois dents intermédiaires supérieures, il en donne cinq à un autre animal de la même espèce.

différentes espèces du genre *Lepus*, qui habitent les États-Unis et le Canada.

M. Bachman admet : *Lepus glacialis*, Leach, *Lepus virginianus*, Harlan, *Lepus aquaticus*, Bachm., pl. 22, f. 2, espèce nouvelle plus grande que le *Lepus americanus* et environ de la taille du *Glacialis*; M. Bachman fait connaître ses mœurs. *Lepus americanus*, Godman, espèce figurée dans Audubon, tom. I, pl. 51. Ce nom ayant été donné à une autre espèce, M. Bachman propose, p. 403, d'appeler *Lepus sylvaticus* l'animal décrit par M. Godman et par lui sous cette dénomination; *Lepus palustris*, Bachman, p. 194 et 336, pl. 15 et 16, f. 1-2, son principal caractère est d'avoir les oreilles plus courtes que la tête. *Lepus Nuttallii*, Bachm., p. 345, pl. 22, f. 1. *Lepus campestris*, Bachm., p. 349 ; Le *Lepus virginianus*, Richardson, non Harlan. *Lepus* (*Lagomys*) *princeps*, Richardson.

(G.-M.)

GENRE nouveau dans la famille des MUSTELIDES, par M. Th. BELL. (*Proceedings of the zoolog. soc. of London* dans le *Philosop. Mag.*, sept. 1838 , pag. 390.)

En 1826, M. Thomas Bell, de la Société zoologique de Londres, avait proposé de former avec une femelle de Grison qu'il avait eu en sa possession, un genre nouveau sous le nom de *Galictis*, mais sans en donner les caracrères. Depuis cette époque il a eu occasion d'examiner dans la collection de la Société, un autre individu du même genre qu'Allamand avait déjà imparfaitement figuré dans son édition de Buffon , mais qui diffère spécifiquement de celle que M. Bell avait prise pour type du nouveau genre. La distinction qu'il propose d'établir est principalement fondée sur la forme semi-plantigrade du pied, qui sépare nettement ce genre de tous ceux de la même famille. Thunberg avait déjà observé ce caractère qui l'avait déterminé à placer l'animal parmi ses *Ursidœ* sous le nom d'*Ursus Brasilensis*. Desmarest avait rangé l'animal dans le genre *Gulo*, sous le nom de *Gulo vittatus*, ou Cuvier l'a laissé ainsi que beaucoup d'autres naturalistes, à l'exception du docteur Traill qui l'a rendu à la famille des Mustelides , mais sous le nom erroné de *Lutra vittata*. Schreber le rangea à son tour parmi les *Viverræ*, sous le nom de *Viverra vittata*, classification et nom qui ont été adoptés par Gmelin et autres compilateurs.

Quoiqu'il en soit, voici les caractères dn genre *Galictis* et la description des 2 espèces qui constituent le genre, tels que les donne M. Bell.

Fam. MUSTELIDÆ. Genns *Galictis*, Bell. — Dentes molares spurii ⅔. ⅔. Rostrum breve. Palmæ atque plantæ nudæ subplantigradæ. Ungues breviusculi, curvi, acuti. Corpus elongatum, depressum.

Sp. I. G. *vittata*. — G. vertice, collo, dorso, atque cauda flavescente griseis; rostro gula et pectore fuccscenti nigris; fascia a fronte usque ad humeros vescenti albida; pilis longis laxis.

Sp. 2. G. *Allamandi*. — G. vertice, collo, dorso atque cauda nigricanti-griseis; partibus inferioribus nigris; fascia a fronte usque ad collum utrinque alba; corpore pilis brevibus adpressis.

On ignore l'habitat de ces 2 animaux, mais il est à présumer, quoique l'auteur reste muet sur ce sujet, qu'ils sont originaires de l'Amériqne méridionale ou des parties chaudes de ce continent, du moins Cuvier l'a cru pour la 1re espèce, mais sans en donner de preuve.   (F. MALEPEYRE.)

Sur la patrie de la TOURTERELLE RIEUSE. (Bull. de l'Acad. des sciences de Saint-Pétersbourg, 1837, n° 46.)

Les ornithologistes ne paraissent pas parfaitement d'accord sur la patrie de la Tourterelle à collier ou rieuse (*Columba risoria*, Lin.)), les uns croient qu'elle vient d'Afrique, d'autres, des Indes occidentales, d'autres enfin, qu'elle appartient aux parties méridionales de l'Europe. Cette dernière opinion paraît avoir reçu depuis peu quelque confirmation par la découverte de cet oiseau à l'état sauvage dans plusieurs pays méridionaux européens. C'est ainsi que M. Naumann l'a rencontré en Hongrie, que M. Frivaldsky l'a vu a plusieurs reprises dans la Turquie européenne, et enfin que M. Nordmann vient tout

récemment de le découvrir dans les environs d'Odessa et dans
les îles du Bas–Danube.   (F. M.)

Sur un genre nouveau de Poissons voisin des Gobies , par
    M. Nordmann. (Bulletin de l'Acad. des sciences de Saint-
    Pétersbourg , 1837 , t. III , n° 48.)

Dans leur Histoire naturelle des Poissons, MM. Cuvier et
Valenciennes en faisant l'histoire des Gobies se sont bornés à
citer une seule espèce de la mer Caspienne , sur 14 espèces
que Pallas y avait découvertes et qu'il a décrites dans sa Zoo–
graphie , t. III , p. 163. Ce qu'il y a de singulier c'est que sur
ces 14 espèces , dont 13 présentent tous les caractères génériques et spécifiques des vrais Gobies , ils ont fait choix pour
citation de la 14ᵉ , du *Gobius macrocephalus* qui s'éloigne
des autres Gobies par des caractères si tranchés que M. Valenciennes paraît douter de l'exactitude de la description qu'en
a donné Pallas et qu'il ajoute (Hist. nat. des Poiss. , t. XII ,
p. 125). « De tous les Gobies , celui qui s'écarte peut être le
plus du reste du genre , qui s'y trouve placé le plus isolé , le
moins susceptible de se grouper avec d'autres , c'est bien
l'espèce de la mer Caspienne que Pallas a décrite sous le nom
de *G. macrocephalus.* »

Assurément si les savans naturalistes auxquels nous devons
une si belle Histoire des Poissons , n'avaient pas soupçonné
d'infidélité la description de Pallas où s'ils avaient eu l'animal
sous les yeux, ils auraient donné plus d'attention à cette espèce
justement à causes des différences qu'elle présentait. Quoi
qu'il en soit, un voyageur naturaliste, M. Nordmann, qui vient
de parcourir la Russie méridionale et qui a eu occasion de se
procurer le Gobie macrocéphale , a non seulement confirmé la
description de Pallas , mais , en outre , un examen attentif lui
a démontré que ce poisson devait nécessairement , dans les
classifications, former un nouveau genre qu'il propose de nommer et de caractériser ainsi :

Hexacanthus , Nord.—Branchiæ clausæ, excepta apertura
nuchali utrinque. Caput corpore multo latius , depressum ,
supra et lateribus scaberrimum, tuberculis stellatis muricatum.

Oculi superne approximati, subpalpebrati, cornea minuta instructi. Nares ad maxillam superiorem approximatæ, prominulæ, tubulosæ. Deutes minuti, numerosi, acerosi, in maxilla inferiore pau'o majores, in vomere nulli. Lingua crassa carnosa. Corpus scabrum, verrucosum, ad pinnam caudalem sex duplici serie tuberculorum armatum. Squamæ fere nullæ. Pedunculus ante anum exsertus. Membrana branchiostega radiis quatuor. Pinnæ dorsales duæ discretæ, prior triradiata. Pinnæ ventrales subpectoralibus sitæ, in unicam basi infundibuliformim concretæ.

Hexacanthus macrocephalus. — Supra griseo-cinereus, nigro-maculatus et lituratus ; subtus exalbido-sub-argenteus ; pinnis superioribus pectoralibus et cauda fusco pulverulatis variegatis, pinna ventali albida ; cirrho mentali abbreviato.

B $=$ 4. D. prima $=$ 3 ; secunda $=$ 9. P. $=$ 17. A. $=$ 9.
V. $=$ 10. C. $=$ 13.

Syn. *Gobius macroeephalus*, Pallas, Nov. acta Petrop. ; t. I, p. 52 ; Zoograph., t. III, p. 165.

Pallas a découvert ce poisson dans les eaux tranquilles à l'embouchure des fleuves qui se déchargent dans la mer Caspienne. M. Ménétriés l'a aperçu une fois à Baku, et M. Nordmann l'a rencontré l'automne dernier à l'embouchure du Dneper et du Bug, près d'Otschakow, où on le trouve avec un petit poissoa de la famille des Percoïdes encore inédit. Les Perses, suivant M. Ménétriés, lui donnent le nom de *Tchamtamgougerou*, et les pêcheurs d'Otschakow, celui de *Bitschok*, qu'ils appliquent indifférement à tous les Gobies. (F. MALEPEYRE.)

NOTE communiquée par M. HARDOUIN MICHELIN, sur une argyle dépendant du Gault, observée au Gaty, commune de Gérodot, département de l'Aube. (Mémoires de la Société géologique de France, t. III, p. 98, pl. XII.)

Après avoir présenté des considérations géologiques sur le terrain dont il s'occupe, M. Michelin donne une énumération des corps organisés fossiles qu'il y a observés ; ceux-ci appartiennent aux mollusques et aux zoophytes, ils sont au nombre de 43, parmi lesquels 11 mollusques lui ont paru aouveaux. M. Michelin donne une courte description de ces 11 espèces qu'il a représentées dans une planche lithographiée d'après des dessins très-bien exécutés sous ses yeux par son fils ; voici les descriptions de ces espèces.

Patella dubia, Mich.—P. Testâ fragili , ovatâ , depressâ , annulis concentricis ornatâ ; vertice obtuso propè marginem.

Patella tenuicostata, Mich. — P. Testâ subovatâ , conicâ , tenuissimè costellatâ ; apice submediano , paululum recurvo ad marginem.

Natica excavata, Mich.—N. Testâ subglobosâ ; substriatâ ; spirâ prominulâ, subacutâ ; umbilico pervio , profunde excavato , margine obtuso circumvallato ; callo partim umbilicum subdividente ; aperturâ ovatâ.

Cerithium Trimonile, Mich. — C. Testâ pyramidatâ ; anfractibus striis transversis granulatis ; ultimo anfractu inferiùs lœvi ; canali brevi , semi intorto.

Ammonites bicurvatus, Mich. — A. Testâ discoideâ , umbilicatâ ; anfractibus complanatis , involutis ; lateribus complanatis, ad partem interiorem sublævibus , indè costatis ; costis simplicibus , undulatis, versùs dorsum antrorsùm versis ; dorso angulato , in medio carinato , aperturâ angusto-cordatâ.

Ammonites versicostatus, Mich.—A. Testâ discoideâ ; anfractibus 5, expositis ; lateribus dorsoque rotundatis, costatis ; costis simplicibus, in medio laterum vel propè à dorso interdùm bifidis , distantibus, continuis, incrassatis ; aperturâ orbiculatâ.

Ammonites latidorsatus, Mich.—A. Testâ discoideâ , subglobosâ, lævigatâ ; anfractibus subinvolutis, lateribus convexodepressis ; dorso rotundato , depresso , latissimo ; umbilico utrinquè conico , profundo ; aperturâ rotundatâ.

Cardium tetragonum, Mich.—C. Testâ subcordatâ , subtetragonà ; costis numerosis, clathratis, granulatis ; natibus exoletis lunulâ ovatâ , in medio inflatâ , fissurâ canaliculatâ.

Cucullea striatella, Mich.—C. Testâ transversim elongatâ, angustâ, gibbosâ , anticè acutâ , obliquè rotundatâ , posticè obliquè truncatâ, longitudinaliter striata ; striis frequentissimis, æqualibus ; umbonibus recurvis.

Nucula capsæformis, Mich. — N. Testâ crassâ, oblongâ, compressâ, inæquilaterâ, lævigatâ; valvis propè latus anticum valdè depressis; labiis fissuræ lineis parvis ornatis, margine integerrimis.

Nucula phaseolina, Mich. —N. Testâ traversim ellipticâ, compressâ, subtriangulari, æquilaterâ, tenuissimè striatâ; laterum extremitatibus obtusis.   (G.-M.)

Catalogue des Mollusques terrestres et fluviatiles observés à l'état vivant dans le département du Pas-de-Calais, par M. Bouchard-Chantereaux. — In-8°, Boulogne, 1838.

M. Bouchard, auquel on doit déjà un catalogue des Crustacés et un autre des Mollusques marins vivans dans la même localité, donne dans ce nouveau travail la synonymie des espèces qu'il a recueillies dans son département, et il fait connaître les particularités notables de l'habitat de chacune et de sa manière de vivre. Plusieurs espèces sont aussi décrites avec détail. L'auteur a de plus découvert trois espèces qn'il considère comme nouvelles :

1° *Limax arborum*, Bouch., p. 28. Cette espèce est décrite avec beaucoup de soin.

2° *Succinca arenaria*, Bonch., pag. 54.

3° *Unio arcuata*, Bouch., pag. 91. Cette espèce est figurée.   (G.-M.)

Beitrage zu Eryon, etc., sur le genre Eryon, par M. De Meyer. (Extrait des nov. act. phys. med. nat. curios., tome XVIII, 1, p. 261-284, pl. XI et XII.)

Le genre Eryon a été fondé par Desmarest dans son Histoire des Crustacés fossiles (p. 129) sur une espèce fossile de l'ordre des Décapodes et de la famille des Macroures, qu'on a découvert dans le calcaire lithographique de Pappenheim, et qui avait été depuis long-temps mentionnée par plusieurs anciens naturalistes. Déjà le docteur H.-G. Bronn, dans son bel ouvrage intitulé : *Lethæa geognostica*, avait démontré que les caractères assignés à ce genre par Desmarest avaient besoin d'être rectifiés et complétés, et plusieurs autres naturalistes étaient aussi du même avis ; quoiqu'il en soit, M. de Meyer vient de fournir les élémens de cette rectification par la description dans le mémoire que nous analysons de trois espèces nouvelles que voici :

1° *Eryon Hartmanni*, de Mey., du Lias supérieur de Gœppingen et de la collection du docteur Hartmann. Cette espèce se distingue par ses trois premières paires de pattes terminées par des pinces (on n'a pas pu déterminer s'il en était de même de la 4ᵉ) et par ses pieds qui de la 1ʳᵉ à la 5ᵉ paire deviennent de plus en plus grêles et effilés. Le 1ᵉʳ doigt des pinces antérieures est terminé en crochet recourbé du côté interne. Les découpures des bords latéraux du thorax sont mousses.

2° *E. Schuberti*, de Mey. Espèce beaucoup plus petite que la précédente et qui se fait remarquer par un thorax arrondi et sans découpures anx bords latéraux , ainsi que par des pieds antérieurs très-forts et des pinces premières dont les extrémités sont comme celles du bec de l'oiseau appelé Bec-en-ciseaux , croisées l'une sur l'autre. La 4ᵉ paire de pieds paraît avoir aussi été terminée par des pinces.

3° *E. Schlotheimi*, Holl. Cette espèce diffère à peine de l'*E. Cuvieri*.

Quant à cette dernière espèce, dont des individus se rencontrent avec les espèces 2 et 3 dans les schistes de Solenhofen , M. de Meyer pense également que la diagnose de Desmarest a besoin d'être rectifiée, mais il n'essaie pas d'en donner une nouvelle , il se contente de décrire avec plus d'exactitude les antennes de l'individu trouvé à Solenhofen et de faire remarquer que le 1ᵉʳ doigt des pinces qu'il a fait figurer est, vers le milieu , recourbé en crochet sous un angle assez obtus, et que loin d'être terminé en pointe il est plutôt élargi et aplati à son extrémité.   (F. MALEPEYRE.)

REVUE ENTOMOLOGIQUE, publiée par Gustave SILBERMANN, t. V , 25ᵉ à 28ᵉ liv. de l'ouvrage.—Strasbourg , 1837.

Cette excellente publication se continue avec le même succès et renferme toujours des travaux du plus grand mérite. Les deux cahiers qui composent les quatre livraisons que nous annonçons renferment les ouvrages dont suivent les titres.

Rapport sur les travaux entomologiques de 1836, par M. le docteur Erichson (traduit par G. Silbermann).

Hemiptera heteroptera promontorii bonæ spei nundum descripta quæ collegit C. F. Drège et proposit E. F. Germar.

Hyménoptères de la Suisse, par M. le docteur Imhoff.

Enfin un grand nombre d'annonces et d'analyses d'ouvrages nouveaux.

POMPILIDARUM DANIÆ dispositio systematica, scripsit GEORGIUS SCHIODTE, in-8, avec 1 pl. color. Havniæ, 1837. (Extrait du Recueil de H. Kroyers.)

Dans ce mémoire, écrit partie en danois, partie en latin, M. Schiodte divise les *Pompilidæ* de Leach en cinq genres qui sont : 1° CEROPALES, Latr.; 2° AGENIA, Schiodte; 3° PRIOCNEMIS, Schiodte; 4° POMPILUS, Auct.; 5° et EPISYRON, Schiodte; il donne les caractères détaillés de ces 5 genres, en les accompagnant de figures des parties caractéristiques , prises dans les espèces types et exécutées avec beaucoup de talent et de précision; il établit rigoureusement et complétement la synonimie des espèces connues, les décrit avec soin, mais la description des espèces nouvelles est plus étendue et accompagnée souvent d'observations et de discussions sur leurs affinités avec les espèces les plus voisines. En un mot, ce mémoire est fait avec beaucoup de soin et annonce un grand talent dans son auteur, qui dessine très–bien et reproduit facilement les caractères de ses divisions à l'aide de bonnes figures détaillées ; nous allons tâcher de donner une idée des résultats du travail de M. Schiodte en citant les espèces qui composent les cinq genres dont nous avons parlé plus haut.

Genre CEROPALES. — 1. *C. maculata*, Fab., Syn. : *Pomp. frontalis*, Panz. — *Ich. multicolor*, Fourcroy. — *Sphex rustica*, Muller. — Geoff. ins. II. 336, 35.

Genre AGENIA. — 1. *A. variegata*, Lin. Syn. , *Pomp. hircanus*, Fab., etc. — 2. *A. bifasciata*, Fab., etc.

Genre PRIOCNEMIS.—1. *P. hyalinatus*, Fab., Syn. *Pomp. calcaratus*, Dalb. 2. *P. notatus*, Rossi, Syn. *Pomp. gutta*, Spinal. — *Pomp. femoralis*, Dalb. 3. *Priocnemis pusillus*,

Schiodte, n. sp. 4. *P. fuscus*, Fab., (Syn., *Pomp. serripes*, Dalb.) 5. *P. fasciatellus*, Spinol. 6. *P. obtusiventris*, Schiodte. (Syn. fæm. *P. exaltati*, Var. Vander Lind. Dalb.) 7. *P. exaltatus*, Fab., (Syn. *Sphex gibba*, Scopol. — *Sph. albomaculata*, Schranck. — *P. variegati*, Var. Illig.)

Genre. POMPILUS. 1. *P. cinctellus*, Spinol., Syn., *P. clypeatus* et *Punctipes*, Dalb. 2. *P. sericeus*, Vand. Lind. (Syn. *P. ater*, Dalb.) 3. *P. niger*, Fab. (Syn. *Sphex nigerrima?* Scop.) 4. *P. crassicornis*, Schiodte, n. sp. 5. *P. spissus*, Schiodte, n. sp. 6. *P. gibbus*, Fab., (Syn. *Sphex fusca?* Mull. Dalb.) 7. *P. chalybeatus*, Schiodte, n. sp. 8. *P. difformis*, Schiodte, n. sp. 9. *P. fuscus*, Lin. (Syn. *Sphex viatica.* Fab.) 10. *P. cingulatus*, Rossi. (Syn. *P. pulcher*, Illig.)

G. EPISYRON. — 1. *E. rufipes*, Lin. (Syn. *Sphex fuscata*, Fab. — *P. rufipes*, Vand. Lind. — *P. septemmaculatus*, Dalb. — *P. bipunctatus*, Dalb.)

Les espèces figurées en couleur sont les *Pompilus cinctellus* et *Cingulatus*; les autres figures sont des détails génériques.

(G. M.)

BOMBORUM PSITHYRORUMQUE Daniæ enumeratio critica. Auctoribus C. DREWSEN et Georg. SCHIODTE, in-8, avec une pl. color. Havniæ, 1838. (Extrait du Recueil de H. Kroyer.)

MM. Drewsen et Schiodte passent en revue toutes les espèces des genres *Bombus* et *Psithyrus*, et présentent les observations qu'ils ont été à même de faire sur ces espèces; ils relèvent quelques erreurs, font mieux connaître les sexes et les neutres et donnent des figures des espèces suivantes : *Bombus mniorum* mâle et femelle, var. *B. equestris*, fem. *B. soroensis*, mâle et femelle, var. *Psithyrus franciscanus*, fem. et *Psith. campestris*, mâle, var. Ce travail nous paraît traité avec beaucoup de soin et doit être consulté par les entomologistes qui s'occupent de l'histoire des Apiaires du nord de l'Europe. (G. M.)

DIPTÈRES EXOTIQUES nouveaux ou peu connus, par J. MACQUART, in-8, fig., t. Ier, première partie. Paris, Roret, 1838. (Extrait des mém. de la soc. roy. des sciences de Lille.)

En annonçant que M. Macquart est l'auteur de ce livre,

c'est en faire l'éloge, car tous les entomologistes savent actuellement que ce savant est le seul en France qui connaisse aussi bien les Diptères et qui soit aussi capable de traiter convenablement de cet ordre d'insectes. On sait que la science doit à M. Macquart les deux volumes contenant l'histoire des Diptères dans les suites à Buffon, éditées par M. Roret; dans cet ouvrage, l'auteur, gêné par le peu d'étendue qui lui était assignée, n'a pu que donner les caractères de tous les genres, et la description de toutes les espèces d'Europe avec très peu d'exotiques; dans le livre que nous annonçons, il va compléter son beau travail en publiant toutes les espèces qui n'ont pu entrer dans ses deux volumes, on aura donc en France un ouvrage complet sur l'ordre des Diptères; car M. Macquart a été aidé par les communications que lui ont faites tous les entomologistes qui possèdent des insectes de cet ordre dans leurs collections, et il a su tirer parti de ces secours avec la conscience et le talent qu'on lui connaît.

Il serait difficile de suivre l'auteur dans son travail, et une analyse complète de son livre serait trop étendue pour les limites de notre Journal, nous dirons seulement que M. Macquart commence, dans son introduction, par une histoire rapide de l'état de nos connaissances sur les Diptères; il parle ensuite des naturalistes voyageurs qui ont enrichi les musées de ces insectes, encore si peu recherchés par les voyageurs spéculateurs; il présente le résultat de ses observations sur la distribution de ces insectes à la surface du globe, sur le nombre des espèces connues, et sur leurs mœurs ; enfin il passe aux descriptions des espèces en les rangeant dans chaque genre d'après leur patrie et dans l'ordre suivant : l'Afrique, l'Asie, l'Australasie et l'Amérique. Les descriptions de ces espèces sont faites avec grand soin et suffisamment étendues; elles sont toutes précédées de phrases diagnostiques en latin, et les genres nouveaux, ainsi que beaucoup d'espèces, sont représentés grossis et dessinés par l'auteur, ce qui est un sûr garant de l'exactitude de ces figures. En parcourant l'ouvrage nous avons fait une observation dont M. Macquart nous saura gré sans doute : c'est que le nom de *Dicrania*, qu'il donne à un de ses genres, à la page 109, doit être changé, car il a été employé depuis long-temps pour un coléoptère par M. Serville, dans l'Encyclopédie méthodique, Insectes, t. X, p. 371.

La première partie de cet important ouvrage forme un demi-volume de 220 pages accompagné de 25 planches gravées ; nous rendrons compte des autres parties dès qu'elles paraîtront.

(G. M.)

DESCRIPTION d'un nouveau genre de CURCULIONITES, par E. WES-MAEL. (Bulletin de l'Acad. roy. de Bruxelles, t. III, p. 163, pl. 6, fig. 2, 1836.)

Dans ce mémoire, lu dans la séance du 6 ou 7 mai 1836, M. Wesmael fait connaître un genre de coléoptère qu'il a cru nouveau et qu'il nomme et caractérise ainsi :

Mitrorhynchus brunneus, Wesm. — *Brunneus, saturate rufus, nitidus, glaber; oculis et linea media longitudinali prothoracis nigris; rostro corpore plus duplo longiore; protho-race subtilissime punctulato ; elytris striatis, striis basin versus obsolete punctatis, apice crenatis ; interstitiis plerisque apice carinatis.* — Long. cum rostro 10 à 12 lin.

Coll. de M. Dubus. — M. Wesmael en a vu deux indivi-dus du Cap et un que l'on croyait provenir du Brésil, mais il pense avec raison que cette localité était erronée.

En examinant la figure donnée par M. Wesmael, nous avons reconnu que ni son genre ni son espèce ne sont nouveaux : cet insecte est le *Curculio zamiæ* de Thumberg (nov. act. ups. IV, 29, tab. 1, fig. 7) auquel Olivier a ensuite donné le nom de *Curculio haustellatus*, dans son Entomologie, sans s'apercevoir qu'il l'avait décrit, d'après Thunberg, dans l'Encyclopédie méthodique, t. V, p. 562, n° 6, sous le nom de *Curc. zamiæ*. Il est décrit par Fabricius, sous le nom de *Rhynchænus haustellatus*; Bilberg l'a appelé *Antliarhis haus-tellatus*, et M. Schonnherr en a fait en 1826, dans son *Curcu-lionidum disposito*, etc., p. 67, le genre *Antliarhinus*, genre qu'il décrit plus au long dans son *Genera et species Curculioni-dum* t. III, p. 823, en lui donnant encore pour type le Cha-rançon mentionné par M. Wesmael et en faisant connaître deux autres espèces du même genre, provenant aussi du Cap et vivant également dans le tronc du *Zamia caffra.*

Nous espérons que M. Wesmael ne verra dans cette rectification que notre désir d'être utile à la science ; il n'y a que ceux qui ne travaillent pas qui soient exempts d'erreurs, et telle n'est pas la position de M. Wesmael, à qui l'on doit d'excellentes observations ; nous ne faisons du reste que ce que nous désirerions que l'on fît pour nous, car, à l'exemple du naturaliste que nous citons, nous travaillons autant qu'il nous est possible, et il est bien certain que l'on trouverait souvent dans nos publications des erreurs involontaires que nous serions bien aise de voir relever.   (G.-M.)

IV. NOUVELLES.

M. JACQUEMIN nous adresse la note suivante sur la Société de traduction pour la littérature allemande qu'il a fondée et qu'il dirige.

Jaloux d'assurer à cette Société toute l'extension dont elle est susceptible, j'ai fait un voyage en Allemagne pour chercher à connaître personnellement une partie des hommes célèbres qui par leurs travaux contribuent le plus puissamment à la gloire littéraire et scientifique de ce beau pays. Je suis arrivé à Carlsruhe au moment où les économistes allemands, au nombre de 273, s'y trouvaient pour tenir leur réunion générale : j'ai également assisté, à Fribourg, à celle des naturalistes et des médecins, au nombre de 527. Ces deux réunions, qui l'une et l'autre ont durée 8 jours, ainsi que mes visites à l'Université d'Heidelberg et à celle de Bonne, m'ont procuré les moyens de satisfaire amplement mon désir, et le succès de mes démarches à encore été au-delà de ce que j'avais osé espérer. J'ai établi de nombreuses relations et rapporté une grande quantité de livres, de brochures, de cartes, de journaux, que l'on pourra venir journellement consulter au bureau de la Société, quai Malaquais, 15. Toutes les personnes qui s'intéressent à la littérature allemande pourront y faire traduire les ouvrages publiés dans cette langue ; elles y trouveront, en outre, tous les renseignemens désirables sur l'état de l'industrie, des sciences, des arts et de l'instruction publique en Allemagne.   JACQUEMIN , quai Malaquais , 15.

—M. BLAIVE , qui habite le château du Coudray avec notre collègue M. le vicomte de Lamothe-Baracé , nous a adressé quelques Coléoptères rares de ce pays, et entre autres un *Lixus*, qui ne peut être rapporté qu'au *Lixus turbatus*, Schœn. Gen. et spec. curc., tom. III , pag. 5 , dont la larve vit dans l'intérieur des tiges de la Ciguë. C'est un fait entièrement neuf acquis à la science et dont on doit savoir gré à M. Blaive. Nous l'engageons à poursuivre ses observations sur les métamorphoses des insectes de son département : il rendra ainsi de grands services à l'Entomologie.

— M. LANIER nous apprend que notre honorable collègue, M. Philippe POEY, naturaliste déjà bien connu par plusieurs mémoires entomologiques, et surtout par la publication de sa *Centurie des Lépidoptères de l'île de Cuba*, vient d'être chargé par la Société patriotique de la Havanne de fonder un Musée d'histoire naturelle, et qu'il en a été nommé directeur. Une pareille détermination prise par la société patriotique, montre encore le désir qu'elle a de concourir aux progrès des sciences, elle honore ses membres et le savant laborieux et modeste qu'ils ont choisi.

Nouveaux membres admis dans la SOCIÉTÉ CUVIERIENNE.

N° 147. M. S. THOMSON , docteur en médecine, etc. , présenté par M. MARTIN ST-ANGE.

N° 148. M. le docteur Alexandre de NORDMANN , professeur de zoologie au lycée Richelieu et directeur du jardin botanique à Odessa , présenté par M. GUÉRIN-MÉNEVILLE.

REVUE ZOOLOGIQUE.

DÉCEMBRE 1838.

I. SOCIÉTÉS SAVANTES.

ACADÉMIE ROYALE DES SCIENCES DE PARIS.

Séance du 3 décembre 1838. — M. *Valenciennes* annonce qu'on a trouvé un Humérus droit du *Rhinoceros tichorhinus*, Cuvier, en exécutant les fouilles pour la construction de l'Hôtel-de-Ville de Paris.

Séance du 10 *décembre.*—M. *Serres* lit un mémoire intitulé : *Observations sur le développement de l'Amnios chez l'homme.*

Depuis long-temps les anatomistes ont constaté que la cavité de l'amnios ne contient pas toujours l'embryon ; que celui-ci se trouve en dehors de la vésicule amniotique, et que la membrane de l'amnios se comporte, par rapport au fœtus de l'homme, comme toutes les membranes séreuses, ou comme la caduque utérine, qui reçoit l'œuf, se déprime, et forme ainsi une double enveloppe au corps qu'elle renferme de toutes parts. C'est à MM. Dœllinger et Pockels que la science est redevable des faits qui constatent la pénétration de l'embryon humain, pénétration qui, ainsi que nous venons de le voir, n'a pas toujours lieu chez le fœtus humain, puisque, dans quelques cas, on n'a rien trouvé dans la cavité de l'amnios.

M. ¡Breschet a aussi professé que la membrane amniotique se comporte comme les séreuses, qu'elle préexistait à la formation de l'embryon, et que celui-ci, au fur et à mesure de son développement, s'enfonçait de plus en plus dans l'amnios qui, se resserrait sur lui. C'est en partie pour venir à l'appui de cette théorie que M. Serres a présenté à l'Académie des sciences deux nouvelles observations qui constatent la non-pénétration de l'embryon dans la cavité de l'amnios. L'auteur pense en outre qu'en appliquant à l'homme l'amniogénie des oiseaux, on ne peut se rendre un compte exact, ni de la pénétration de l'embryon dans la cavité de l'amnios, ni des cas dans lesquels, cette pénétration n'ayant pas lieu, l'embryon reste en dehors de cette vésicule; qu'ainsi le mode de formation de l'amnios chez les oiseaux ne saurait être appliqué avec rigueur à la formation de la même enveloppe chez l'homme, dont la vésicule amniotique, très - peu subordonnée au fœtus, explique les cas dans lesquels l'embryon ne pénètre pas dans la cavité de l'amnios.

M. *de Blainville* lit un rapport sur un mémoire de MM. de Laizer et de Parieu, ayant pour titre : *Description et détermination d'une mâchoire appartenant à un mammifère jusqu'à présent inconnu, Hyænodon leptorynchus.*

Dans notre numéro d'août, p. 162, nous avons parlé, d'après MM. de Laizer et de Parieu, de l'animal fossile d'Auvergne que ces messieurs décrivent sous le nom d'*Hyænodon leptorynchus*, et qu'ils considèrent comme formant un nouveau genre de la sous-classe des mammifères didelphes. M. de Blainville, dans le rapport plein de savoir et d'intérêt dont nous rendons compte, a conclu à ce que des éloges seraient adressés par l'académie à ces naturalistes, et il a en même temps proposé l'insertion de leur mémoire parmi ceux des savans étrangers. M. de Blainville considère comme un genre particulier et plein d'intérêt, le fossile appelé Hyénodonte; mais il n'admet pas la détermination de MM. de Laizer et de Parieu; il fait voir qu'en même temps que l'Héynodonte, se rapprochait des hyènes et des chats par la forme de sa dent principale ou carnassière, il était aussi voisin des chiens, à la famille desquels il appartient. C'est donc un genre de la sous-classe des monodelphes et qui prendra place parmi les carnassiers, entre les chiens et les hyènes. M. de Blainville profite de cette circonstance pour exposer, avec détails, ses vues sur l'importance caractéristique du système dentaire, importance trop exagérée ar les auteurs, ainsi que ses nouvelles recherches le lui ont montré, mais tout-à-fait utile et indispensable pour une bonne caractéristique des espèces.

Le même académicien lit un rapport en réponse à une lettre de M. le ministre de l'instruction publique, concernant de nouvelles fouilles à faire dans la caverne à ossemens de Fo‑vent. Les conclusions de ce rapport sont qu'on doit prier le ministre d'accepter l'offre que M. le sous‑préfet de Gray a faite d'envoyer à Paris les ossemens fossiles qu'on a déjà trouvés et de l'encourager à continuer les fouilles commencées dans la caverne de Fovent.

M. *de Blainville* a, dans la même séance, donné communication d'une lettre de M. Baillon, relative à la trachée-artère de quelques oiseaux et particulièrement des Cygnes et des Spatules, et il a saisi cette occasion pour éveiller l'attention des ornithologistes de nos diverses provinces et des voyageurs, sur plusieurs points intéressans de l'histoire de ces mêmes oiseaux.

Pour espèce française du genre Cygne, il signale le CYGNE CHANTEUR, *Anas cygnus*, appelé aussi *Cygnus musicus, melanorhynchus*, etc. C'est le Cygne sauvage le plus commun chez nous. Il a le bec en partie noir, et sa trachée-artère s'enfonce dans une cavité de la crête sternale. Une seconde espèce est le CYGNE DE BEWICK, *C. Bewickii*, décrit par M. Yarrel, et que M. de Blainville suppose le même qu'un cygne chanteur observé par feu Mongez ur les étangs de Chantilly, où il s'était abattu. Le Cygne de Bewick ressemble au précédent en ce qu'il n'a pas de tubercule sur le bec, sa trachée-artère s'enfonce aussi dans le sternum, mais plus profondément ; son bec est plus pâle, et sa taille est, en général, d'un tiers plus petite. Le Cygne de Bewick a été quelquefois trouvé en Picardie pendant les grands hivers.

Un troisième Cygne, est le CYGNE TUBERCULÉ que l'on trouve quelquefois sauvage en France, pendant les froids rigoureux et toujours en petit nombre, au milieu de Cygnes chanteurs. M. de Blainville rappelle aux ornithologistes que l'occasion d'étudier ces divers oiseaux dans notre pays va bientôt se présenter, et il se demande si ce Cygne tuberculé sauvage de

France est de même espèce que le Cygne domestique, *Cygnus olor*, appelé encore *C. mansuetus* ou *gibbus*, et qui vit dans les mers de Suède à l'état sauvage, quoique M. Temminck dise dans son *Manuel* qu'il n'est que de l'Europe orientale, ou bien encore s'il se rapporte à l'espèce que M. Yarrel indique comme particulière, le *Polar swan* des fourreurs de Londres, qu'on a vu en bandes nombreuses l'hiver dernier, depuis Édimbourg jusqu'à Londres. Celui-ci, que M. Yarrel nomme pour cette raison *Cygnus immutabilis*, n'aurait pas de livrée particulière dans le jeune âge, dont le plumage serait blanc comme l'adulte, et ses pieds seraient d'un gris verdâtre. Le *Cygnus olor* a un tubercule à la base du bec et son sternum n'est pas creusé pour recevoir la trachée-artère. M. de Blainville signale comme n'ayant pas non plus la trachée qui s'enfonce dans le sternum, les *Cygnus nigricollis* de l'Amérique australe, et *C. Plutonius* ou *Atratus* de la Nouvelle-Hollande. Un autre Cygne, qu'on n'a pas encore trouvé en France, mais qu'on pourrait peut-être espérer sur les côtes de l'Océan, est celui que les Anglo-Américains appellent *Cygnus buccinator*. Il est grand comme le Cygne chanteur, a de même la trachée logée en partie dans la crête sternale, et son bec est noir avec un peu de couleur pâle au lorum. On trouve ce Cygne jusqu'à Terre-Neuve.

M. *B. Delessert* communique une note de M. Blondel, concernant la découverte d'ossemens fossiles qui vient d'être faite dans un terrain dépendant de l'hôpital Necker. M. de Blainville est prié d'examiner ce gisement pour juger s'il y a opportunité à faire faire de nouvelles fouilles.

Séance du 17 décembre. — M. *Breschet* lit des remarques sur la communication faite à la séance précédente, par M. Serres, concernant le développement de l'Amnios chez l'homme.

M. *Serres* fait une réplique assez étendue.

M. *de Blainville* lit un rapport sur des ossemens d'Éléphans provenant d'un terrain attenant à l'hospice Necker. Ces ossemens appartiennent au Mammouth (*Elephas primigenus*). Le rapporteur pense qu'il serait intéressant qu'on pût faire quelques fouilles pour trouver d'autres portions de ce fossile.

M. *Dumortier* envoie un Mémoire intitulé : *Observations sur les changemens de forme que subit la tête chez les Orangs-outangs.* Le savant naturaliste belge a fait ses observations sur seize crânes d'Orangs que possède le Muséum de Bruxelles. Le principal résultat de ce travail intéressant est que les diverses espèces d'Orangs roux, indiquées sous les noms de *Pithecus satyrus*, de *Pongo Abelii* et de *Pongo Wurmbii*, ne sont qu'une seule et même espèce observée à des âges différens et présentant, il est vrai, des formes de crâne extrêmement différentes.

M. *Charvet* adresse un Mémoire intitulé : *Sur le Dragoneau qui habite les eaux du Fontanil.* Ce travail est renvoyé à l'examen de MM. de Blainville et Milnes-Edwards.

M. *Mandl* présente un Mémoire intitulé ; *Globules du sang de forme elliptique observés chez deux espèces de mammifères.* Cette forme des globules du sang a été trouvée chez le *Dromadaire* et l'*Alpaca.*

M. *Ponzi*, professeur d'Anatomie comparée à l'université de Rome, envoie un Mémoire sur une épizootie qu'il a observée aux mois d'octobre et de novembre 1837, chez diverses espèces de poissons, *Parca labrax*, *Mugil cephalus* et *auratus*, dans le lac de Maccarèse, à huit lieues de Rome.—Renvoyé à l'examen de MM. Duméril et Isidore Geoffroy-Saint-Hilaire.

M. *Guyon* adresse une note sur une monstruosité observée à Alger. Le 22 septembre, une femme de 22 à 23 ans, a mis au monde, par suite d'une première grossesse, une fille bi-corps, ou pour mieux dire , deux petites filles parfaitement conformées, réunies seulement par le thorax. Ces deux filles venues à terme et qui réunissaient toutes les conditions favorables pour vivre, périrent dans le travail de l'accouchement.

M. *Breschet* présente une dent molaire d'origine inconnue, qui a pu appartenir, dit-il, à l'animal perdu que Cuvier avait cru un *Tapir gigantesque*, et qui a pris une bien autre valeur zoologique, depuis que la tête entière a été trouvée en Allemagne , par M. Kaupt , et qu'on a pu en faire le genre *Dinothe-rium*. M. Cuvier n'avait connu que très-imparfaitement et sur des morceaux trop frustres, les restes de cet animal ante-diluvien, pour savoir toute la vérité sur son compte. Grâce aux recherches faites par M. Vincent, médecin à Chevilly (Loiret), grande route de Paris à Orléans, dans des minières du sable quartzeux du haut plateau de la Beauce, recherches sollicitées par notre confrère M. Bourjot, professeur de zoologie au col-lége Bourbon, le Musée de Paris possède aujourd'hui une demi-mâchoire inférieure de *Dinotherium*, trouvée dans une excavation faite à Chevilly. Le frère de M. Vincent possède l'autre demi-mâchoire, plus entière peut-être que celle que M. Bourjot à offerte à M. de Blainville, pour le Muséum, laquelle a pourtant quatre molaires en série, et ce qui est plus précieux, la terminaison du maxillaire, déjà in-curvé en bas et présentant l'alvéole de la défense, ce qui, après la découverte de M. Kaupt, ne laisse plus de doute sur l'incurvation en bas de toute la portion antérieure de la mâ-choire inférieure de cet animal extraordinaire. Aussitôt que cette pièce sera moulée (M. de Blainville la regarde, suivant M. Bourjot, comme la plus précieuse de toute la collection palæontologique de notre musée) et qu'on aura pu réunir d'autres fragmens, M. Bourjot se réserve (sauf l'initiative de M. de Blainville , auquel il en concède le droit) de décrire cette pièce et d'en entretenir plus au long le monde savant.

Séance du 24 décembre. — M. *Geoffroy Saint-Hilaire* lit une note au sujet de la monstruosité observée à Alger par M. Guyon. Ce savant académicien développe les idées les plus profondes de philosophie naturelle, et par cela même, son travail n'est pas susceptible d'analyse et ne pourrait qu'être reproduit dans son entier, ce qui nous est interdit par les li-mites restreintes de la Revue zoologique.

M. *Simon* , maître de port , à la Perrotine (Ile d'Oléron), adresse deux très-grosses perles noires trouvées dans une grande huître. Ce fait n'est pas nouveau pour la science, et l'on trouve souvent des perles dans les huîtres , ainsi que dans les *Unios* de nos rivières de France; M. *Brueyre*, qui habite actuellement le

Sénégal, et à qui nous devons plusieurs objets rares et curieux, nous a remis une perle d'une grande pureté, au moins grosse comme un pois, et qui a été trouvée dans un *Unio* pêché dans une petite rivière qui se jette dans l'Allier et coule au pied du château d'Ombret (Haute-Loire).

Il nous a assuré que les joailliers de Lyon vont dans ce pays pour acheter les perles que les habitans trouvent assez souvent.

Séance du 31 janvier. — M. *Edwards* lit un rapport sur un mémoire de M. Mandl relatif aux observations qu'il a faites sur les globules du sang des animaux. Après quelques observations de M. Magendie, les conclusions favorables du rapport sont adoptées.

M. *Lartet* annonce l'envoi qu'il a fait au Muséum de divers ossemens fossiles récemment découverts à Sansan et à Simorre. Cette lettre est renvoyée à MM. de Blainville et Flourens.

SOCIÉTÉ PHILOMATHIQUE DE PARIS. — M. *Gervais* lit une notice intitulée : *Sur les Polypes composés d'eau douce.* M. Gervais rappelle qu'il a trouvé aux environs de Paris les espèces suivantes : *Plumatella campanulata*, *Alcyonella fluviatilis*, *Alcyonella articulata* et *Tubularia sultana.* On se rappelle que le résultat du travail de M. Raspail était qu'une seule espèce compose ce groupe d'animaux. L'auteur donne quelques détails sur la classification, la synonymie, et l'organisation de ces divers animaux. Nous dirons seulement des deux dernières espèces, qu'elles appartiennent à une autre sous-classe que les précédentes, et qu'elles s'en distinguent en ce que leurs tentacules, au lieu d'être en fer à cheval, sont au contraire réunis en infundibulum. Chacune d'elles forme un genre particulier que l'auteur appelle, le premier PALUDCIELLE (l'*Alcionella articulata*) et le second FRÉDÉRICELLE, du nom de F. Cuvier (le *Tubularia sultana*). Ces animaux appartiennent à la famille des Tubulipores, et ils sont les premiers représentans fluviatiles de ce groupe, jusqu'ici composé d'espèces marines et dont les fossiles sont quelquefois signalés comme caractéristiques des terrains marins.

II. TRAVAUX INÉDITS.

MASTOLOGIE MÉTHODIQUE, par R. P. LESSON.

Dans un volume in–8° de 4o feuilles, que M. Lesson fait imprimer à Rochefort, et qui ne paraîtra pas de quelques mois. Les animaux mammifères ont été l'objet d'une révision complète, et l'auteur nous adresse les coupes fondamentales où les familles viennent successivement se ranger. M. Lesson adopte les définitions suivantes :

MAMMIFÈRES, animaux vertebrés, à sang rouge et chaud, à double circulation (artérielle et veineuse), à respiration simple, pulmonaire ; nourrissant leurs petits à l'aide d'organes glanduleux ou mamelles , sécrétant un fluide particulier ou *lait*. Cœur à deux oreillettes et à deux ventricules. Charpente osseuse interne, terminée par quatre membres locomoteurs, accommodés à la marche, et par exception, à la natation et au vol. Épiderme nu ou recouverts de poils simples ou laineux, ou de poils, par exception, feutrés en écailles ou en piquans. Ils se divisent en 4 sous-classes, rangées en deux groupes.

Premier groupe. *Mammifères terrestres* ou *amphibies*, ayant la tête séparée du tronc par un intervalle appelé cou. Les quatres membres distincts.

Première sous–classe : MAMMIFÈRES proprement dits.

Fœtus expulsés vivans d'une matrice simple, à une seule ouverture. Mamelles toujours apparentes ; pubis sans os accessoires, fœtus nourris dans l'utérus à l'aide d'un placenta ; pénis surmontant le scrotum ; maxillaires garnis de dents diversiformes ; organes de l'audition munis d'une conque externe ; corps couvert de poils, ou d'écailles et de piquans.
Première section : Ongles recouvrant simplement l'extrémité des phalanges, *Unguiculata*.

Polyphages. Ordre premier, BIMANES ; ordre deuxième, QUADRUMANES ; ordre troisième, CHEIROPTÈRES.

Carnivores. Ordre quatrième, CARNASSIERS.

Phytophages. Ordre cinquième, RONGEURS.

Deuxième section : Ongle enveloppant l'extrémité de la pha-
lange. *Ungulata.*

Omnivores. Ordre sixième, EDENTÉS.

Herbivores. Ordre septième, PACHYDERMES. Ordre huitième,
RUMINANS.

Deuxième sous-classe : MAMMIFÈRES MARSUPIAUX.

Fœtus expulsés vivans d'une matrice s'ouvrant en deux
tubes, et soumis à une seconde gestation dans une poche
extérieure ventrale (*marsupialité*). Mamelles distinctes, toujours abdominales ; pubis muni de deux os accessoires ; scrotum
pendant en avant du pénis.

Ordre neuvième. MARSUPIAUX. (1° Carnivores ; 2° Frugivores ; 3° Herbivores.)

Troisième sous-classe : MAMMIFÈRES MONOTRÈMES.

Fœtus sortant d'un œuf (*incubation utérine ?*) expulsé d'un
cloaque commun aux produits de la génération , de la sécré-
tion urinaire et de la défécatiou , s'ouvrant par deux trompes,
ayant chacune deux orifices ; pas de dents; pas de poche ventrale ; mamelles nulles ou problématiques ; os claviculaire disposé en fourchette comme chez les oiseaux ; pubis ayant deux
os accessoires ; pénis renfermé dans un fourreau communiquant par un trou au fond du cloaque.

Ordre dixième. MONOTRÈMES. (1° Herbivores , *Paradoxi.*
Insectivores , *Proglossa.*)

Deuxième groupe. *Mammifères aquatiques*, n'ayant pas la
tête séparée du tronc par un cou distinct ; deux membres disposés en nageoires simples, les postérieurs tranformés en une
nageoire cartilagineuse horizontale ; dents osseuses ou fibreu-
ses (fanons).

Quatrième sous-classe : MAMMIFÈRES CÉTACÉS (*Cete*).

Fœtus expulsés vivans d'une matrice simple, à une seule
ouverture ; mamelles distinctes ; lactation douteuse ; respiration à l'aide de spiracules ou d'évens ; organes de l'audition
privé de conque extérieure ; corps' pisciforme , recouvert
d'une peau lisse , nue , parfois des poils aux moustaches ;
bassin rudimentaire ou nul. Habitation exclusive au sein des
eaux.

Herbivores. Ordre onzième, Siréniens.
Zoophages. Ordre douzième, Cétacés.

ESPÈCES NOUVELLES D'OISEAUX MOUCHES, par R. P. LESSON.

Nota. Les vélins de ces diverses espèces sont prêts pour un supplément que l'auteur prépare à son Hist. nat. des TROCHILIDÉES.

1. *Ornismya Arsinoe*, fœm., Lesson. — Corpore viridi œneo, uropygio aureo et cuproeo ; gutture et thorace smaragdibus ; abdomine rufo ; caudâ subfurcatâ, cœrulea : alis brunneo-cœruleis. — Hab. San-Jose, in Brasiliâ.

2. *O. Fanny*, Les., Ann. sc. nat., 1838. — *Jeune adulte.* Capite griseo ; corpore viridi-aureo ; gutture ferri speculari splendenti, rubineo cincti ; abdomine badio ; caudâ mediocri, subfurcata, brunnea.

Variété d'âge. — Caudâ elongatâ ; rectricibus sex ; angustatis ensiformibus.—Hab. Mexico. (Collect. Longuemare.)

3. *O. vesper*, Les., ois. mouch., pl. 19. — *Mâle en mue.* Capite griseo-brunnescenti, caudâ furcatâ, rectricibus rigidis et angustis formata, uropigio cinnamomea. — Hab. Mexico.

4. *O. nuna*, Les., *mâle adulte.* — Corpore œneo-viridi suprà ; infrà castaneo et viridi ; gutture smaragdinis nitente ; caudâ furcatâ, longissimâ ; rectricibus nigris, aureo et viridi terminatis, exterioribus albo extùs marginatis in parte superiori. — Hab. Santa-Fé de Bogota. (Collect. Parzudhaki.)

5. *O. vestita*, Gouye de Longuemare, *mâle.* — Corpore viridi splendente ; gulâ tectricibus caudæ superioribus aureo nitentibus ; inferioribus lazulinis ; caudâ mediocri, furcatâ ; rostro gracile, recto ; abdomine viridi ; pedibus plumis niveis vestitis. — *Fœmina?* Corpore viridi-splendente : gulâ smaragdinâ ; tectricibus caudæ superioribus obscuro-viridi nitentibus ; inferioribus lazulineis. Caudâ mediocri furcatâ ; rostro gracile recto ; abdomine cuproeo-viridi ; pedibus plumis niveis tectis. — Hab. Santa-Fé de Bogota. (Collect. Longuemare.)

6. *O. helianthea*, Les. — Rostro longo et recto ; fronte prasino ; corpore atro-viridi ; tectricibus superioribus virescentibus ; torque azureo fulgenti ; abdomine cuproeo-ni-

tente; pedibus nudis. — Hab. Santa-Fé de Bogota. (Collect. Parzudaki.)

7. *O. Parzudhaki,* Les. — Corpore smaragdino; caudâ furcatâ, æneo-nigrâ; tectricibus inferioribus niveis, pedibus nudis. — Hab. Cuba, circà Havanam, (Collect. Parzudhaki.)

8. *O. Zemès,* Les., suppl. aux ois. mouch., pl. 1. —*Jeune âge :* Corpore æneo-viridi; uropygio albo cïncto; colli parte anteriori azureo; thorace albo; abdomine viridi-nigro, rectricibus nigris, albo maculatis.—Hab. Mexico. (Collect. Longuemare.)

9. *O. lumachella,* Les. — *Jeune :* Rostro elongáto, recto; corpore viridi-æneo caudâ; mediocri, subfurcatâ, vividè aureâ : parte colli anteriori smaragdinis aureis et purpureis squamis tectâ; thorace et abdomine griseis; tectricibus inferioribus caudæ albis, superioribus viridibus. — Hab. Bahia, in Brasil. (Collection Parzudhaki.)

10. *O. Rhami,* Les. — Corpore brevi, recto; capite, dorso viridibus. Colli parte anteriori rubineo, atro cincto; thorace azurco; abdomine viridi, sed nigro longitudinaliter striato. Caudâ furcatâ mediocri.—Hab. Mexico. Dedicatus est dom. De Rham fils Americano; ex peregrinationibus domini De Lattre.

11. *O. senex,* Les.—Capite et colli parte superiori niveis; dorso et uropygio lætè aureo virescentibus; colli parte anteriori, thorace, abdomine tectricibusque inferioribus albis; lateribus viridis; rostro longo, leviter incurvato, nigro et luteo. — Hab. Mexico. (Collect. Longuemare.)

12. *Trochilus Anaïs,* Les. — Rostro longo, incurvato, nigro; corpore nigreo-sericeo, aureó-viridi miniato; abdomine, anali et tectricibus inferioribus fuliginosis. Lineâ nigrâ, rufo marginatâ, sub mentem et colli partem anteriorem. Caudâ rotundâ, lata nigro viridi-aureo et pennis albido marginatis.— Hab. Guyanâ. (Collect. Parzudhaki.)

Rochefort, 1838.   P. LESSON.

NOUVELLE espèce d'ADESMIA, genre de coléoptères, par M. FISCHER DE WALDHEIM.

Le célèbre zoologiste de Moscou nous adresse d'excellentes figures et la diagnose suivante d'une jolie Piméliaire qu'il vient de recevoir du Caucase. Nous publierons les dessins de M. Fischer de Waldheim dans le Magasin de Zoologie pour 1839.

Adesmia strophium, Fischer. — A. obovata ; elytris tuberculatis triplici serie; tuberculis primæ seriei (prope suturam) majoribus, petiolatis (stipula coadunatis).

NOUVELLE espèce du genre de zoophytes échinodermes nommé GALÉRITE.

Notre confrère et ami, M. (Alcide) d'Orbigny, nous adresse la lettre suivante :

L'Échinide fossile de Cuba, que vous avez bien voulu me communiquer, de la part de M. Lanier, appartient au genre *Galerites*, et doit constituer une nouvelle espèce bien caractérisée par sa forme presque sphérique, ou à peine moins convexe à sa base que partout ailleurs, par les sillons profonds que forment les intervalles des pièces dont elle se compose, ainsi que par les doubles sillons transversaux qu'on remarque sur ses ambulacres. En conséquence, je propose de la dédier au zélé naturaliste qui l'a découverte, en l'appelant *Galerites Lanieri*. Elle sera figurée parmi les échinodermes de l'ouvrage de M. de La Sagra, sur l'île de Cuba. Mais, en attendant, je vous prie d'insérer ma lettre dans notre *Revue zoologique*, autant pour que M. Lanier y voie une preuve de ma reconnaissance pour cette communication, que pour attirer de nouveau son attention sur le gisement curieux où il a découvert cette espèce. Parmi les nombreux fossiles que M. de La Sagra a rapportés des terrains quaternaires de la Havane, il y a pluiseurs Échinides nouveaux, mais aucun de l'espèce communiquée par M. Lanier. Vous me dites qu'elle a été rencontrée près de la baie de Jagua, dans l'île de Cuba. Et comme elle annonce appartenir à la formation crayeuse ou oolithique, il serait à désirer que M. Lanier voulût bien recueillir tous les fossiles qu'il annonce avoir vus dans ce beau gisement ; car il serait on ne peut plus important pour la géologie de pouvoir prouver que les Antilles, qui ont été regardées jusqu'à présent comme récemment sorties des eaux, sont plus anciennes qu'on ne l'avait pensé.

Indépendamment des services importans que la position de M. Lanier lui permet de rendre à la zoologie, pendant ses voyages fréquens dans les diverses parties de l'île de Cuba, il peut encore fournir de bien précieux matériaux à la science sur son histoire géologique. (Alcide D'Orbigny.)

III. ANALYSES D'OUVRAGES NOUVEAUX.

Erpétologie de l'Amérique du Nord, ou description des reptiles qui habitent les États-Unis, par J. Holbrook. Philadelphie, 1836, in-4°, vol 1, avec 3 planches.

Dans sa préface, M. le docteur Holbrook expose en peu de mots les motifs qui l'ont engagé à publier cet ouvrage, dont le but est d'éclaircir une des parties les plus embrouillées de l'Histoire naturelle de l'Amérique du Nord. L'auteur rend ensuite compte des moyens qui ont été à sa disposition, fait mention des difficultés dont il était entouré, mais ne parle nullement du plan général de l'ouvrage. A en juger par la première partie, la seule qui ait paru, à ce que nous sachions, ce travail formera une espèce de recueil de planches coloriées de reptiles, accompagnées de descriptions. Ces planches, qui ont le grand mérite de contenir des figures faites d'après le vivant, ne se succèdent pas dans un certain ordre, mais semblent avoir été publiées à mesure que l'occasion s'est offerte d'examiner les espèces qu'elles représentent. Ces descriptions sont précédées d'une introduction où se trouve esquissée à grands traits l'organisation générale des Reptiles : aussi ne nous y arrêtons-nous pas, pour arriver de suite à l'analyse de la principale partie de l'ouvrage, celle qui a rapport aux espèces en particulier. Les figures qu'elle contient sont généralement assez bien faites, et trahissent un véritable talent de peintre, quoique n'offrant pas toujours l'exactitude à laquelle on doit s'attendre lorsque le dessinateur travaille sous les yeux du naturaliste même. Les contours des différentes parties , notamment ceux des écailles , auraient dû être rendus avec plus de précision et de netteté , observation qui s'applique avant tout aux figures des animaux de petite taille. En examinant par exemple la planche 8, qui représente la *Scincus lateralis* , on voit que ces figures expriment tout au plus les formes générales et les couleurs naturelles de l'animal ; mais qu'elles ne peuvent donner aucune idée de l'organisation extérieure. Supposé même que ces figures fussent dessinées avec toute l'exactitude nécessaire , elles ne suffiraient cependant pas encore pour faire connaître l'animal sous toutes ses faces , condition absolument nécessaire dans l'état actuel de la science , où la seule figure d'un reptile , si elle n'est accompagnée de détails offrant certaines parties isolées, ne peut servir à faire distinguer avec exactitude l'espèce de celles qui en sont voisines.On peut citer comme modèles en travaux de ce genre les planches erpétologiques de l'ouvrage que publie M. Ramon de la Sagra , sur l'île de Cuba. Quant aux descriptions du docteur Holbrook, elles méritent le même reproche que la plupart de celles que nous fournissent les naturalistes modernes, c'est-à-dire, qu'elles ne sont pas comparatives , défaut qui est cependant assez pardonnable dans un auteur privé de grandes collections et de bibliothèques. On pourrait cependant désirer que l'auteur cût comparé entre elles les diverses espèces d'un même genre de reptiles habitant l'Amérique du Nord. L'auteur, dans ses descriptions , a évité d'entrer en des détails oiseux , faute commise par plusieurs savans de nos jours ,mais on regrette que les notes qui s'y trouvent jointes sur l'habitude et la manière de vivre des objets figurés, soient très-peu détaillées relativement à l'intérêt que présente cette partie de la science. C'est particulièrement sous ce rapport que les naturalistes européens attendent des renseignemens de la part de leurs confrères dans les autres parties du monde.

Voilà l'énumération des objets figurés.

Pl. ı. *Testudo Polyphemus* , décrite et figurée dans plusieurs ouvrages , sous le nom de *Testudo depressa* , appelée vulgairement *Gopher* et *Mungëfa*. Deux figures qui rendent assez bien les couleurs de l'animal à l'état de la vie : c'est la seule tortue terrestre de l'Amérique du Nord ; elle n'habite que les parties méridionales de ce pays.

Pl. 2. *Emys hieroglyphica*, selon nous, la *Testudo serrata*, de Daudin (*Emys serrata* des naturalistes modernes), espèce très-commune et répandue dans une grande partie des États-Unis, et dont on trouve plusieurs variétés, ou, à ce qu'il paraît plusieurs races diverses.

Pl. 3. *Emys megacephala*; remarquable par sa grosse tête e la manière dont les raies jaunes se dessinent sur cette partie, j'ai la certitude que cette Emyde est la même que celle figureé par Lesueur, vol. 1, pl. 5, page 6, sous le nom de *Emys geographica*, j'en ai fait mention sous ce nom dans mon travail sur les chéloniens inséré dans la *Fauna japonica*. Il paraît cependant que cette émyde n'a pas été reconnue dans la figure de M. Lesueur ; car M. Leconte et d'autres naturalistes ont envoyé en Europe sous le nom d'*Emys geographica* une espèce distincte par sa petite tête, mais d'ailleurs très-semblable à la *geographica*. Cette espèce décrite par MM. Duméril et Bibron comme une variété de la *Geographica*, a donné lieu à beaucoup de confusion. Moi-même j'y ai contribué en la prenant pour la *réticulaire* de Daudin et la décrivant sous ce nom dans la Faune du Japon, espèce qui, selon M. Bibron diffère heaucoup de notre Émyde. Enfin cette Émyde aurait été décrite par Harlan et d'après les communications verbales de M. Bibron, sous le nom d'*Emys oregonensis* dénomination que je propose de rejeter pour conserver celle d'*Emys pseudo-geographica* sous laquelle l'animal a été envoyé dernièrement au musée de Paris par M. Lesueur.

Pl. 4. *Emys Trostii*, c'est l'*Emys rugosa* de Shaw dont on trouve une bonne description dans Duméril et Bibron, t. II, pag. 284, et qui a été figurée dernièrement par M. Cocteau dans l'ouvrage de M. Ramon de la Sagra. L'espèce est très-répandue : elle se trouve dans plusieurs provinces de l'Amérique septentrionale et dans l'île de Cuba.

Pl. 5. *Emys Mulhenbergii*. Espèce rare, mais connue aujourd'hui par l'ouvrage de MM. Duméril et Bibron; je saisis cette occasion pour rectifier une autre erreur que j'ai commise dans mon travail sur les Chéloniens qui fait partie de la *Fauna japonica*, en prenant pour l'*Emys Mulhenbergii*, l'*Emys insculpta* de Leconte, ou *pulchella* de Schopff.

Pl. 6. *Ameiva sexlineata*, contient deux figures représentant un jeune individu de l'espèce ordinaire d'*Ameiva* de l'Amérique du nord. Il paraît même que c'est la seule espèce qui y existe, et que les caractères de cet animal, dont je n'ai pas encore vu d'individus adultes, sont loin d'être constatés avec précision.

Pl. 7. *Anolius carolinensis*. Espèce très-bien connue des naturalistes : vivante, elle est d'un beau vert d'herbe en dessus, blanchâtre en dessous, et a le goître couleur de rose.

Pl. 8. *Scincus lateralis*. Petite espèce, connue par les indications de Say et de Harlan, mais dont on trouve rarement des échantillons dans les collections d'Europe, quoique l'animal soit très-commun dans les parties méridionales des États-Unis.

Pl. 9. *Bufo americanus*. Cette espèce est extrêmement rare dans les collections, ce qui est d'autant plus étonnant, que M. Holbrook l'a dit répandue dans la plus grande partie de l'Amérique septentrionale.

Pl. 10. *Bufo clamosus*. C'est l'espèce connue de la plupart des naturalistes européens sous le nom de *Bufo musicus*. Selon nous, M. Holbrook à eu tort de préférer un ancien nom à celui qui depuis long-temps a été adopté par tout le monde; c'est une habitude dont les naturalistes modernes ont fait de grands abus.

Pl. 11. *Engystoma carolinensis*. Petit batracien du grand genre des Bombinateurs, un animal tout-à-fait analogue, et dont on ne sait pas même s'il en diffère spécifiquement, vit dans l'Amérique du Sud. Il a été décrit par Wagler, System., amph., pag. 200, sous le nom de *Microps unicolor*, d'après des sujets conservés depuis long-temps au musée des Pays-Bas; cet établissement vient d'en recevoir de Vienne un échantillon sous le nom de *Microps Bonapartii*, Fitzinger.

Pl. 12. *Scaphiopus solitarius*, Holbrook. Le genre *Scaphiopus* a été établi par l'auteur sur l'espèce de Batracien, décrite et figurée ici pour la première fois. C'est, à juger de cette figure un bombinateur, voisin de notre *Bombinator fuscus* d'Europe. Il se creuse à l'aide de l'appendice cornée tranchante de ses pieds postérieurs, de petits terriers, où il s'établit pour guetter des insectes. Il ne sort que dans les temps pluvieux vers le soir, et ne visite les eaux que durant l'époque de la propagation. Il serait très curieux de posséder sur cette espèce et la précédente, notamment sur leur propagation, des observations analogues à celles faites par Rœsel sur les Batraciens d'Europe.

Pl. 13. *Rana halecina*, plus connue sous le nom de *Rana pipiens*, reptile qui ne se distingue guère de notre grenouille commune d'Europe que par la distribution des taches dorsales et encore cette différence n'existe-t-elle que pour les grenouilles telles qu'elles se trouvent dans le centre de l'Europe. En Hongrie, en Dalmatie et même en Italie la grenouille commune est le plus souvent ponctuée sur le dos, absolument comme la raine de l'Amérique du Nord, de laquelle nous venons de parler. En adoptant cette dernière comme espèce, il faut également distinguer de notre grenouille commune celle du Japon, celle de la Crimée (*Rana taurica*) de Pallas; et d'autres variétés plus ou moins accidentelles.

Pl. 14. *Rana palustris*, je n'ose pas me prononcer à l'égard de cette grenouille, dont je n'ai pas vu d'individus en assez grand nombre pour en constater avec certitude l'existence comme espèce.

Pl. 15. *Rana sylvatica.* Je ne vois pas l'utilité qui peut résulter pour la science en énumérant dans le système cette grenouille sous un nom différent de celui que porte notre grenouille rousse d'Europe (*Rana temporaria*). Les petites différences de la couleur, etc., qui peuvent exister entre cette espèce et la *Sylvatica* ne méritent guère de devenir l'objet d'une description particulière. Il me semble du moins, qu'il est d'un intérêt infiniment plus puissant, de savoir que nos deux espèces de grenouilles communes d'Europe sont répandues à peu près sur le même degré de latitude dans tout l'hemisphère boréal, et qu'elles présentent dans des contrées aussi distantes et de nature diverse, comme le sont l'Europe, le nord de l'Afrique, l'Asie tempérée, le Japon et l'Amérique septentrionale des différences si peu notables, que les naturalistes auront de la peine à les signaler, et qu'ils ne viendront pas à bout d'en énumérer de constantes. Les observations communiquées par MM. *Holbrook* et *de Siebold* sur les habitudes des races américaine et Japonaise de cette grenouille, coïncident parfaitement avec ce que l'on observe des mœurs de notre grenouille rousse d'Europe.

Pl. 16. *Rana ornata.* Figure évidemment faite d'après un jeune sujet. J'ignore s'il faut rapporter cette grenouille à la précédente.

Pl. 17. *Hyla versicolor.* Espèce assez connue, mais figurée ici pour la première fois.

Pl. 18. *Hyla squirella.* N'ayant pas été à même de comparer cette rainette avec la précédente, je ne pourrais justifier l'opinion de les réunir sous un même nom spécifique.

Pl. 19. *Coluber flagelliformis.* La figure donnée par M Holbrook n'offre pas assez de détails pour constater si ce Serpent est le même que l'espèce décrite dans mon Essai sur la physionomie des Serpens, t. II, 195, sous le nom d'*Herpetodryas-psammophis*, opinion qui a pour moi une grande vraisemblance. M. Holbrook veut que ce soit le *Coach-nhip snahe* de *Catesby; voyez* ce que j'ai dit à ce sujet dans mon Essai, p. 246.

Pl. 20. *Coluber Alleghaniensis.* Belle et grande espèce du genre des *Couleuvres proprement dites.* Le seul exemplaire que j'en ai vu, se trouve dans le musée de Paris, où il a été envoyé par M. Milbert. Je n'en ai pas fait mention dans mon Essai.

Pl. 21. *Coluber quadrivittatus.* Il est impossible de déterminer au juste cette espèce d'après la figure donnée par M. Holbrook; Elle me paraît être assez voisine de la précédente, la principale différence entre ces deux Serpens consiste dans le système de coloration.

Pl. 22. *Coluber erythrogrammus.* M. Holbrook se trompe en regardant ce serpent comme identique avec la *Couleuvre à raies rouges* de Daudin, qui, offrant des écailles carénées, n'est probablement autre chose que le *Tropidonote biponctué* (*voir* mon Essai p. 3ao). Le Serpent figuré sur la planche 22, a été décrit dans mon Essai comme variété de climat, de l'*Homalopsis plicatilis* originaire de l'Amérique du Sud; il porte dans le musée de Vienne, le nom de *Coluber aurora* de Fitzinger, qu'il ne faut pas confondre avec l'animal du Cap, décrit dans mon Essai sous la dénomination de *Coronella aurora.* Habite les bords des fleuves.

Pl. 23.. *Coluber abacurus;* c'est l'*Homalopsis Reinwardtii* de mon Essai. Je demande à M. Holbrook, si son assertion que c'est un animal tout-à-fait terrestre repose sur des observations exactes; je me permets d'en douter, jusqu'à ce que cela soit établi d'une manière positive.

On voit, par l'extrait que je viens d'en donner, que l'ouvrage de M. Holbrook ne laissera pas d'offrir un grand intérêt aux erpétologistes. Il contribuera puissamment à dissiper l'incertitude qui règne à l'égard de plusieurs espèces indiquées ou décrites souvent d'une manière trop superficielle par les naturalistes anglo-américains. Les figures de l'erpétologie de l'Amérique du nord serviront à donner une idée de la beauté des couleurs des reptiles de ce pays, qui s'effacent presque sans exception immédiatement après leur mort. En recommandant ce travail utile à tous les amateurs des sciences naturelles, j'invite son auteur à en faire parvenir le plus tôt possible la suite à la connaissance du public. Je crains cependant que le prix élevé de cette publication ne l'empêche de se répandre autant qu'elle mériterait de l'être.

(H. SCHLEGEL.)

SUR une nouvelle espèce de *Strophostoma*, et un nouveau genre de coquille *Scoliostoma*, par M. MAX. BRUAN Extrait du *Neues Iahrbuch fur min-geog. von Leonhard und Bronn*, 1838, 3ᵉ liv., p. 291, avec fig.)

Le genre *Strophostoma* établi par M. Deshayes et signalé en même temps par M. Grateloup sous le nom de *Ferrusina*, n'a été, jusqu'ici, composé que de trois espèces, mais il vient

de recevoir une augmentation par la découverte d'une quatrième
espèce faite par M. Raht, à Wisbaden, près Hochheim, dans
une des subdivisions du terrain tertiaire du bassin de Mayence
et Wisbaden. Cette coquille a reçu du frère de M. Bruan,
dans le cabinet duquel elle est déposée aujourd'hui, le nom de
Str. tricarinatum.

M. Deshayes a donné ainsi qu'il suit, et en décrivant deux
espèces, la diagnose du genre qu'il a fondé. (Ann. des scienc.
nat., XIII, p. 282.) *Testa ovato-globosa; apertura rotundata, marginata, obliqua, simplex, dentibus vacua, sursum
reversa. Ombilicus plus minusve magnus. Operculum ?*
M. Leufroy qui a décrit une troisième espèce. (Ann. des sc.
nat., XV, p. 401), a ajouté : « *Plus minusve magnus, ali-
quando nullus*, parce que son *Stro. lapidicum*, qu'il appelle
Ferussura lapidica, a tout le pourtour de l'ombilic complète-
ment recouvert, particularité qui le distingue du *Stro. lævi-
gatum* et du *Stro. striatum* de M. Deshayes. La nouvelle
espèce appartient à celles qui ont un ombilic ouvert, et l'auteur en donne ainsi les caractères :

Strophostoma tricarinatum. *Testa ovato-globosa, obtusa,
tenuissime striata, carinis tribus, suturali dorsali et umbilicali
percussa; spiræ anfractibus leviter convexis, umbilico magno.*

M. Max. Bruan avait remarqué depuis quelque temps dans
le cabinet de M. Dannenberg, à Willenbourg, une coquille
fossile qui paraissait présenter beaucoup de points de rapprochement avec les Strophostomes. Cette coquille avait été trouvée dans un calcaire de transition près Wilmar, où elle était
mêlée au *Strygocephalus Burtini* (de jeunes sujets la plupart)
au *Turritella bilineata, coronata; Bellerophon lineatus; Cono-
cardium ; Calamopora spongites, polymorpha ; Turritella
angustata, conoidea, acuminata, costata; Turbo striatus,
lineatus, nodosus; Trochus coronatus, bicoronatus, Phasia-
nella constricta, ventricosa, auricularis; Nerita lineata;
Euomphalus levis, striatus; Isocardia Humboldtii; Pterinea
lineata; Terebratula borealis, prisca, pugnus, ferita* etc.
La présence de tous ces anciens habitans des mers, démontrait
suffisamment que la coquille en question ne pouvait être ter-

restre comme le Strophostome, et un examen détaillé a fait reconnaître entre ces deux coquilles des différences suffisamment tranchées pour que l'auteur ait cru devoir établir un nouveau genre qu'il décrit avec soin, et dont il donne une figure sous le nom générique de *Scoliostoma*, et dont voici la caractéristique.

Scoliostoma. *Testa spirali conoidea, anfractibus plus minusve convexis, ultimo horizontaliter producto et ad latus reverso, umbilicum obtegente; apertura marginibus connexis, rotundata, plano subperpendiculari; peristoma incrassatum, patenti reflexum. Operculum ?*

Species unica? Scol. Dannenbergii: varietatibus majore et minore.　　　　　　　　　　　　　　(F. Malepeyre.)

Entomological magazine, etc. — Magasin Entomologique, par une Société de naturalistes.

On verra sans doute avec regret que le 25ᵉ numéro de l'Entomological magazine annonce devoir être le dernier de cet ouvrage. L'Entomological magazine, commencé en 1833, contient 5 volumes de plus de 500 pages chacun, qui renferment une grande quantité d'articles fort intéressans pour les amateurs d'Entomologie. La multiplicité et la variété des sujets, offrent un choix qui peut satisfaire aux divers goûts des entomologistes, et l'étude trouvera dans ce recueil des renseignemens fort utiles.

Le dernier nº contient la planche 18, où est figuré un insecte de la famille des Cuculionides, division des Erirhinides, d'une grande taille et très-remarquable, l'*Euramphus fasciculatus*, de la Nouvelle-Zélande, possédé par M. Shuckard, et décrit par lui. J'ai eu beaucoup de plaisir à voir la figure de ce magnifique insecte, dont M. Shuckard me montra l'original, l'année dernière, et qui me parut surpasser, par la beauté et la singularité de ses élytres, les insectes de cette famille que j'avais vus dans les plus riches collections.

Voici les caractères spécifiques de cet insecte. *Euramphus fasciculatus* Shuckard : Murinus, Nitidus, fasciculis brunneis, niveisque conspersis, necnon squamis albidis [pulverulen-

tis, lituris, maculisque brunneis commixtis, Elytris longitudinaliter striatis. Longueur, 2 pouces 1/4 anglois.

Les caractères génériques et spécifiques sont en latin, ainsi
que le développement de diverses parties, dans la plupart des
articles traités dans ce recueil. (DE R.)

DIE FAMILIEN der Blattwespen und holzwespen nebst einer
allgemeinen Einleitung zur Naturgeschichte der hymenop-
teren. (Les familles de Mouches à feuilles et Mouches à bois,
avec une instruction générale sur l'Histoire naturelle des
Hyménoptères.) Von Dr. THEODOR HARTIG., in-8°. Berlin
1837.

C'est un ouvrage complet sur la première famille des
Hyménoptères de Latreille, les Porte-scie, Tenthredines et
Urocerates. Il me paraît nécessaire de consulter cet ouvrage,
lorsqu'on s'occupe de cette famille, et l'on y trouve des renseignemens précieux. Il est entièrement écrit en allemand ; il
eût été à désirer, pour les personnes qui ne connaissent pas
cette langue, que les caractères génériques et spécifiques fussent en latin. 8 planches lithographiées avec habileté, donnent
les figures de plusieurs insectes, de leurs larves et de leurs
diverses parties, avec beaucoup d'exactitude et une grande
perfection. (DE R.)

NOUVELLE ESPÈCE de Prostome du sous-genre *Tetrastemma*,
par MM. GERVAIS et VANBENEDEN.

Dans l'article Planaire du Dictionnaire pittoresque d'histoire
naturelle, M. Gervais a résumé en grande partie les travaux
des principaux auteurs sur les animaux que les naturalistes du
dernier siècle et du commencement de celui-ci ont confondus
en un même genre sous la dénomination de Planaires (*Plana-
ria*). Il y décrit une nouvelle espèce de cette famille, appartenant au genre *Prostoma* de Dugès. M. Vanbeneden et moi,
dit l'auteur, avons trouvé à Cette une nouvelle espèce de ce
sous-genre *Tetrastemma* d'Ehrenberg, le Prostome porte bandeau, *Prost.* (*Tetrastemma*) *fasciatum*, Nob. Il a le corps linéaire et long de près d'un pouce ; sa couleur est jaune orangée

et ses deux paires de points pseudo-oculaires sont séparées par une tache transversale noire en forme de bandeau. (G. M.)

NOUVELLES.

MM. *Mouatt* et *Gheude*, jeunes naturalistes belges qui vont entreprendre, sous le patronage de leur gouvernement, une exploration scientifique de l'ile de Madagascar et de la côte de Mosambique, viennent de partir.

On sait que ces zélés et intrépides voyageurs ont ouvert une souscription pour donner aux naturalistes le moyen de s'associer à [leur belle entreprise ; ils ont créé 80 actions de 250 fr., dont plusieurs ont été prises par des naturalistes belges et français ; parmi ceux-ci, nous citerons MM. de La Fresnaye, de Romand, de Spinola, et nousmême. Chaque action donne droit à une des collections d'objets de Madagascar et de Mosambique dans les proportions suivantes. Savoir :

Soit, Une collection de 700 espèces d'insectes de Madagascar ou 500 seulement de la côte de Mosambique ; — ou 50 espèces de plantes vivantes ;—ou 500 de plantes sèches ; —ou 10 à 15 de mammifères ; ou 75 d'oiseaux ; ou 100 de reptiles et crustacés ; ou 100 de poissons ; 100 de coquilles fluviatiles ou terrestres ; ou 300 d'espèces marines.

Chaque souscripteur à une action, a de plus le droit d'acheter, avant toute autre vente et au même prix, une collection d'une valeur de 1000 fr., etc.

S'adresser pour souscrire et pour plus de renseignemens, au bureau de la Revue Zoologique, et en Belgique à M. Scheidweiler, professeur de Botanique à l'École Vétérinaire de Bruxelles. La souscription est irrévocablement fermée le 30 mars 1839. (*Affranchir.*)

———

Nouveaux membres admis dans la Société Cuvierienne.

Nº 149. M. C. F. Lafont, propriétaire et naturaliste à Lyon, présenté par M. *Requien.*

Nº 150. M. Duval, professeur d'anatomie et de physiologie, etc., à Rennes, présenté par M. *Guérin-Méneville.*

Nº 151. M. Vander-Hoeck, libraire à Leyde, présenté par M. *Arthus-Bertrand.*

REVUE ZOOLOGIQUE.

TABLE ALPHABÉTIQUE

POUR L'ANNÉE 1838.

FIN DE LA TABLE.

Nota. Divers libraires de Paris ayant reçu de leurs correspondans plusieurs demandes de souscription à la *Revue Zoologique*, sans que les personnes qui font faire ces demandes se soient fait connaître et présenter pour faire partie de la *Société Cuvierienne*, nous nous sommes décidé a ne pas refuser ce placement d'exemplaires, qui profitera toujours à la Société; mais les personnes qui souscrivent ainsi sans faire partie de la Société, ne jouiront d'aucun des droits des membres. Ils n'auront pas le droit de faire insérer leurs articles et ne participeront pas aux avantages de l'association; ainsi, quand le nombre des feuilles de la *Revue* sera augmenté, le montant de leur abonnement augmentera, tandis que les membres ne paieront jamais que leur cotisation de 18 fr. (Voyez le *Prospectus.*)